科学出版社“十四五”普通高等教育本科规划教材

代数编码导引

刘宏伟　樊　恽　编著

科学出版社

北　京

内 容 简 介

编码诞生于20世纪40年代末至50年代初，它利用代数、组合和数论等数学工具研究、构造纠错码，用于高效可靠地传输信息. 编码很快发展成为数学与信息科学深度交叉融合的学科. 本书介绍编码的基本内容，包括Hamming编码的原始创新思想、线性码、循环码、MacWilliams的两个定理、码的渐近性质. 书中配备适量习题，可供读者学习时巩固所学进行练习. 全书内容容量适中，大致涵盖了编码的基本内容. 本书对数学知识储备要求也适中，在线性代数和抽象代数(近世代数)基础知识之上，能够自包含.

本书可作为大学数学、信息与通信工程、计算机科学与技术、网络安全等相关专业高年级本科生和研究生的代数编码课程的教材和参考书，也可供从事编码相关教学或研究的人员参考.

图书在版编目（CIP）数据

代数编码导引 / 刘宏伟, 樊恽编著. -- 北京 : 科学出版社, 2025. 6. -- (科学出版社“十四五”普通高等教育本科规划教材). -- ISBN 978-7-03-080745-8

I. O157.4

中国国家版本馆 CIP 数据核字第 2024LW8262 号

责任编辑：王 静 李香叶 / 责任校对：杨聪敏
责任印制：吴兆东 / 封面设计：陈 敬

科学出版社 出版
北京东黄城根北街 16 号
邮政编码: 100717
http://www.sciencep.com
涿州市般润文化传播有限公司印刷
科学出版社发行 各地新华书店经销
*
2025年6月第 一 版 开本：720×1000 1/16
2025年6月第一次印刷 印张：11
字数：221 000

定价：59.00 元

(如有印装质量问题，我社负责调换)

前 言

编码诞生于 20 世纪 40 年代末至 50 年代初, 它源于信息在通信系统中传递的可靠性、有效性的实际需求. 经过 70 余年的发展壮大, 编码已成为数学与信息科学深度交叉融合的学科领域. 随着社会经济的高度发展和科学技术水平的日益提高, 现代通信理论和技术也随之迅猛发展, 以满足社会和人们的需求. 编码理论和技术作为信息科技中的一个重要的基础组成部分, 得到了新的发展, 特别是代数、数论、组合、图论、概率论等数学工具被更加深入和广泛地应用到编码之中. 同时, 随着新的科技的出现, 编码也被应用到更广泛的领域, 如分布式存储系统、网络编码、符号对读取信道、量子信息等等. 而且, 编码理论和技术在自身发展与应用的过程中也产生了一些新的关键科学问题. 在这丰富多彩的场景中, 编码展现着新的活力.

本书介绍编码的基础核心内容. 本书是基于作者十余年来在华中师范大学为数学及相关专业高年级本科生和代数编码方向硕士研究生开设的一学期代数编码课程的讲稿而形成的, 内容包括 Hamming 编码的原始创新思想、线性码、循环码、MacWilliams 的两个定理、码的渐近性质等.

第 1 章主要介绍 Hamming 的编码思想, 并简要介绍 Shannon 的信道编码定理. 我们从初创的一个具体的 Hamming 码出发, 将编码的思想和具体实现予以综述, 目的是让读者以比较原创的、相对具体的形式初步了解和把握编码到底在做什么、怎么做、需要什么样的工具. 具体内容包括 Hamming 对信息在传递过程中的几何观察和代数创新、他的编码和解码办法, 以及给出了码的参数之间相互制约的关系. 最后简要介绍 Shannon 信道编码定理.

第 2 章主要介绍线性码. 这一章包括有限域上线性码的基本定义, 线性码的基本参数、生成矩阵和检验矩阵, 线性码的编码与解码, 以及线性码参数的界等. 为了讲述这些内容, 2.1 节介绍域以及域上线性代数基础知识.

第 3 章介绍一类特殊的线性码——循环码. 循环码比线性码具有更多的代数结构, 且是应用广泛的一类码. 在这一章的开始, 我们先介绍需要用到的有限域的相关知识, 随后具体介绍什么是循环码、循环码的代数结构以及循环码的生成多项式和检验多项式等. 3.4 节我们介绍一类特殊的循环码——BCH 码, 它是实际通信中被广泛使用并能够纠正多个错误的线性码, 并简要介绍 BCH 码的译码算法原理.

第 4 章介绍由 MacWilliams 给出的两个重要的经典结果. MacWilliams 恒等式给出了线性码的 Hamming 重量分布和其对偶码的 Hamming 重量分布之间的联系. MacWilliams 等价定理证明了两个线性码之间的保持 Hamming 重量不变的线性同构是由单项矩阵诱导的线性同构.

第 5 章简要介绍了码的渐近性质. 该章包括码的参数的渐近上界、渐近 GV 界、随机线性码的参数分布等. 为了更好地理解确定随机码的参数分布的方法, 也为了本书能够自包含, 该章最后还介绍一阶矩方法和二阶矩方法.

本书附有符号说明和名词索引, 方便读者阅读时查找.

感谢研究生陈丽、夏清风等同学, 她们补充了本书部分习题并给出了解答, 以及在本书初稿完成后对全书进行了相应的校稿工作.

本书的出版得到国家自然科学基金项目 (12441102, 12271199) 的资助.

鉴于编者水平, 书中难免有疏漏之处, 请读者批评指正.

编 者

2025 年 6 月

符 号 说 明

对全书使用符号的惯例和在较多地方出现的符号作一些简短说明

$\mathbb{C}$	表示复数域; 以 c^* 记复数 $c \in \mathbb{C}$ 的共轭复数
$\mathbb{R}$	表示实数域
$\mathbb{Q}$	表示有理数域
$\mathbb{Z}$	表示整数环
$\mathbb{F}$	表示一个域
$\mathrm{char}\,\mathbb{F}$	表示域 $\mathbb{F}$ 的特征
$\mathbb{F}^{\times}$	表示域 $\mathbb{F}$ 中的所有非零元构成的乘法群
$\mathbb{F}(\alpha_1, \alpha_2, \cdots, \alpha_n)$	表示域 $\mathbb{F}$ 上由 $\alpha_1, \alpha_2, \cdots, \alpha_n$ 生成的扩域
$\mathbb{F}_q$	表示一个含 q 个元素的有限域
$\mathrm{Tr}_{q^n/q}$	表示从有限域 $\mathbb{F}_{q^n}$ 到有限域 $\mathbb{F}_q$ 的迹映射
$\mathbb{F}[x]$	表示域 $\mathbb{F}$ 上的多项式环
$\deg\, g(x)$	表示多项式 $g(x)$ 的次数
$\equiv \pmod n$	表示模 n 同余
$a \mid b$	表示整数 a 整除整数 b
$\gcd(a,b)$	表示整数 a, b 的最大公因数
$\mathrm{lcm}(a,b)$	表示整数 a, b 的最小公倍数
$\mathbb{Z}_n$	表示整数模 n 剩余类环; 特别地, 若 $n=p$ 是一个素数, 则称 $\mathbb{Z}_p$ 是模 p 剩余类域
$\lfloor \alpha \rfloor$	表示不大于实数 α 的最大整数
$\lceil \alpha \rceil$	表示不小于实数 α 的最小整数
$\sum\limits_{i=1}^{n}$	表示跑动标识 i 从 1 跑到 n 的和
$\prod\limits_{i=1}^{n}$	表示跑动标识 i 从 1 跑到 n 的积
$n!$	表示 n 的阶乘
$\begin{pmatrix} n \\ t \end{pmatrix}$	表示从 n 个不同元素中取出 t 个元素的组合数, 即二项式系数
$\begin{pmatrix} n \\ t \end{pmatrix}_q$	表示高斯系数 (参看注 2.2.17)

$\max\{a, b, \cdots\}$	表示 a, b, $\cdots$ 中最大的一个
$\min\{a, b, \cdots\}$	表示 a, b, $\cdots$ 中最小的一个
$\|S\|$	表示集合 S 的基数
$S\cup S'$, $S\cap S'$, $S\backslash S'$	分别表示集合 S 与 S' 的并集、交集、差集
$\varphi : A \to B$	表示从集合 A 到集合 B 的映射
$a \mapsto b$	表示元素 a 映射为元素 b
$\mathrm{Im}(\varphi)$	表示映射 φ 的像
$\mathrm{Ker}(\varphi)$	表示群 (环、线性) 同态映射 φ 的核
$\dim V$	表示向量空间 V 的维数
$\det \boldsymbol{A}$	表示矩阵 $\boldsymbol{A}$ 的行列式
$\mathrm{rank}\, \boldsymbol{A}$	表示矩阵 $\boldsymbol{A}$ 的秩
$\boldsymbol{A}^{\mathrm{T}}$	表示矩阵 $\boldsymbol{A}$ 的转置
$d(\boldsymbol{x}, \boldsymbol{y})$	表示向量 $\boldsymbol{x}$ 和 $\boldsymbol{y}$ 之间的 Hamming 距离
$w(\boldsymbol{x})$	表示向量 $\boldsymbol{x}$ 的 Hamming 重量
$d(C)$	表示码 C 的极小距离
$w(C)$	表示线性码 C 的极小重量
q	表示字母表 $\mathbb{A}$ 的字母个数 $q = \|\mathbb{A}\|$ 若 $\mathbb{A} = \mathbb{F}$ 是有限域, 则 $q = \|\mathbb{F}\|$ 是一个素数的幂
(n, M, d)	表示一个码的码长、码字个数、极小距离三个参数
$[n, k, d]$	表示一个线性码的码长、维数、极小距离三个参数
$\langle \boldsymbol{x}, \boldsymbol{y} \rangle$	表示向量 $\boldsymbol{x}$ 和 $\boldsymbol{y}$ 的内积
$C^{\perp}$	表示码 C 的对偶码
$S(\boldsymbol{b}, r)$	表示以 $\boldsymbol{b}$ 为球心, 以 r 为半径的球
$V_q(n, r)$	表示 $\mathbb{F}_q^n$ 上半径为 r 的球上向量的个数 (参看定义式 (1.4.1))
$\mathrm{PG}^t(V)$	表示向量空间 V 中的 t 维子空间构成的集合
$\langle a \rangle$	表示环中由元素 a 生成的理想
$\Pr(A)$	表示事件 A 的概率

目　　录

第 1 章　编　　码

20 世纪 40 年代, 为了解决通信过程中错误识别和纠正的问题, 贝尔 (Bell) 电报电话公司的贝尔实验室诞生了两门伟大的数学理论. 这两项理论分别是

(1) 信息论 (Information Theory): 该理论从宏观的随机角度出发, 深入研究了信息处理和信息传输过程中错误的产生与纠正机制. 其奠基工作参见文献 (Shannon C E, 1948).

(2) 编码理论 (Coding Theory): 该理论为信息处理过程中的错误识别和纠正提供了具体的数学机制和技术手段. 其奠基工作参见文献 (Hamming R W, 1950).

几十年来, 这些理论不仅自身深化发展, 还不断受到新问题的驱动向前推进. 这是因为, 不论科技进步到什么程度, 错误总是难以避免的, 而且错误模式也越发复杂多样, 因此需要设法识别并纠正这些错误. 例如, 在如今的大数据时代, 新的应用场景, 如分布式存储系统中存储节点的出错或失效问题、符号对读取信道中错误问题、量子状态的不确定性等问题都亟待解决. 如何高效快捷地存储与恢复数据, 以及如何迅速且准确地识别并纠正错误 (如量子错误) 等, 都是编码理论面临的新课题和新的发展动力.

1.1　什么是编码

1.1.1　如何传输信息

首先, 我们需要一个*字母表* (alphabet) $\mathbb{A}=\{a,b,c,\cdots\}$, 其中的元素被称为*字母* (letter). 设 $\mathbb{A}$ 中字母的个数为 q, 即 $|\mathbb{A}|=q$. 显然 $q\geqslant 2$, 因为字母表至少需要 2 个字母. 在数学中, 字母表 $\mathbb{A}$ 上所有字的集合被记作 $\mathbb{A}^*$, 它是一个*自由半群*.

由字母表 $\mathbb{A}$ 中的字母构成的有限长度的字母序列, 我们称之为字母表 $\mathbb{A}$ 上的*字* (word), 例如 aab, bc, as 等. 但这里是数学意义上的"字", 实际使用中只有一部分字是有效的, 例如, 在英语中, as 是有效字, 而 aab 不是. 这些有效字的集合构成了*字典* (dictionary).

用有效字来表达信息并组成文章, 会得到一个字母序列. 因此, 需要制定"识别规则", 以便从这个序列中逐一识别出有效字, 即日常语言中所谓的"断字" (或"断词"). 以英语为例, 其断字规则是通过空格来实现的. 而在通信领域, 我们常用的断字规则是"等长编码".

每个字母都对应着一个特定的"信号". 在口头语言中, 这个信号就是字母的发音; 而在通信领域, 字母则被调制成电信号进行传输. 以字母表 $\mathbb{A} = \{0,1\}$ 为例, 早期的发报机采用"0 = 短、1 = 长"的调制方式, 而计算机则采用"0 = 低电位、1 = 高电位"的调制方式.

把文章逐字母转换为信号并发送给接收者, 这个传输信号的通道被称为信道. 接收者接收到信号后, 会将收到的信号序列解调回到字母序列, 并按照既定的规则进行解读, 从而获取到原文信息.

在信息传输过程中, 可能出现两个问题:

(1) 信号可能因种种因素发生改变;

(2) 其他人可能用种种手段截获信号.

如图 1.1 所示.

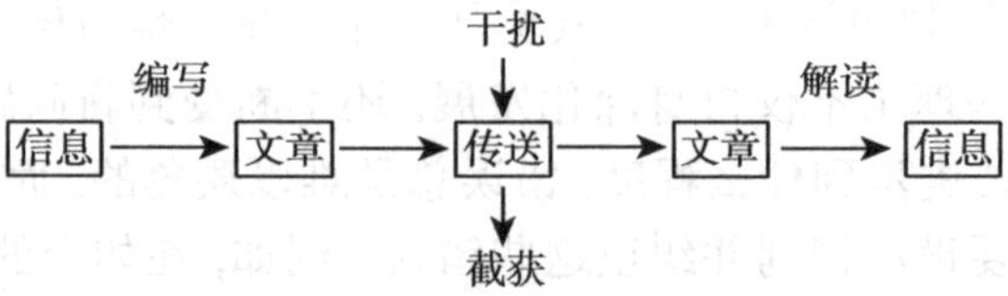

图 1.1

用通信中的一种最基本方式予以例示.

设字母表 $\mathbb{A} = \{0,1\}$. 为了进行准确识别, 我们采用了等长编码方案. 以 ASCII 码为例, 该编码方案将每 8 位 (bit) 二进制数定义为一个字, 在计算机科学中被称为 1 字节. 具体来说, 字母 O = 01001111, 而字母 K = 01001011.

说明一下: 现代计算机语言在处理数据时, 通常先将每 4 位二进制数视为一个基本单位, 我们称之为一个半字节. 根据这种划分, 拥有了一个包含 16 个唯一字符的集合, 如表 1.1 所示.

表 1.1　十六进制字符表

字符	0	1	2	3	4	5	6	7
码字	0000	0001	0010	0011	0100	0101	0110	0111
字符	8	9	A	B	C	D	E	F
码字	1000	1001	1010	1011	1100	1101	1110	1111

在此基础上, 每两个这样的字符组合起来, 就构成了一个完整的 8 位二进制数, 这对应于一个标准的 ASCII 码字.

这样, 字母 O = 4F, 字母 K = 4B. 因此, 信息 OK 写成 ASCII 码字符的文章就是 4F4B. 进一步地, 这个文章可以被编制为由 0 和 1 组成的字母序列, 我们称之为码序列, 或者更通俗地称为码文. 具体的码文如下:

$$0100\ 1111\ 0100\ 1011$$

于是传递信息 OK 的过程如图 1.2 所示.

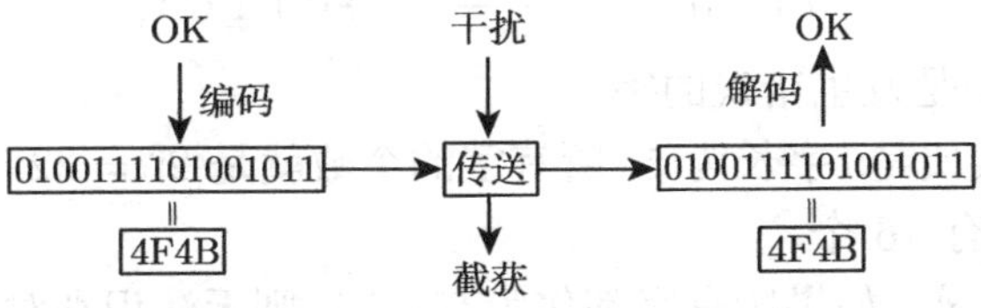

图 1.2

在信息传输过程中, 存在两个基本问题.

(1) 可靠性　保证接收者能获得正确完整无误的码文并予以解读获取信息.

(2) 私密性　除接收者外使其他人即使截获了码文也无法解读获取信息.

密码是为解决后一问题发展起来的理论技术.

编码是为解决前一问题发展起来的理论技术, 即我们要介绍的学科.

1.1.2　编码问题及最初解决方案

由 0, 1 字符编写而成的码序列在传送中因种种原因, 特别是传送通道中的各种干扰, 难免发生错误. 例如: 发送字 0100 后, 传到接收者时四位中可能有一位错误:

$$0\,1\,0\,0 \quad \xrightarrow{\text{一位错误}} \quad 0\,1\,\underline{1}\,0$$

20 世纪 40 年代, 美国电话电报公司向贝尔实验室的数学家提出了如下问题:

(1) 如何让接收方判断码文是否存在错误?

并且, 更有意义的问题是

(2) 如何使接收方直接纠正错误而不需重发码文?

以下假设每个字至多一个字母发生错误.

1. 如何知道出错?

最初采取的是简单的组合办法. 例如, 以 4 个字母为一个字, 为了使得在一个字中发生一个字母错误时能识别出来, 最初的办法是在每个字后加一位使得各位字符之和是偶数, 如

$$0100 \xrightarrow{\text{加一位成为}} 01001$$

$$1010 \xrightarrow{\text{加一位成为}} 10100$$

这样每个字长变为 5, 前 4 位是信息位, 后一位就称为奇偶检验位. 接收方只要把收到的每个字的各位加起来, 如果得奇数就断言该字错误; 是偶数就认为该字无误, 取前 4 位就可解码得到该字的信息, 如

$$0\,1\,0\,0\,1 \xrightarrow{\text{一位错误}} 0\,1\,\underline{1}\,0\,1$$

接收方即知 01101 是发生错误的字.

这个办法的实质是: 字长为 5, 所有字的个数就是 $2^5 = 32$. 但有效字 (即各位和为偶数的字) 只有 16 个.

这是显然的事实: 如果所有字都作为有效字, 则无法识别对与错.

上述办法能检验出错位 $\leqslant 1$ 的字, 但找出错字后无法找回原来发送的字. 为获取原来发送的字只能要求发送方重发, 即这个办法只能**检错**, 不能**纠错**.

2. 如何纠错?

最初的思考仍是简单组合办法. 例如在上面例子中, 接收方收到 01101 后只能判断出错, 但无法判断错在哪一位! 一旦知道错在第三位, 把第三位从 1 改为 0, 就得到了正确的字 01001.

于是, 数学家增加检验位用以确定出错位置. 例如长 4 的字 $x_1\,x_2\,x_3\,x_4$ 排成矩形:

$$\begin{matrix} x_1 & x_2 \\ x_3 & x_4 \end{matrix}$$

在每行每列设置一个检验位 $c_1\,c_2\,c_3\,c_4$, 使得每行每列之和都是偶数:

$$\begin{matrix} x_1 & x_2 & c_1 \\ x_3 & x_4 & c_2 \\ c_4 & c_3 & \end{matrix} \;=\; x_1\,x_2\,x_3\,x_4\,c_1\,c_2\,c_3\,c_4$$

得到的长为 8 的字的前 4 位是信息位, 后 4 位是检验位.

例如, 下面就是对字 0100 (表 1.1 中的字符 “4”) 作出的新字

$$\begin{matrix} 0 & 1 & 1 \\ 0 & 0 & 0 \\ 0 & 1 & \end{matrix} \;=\; 0\,1\,0\,0\,1\,0\,1\,0$$

如果传送中在信息位发生一个错误:

$$0\,1\,0\,0\,1\,0\,1\,0 \;\xrightarrow{\text{一位错误}}\; 0\,1\,\underline{1}\,0\,1\,0\,1\,0$$

接收方作 4 个检验

$$01101010=\begin{array}{c|c|c}0&1&1\\\hline 1&0&0\\\hline 0&1&\end{array}$$

会有两个检验：第 2 行字符之和以及第 1 列字符之和是奇数，那么是 $(2,1)$ 信息位出错，因此得到正确的字 01001010，取前 4 位即可得到信息 0100 = “4”.

如果传送中在检验位发生一个错误：

$$0\,1\,0\,0\,1\,0\,1\,0 \quad \overset{\text{一位错误}}{------\rightarrow} \quad 0\,1\,0\,0\,1\,\underline{1}\,1\,0$$

接收方作 4 个检验

$$01001110 \quad = \begin{array}{c|c|c}0&1&1\\\hline 0&0&1\\\hline 0&1&\end{array}$$

会有一个检验：第 2 行的字符之和是奇数，那么是第 2 检验位出错，因此得到正确的字 01001010，取前 4 位即可得到信息 0100 = “4”.

这个办法可以纠正一个错. 但是每个字的 8 位字母中只有 4 位表达信息. 换言之，所有长度 8 的字共 $2^8 = 256$ 个，但有效字只有 $2^4 = 16$ 个.

3. *如何提高纠错效率？*

注 1.1.1 在这些原生态的办法中，人们实际上已经利用了一个简单的数学工具：字母表 $\mathbb{A}=\{0,1\}$ 可以看作整数环 $\mathbb{Z}$ 的模 2 剩余系 $\mathbb{Z}_2=\mathbb{Z}/2\mathbb{Z}$. 它含两个元素：0 代表模 2 剩余 0 的剩余系，1 代表模 2 剩余 1 的剩余系. 这样看待字母表 $\mathbb{A}=\mathbb{Z}_2$ 的好处是：可以作加、减、乘、除 (0 不作除数) 四则运算，换言之，$\mathbb{Z}_2$ 是一个域.

习 题 1.1

1. 国际标准书号 (international standard book number, ISBN)，是给每本书一个书号，它是字母表 $\mathbb{Z}_{11}=\{0,1,2,\cdots,10\}$ 上的一个 10 位序列，其中最后一位是检验位. 这类号码的处理中易出的错误有两种：弄错某一位，把相邻两位颠倒错位. 现行的 ISBN 的编码规则是：将右起第一位数字乘以 1，第二位数字乘以 2，等等，到第十位数字乘以 10，使得它们加起来的和模 11 余 0. 检验书号的办法是按同样的规则计算，得到的和模 11 余零，则认为书号处理正确，否则书号处理出错. 证明：这个方法可检验上述两种错误.

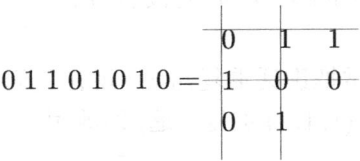

2. 找资料查阅身份证号码的编码规则, 有没有检验位？检验位的计算办法是什么？
3. 电话中噪声很大时, 常常把讲话重复几遍. 现在我们把每个信息 $0=(0,0,0)$, $1=(0,0,1)$, $\cdots$, $7=(1,1,1)$ 重复三遍, 即改用

$$\text{“}0\text{”}=(0,0,0,0,0,0,0,0,0),$$
$$\text{“}1\text{”}=(0,0,1,0,0,1,0,0,1),$$
$$\cdots\cdots$$
$$\text{“}7\text{”}=(1,1,1,1,1,1,1,1,1).$$

验证: 上述纠错码可检查两位错误, 也可纠正一位错误.
4. 长为 6 的字 $(x_1,x_2,x_3,x_4,x_5,x_6)$, $x_i\in\mathbb{Z}_2$, 如何增加检验位使得可以纠正？

1.2　Hamming 的原始创新

本节以一个简单具体例子来介绍 Hamming 的几何观察与代数创新. 这个看似简单的具体例子已包含了可扩展为一般理论的基本思想和操作技术, 它们将在后续的若干章节中展开. 这个例子的基本要素

(1) 字母表 $\mathbb{A}=\{0,1\}$.

(2) 等长编码, 每 7 位为一个字, 即考虑长为 7 的字的集合 (共含 $2^7=128$ 个字): $\mathbb{A}^7=\{\boldsymbol{a}=(a_1,a_2,a_3,a_4,a_5,a_6,a_7)\,|\,a_i\in\mathbb{A},\ 1\leqslant i\leqslant 7\}$.

(3) 要求: 可以纠正一个错误.

显然的事实是: 不能把 $\mathbb{A}^7$ 的字都作为有效字用来编码, 那样肯定不能检错纠错. 只能取 $\mathbb{A}^7$ 的一部分字作为有效字, 接收方才有可能判断是否出错以及如何找回原来发送的字. 这些有效字在编码中称为*码字*, 它们的集合就是字典. 在生活中, 只能用字典里的字来写文章. 在编码中这些有效字的集合, 也就是这个编码的“字典”, 称为*码*, 常记作 C. 用码字把信息编码成码文.

问题　如何选取有效字集 $C\subseteq\mathbb{A}^7$ 使得: C 能纠正一个错, $|C|$ 尽量大？

有效字集 C 称为*码*, C 中的字称为*码字*.

1.2.1　Hamming 的几何观察

1. 如何度量错误大小?

例如, 发送字 $(0,0,1,1,0,1,0)$, 收到字 $(0,1,0,1,0,1,0)$, 则发生 2 个错误, 即在两个位置上发生改变.

定义 1.2.1 若 $\boldsymbol{a}, \boldsymbol{b} \in \mathbb{A}^7$, $\boldsymbol{a}$ 与 $\boldsymbol{b}$ 在 d 个位置上字母不同, 其他位置字母相同, 则称 $\boldsymbol{a}$ 与 $\boldsymbol{b}$ 的距离为 d, 记作 $d(\boldsymbol{a}, \boldsymbol{b}) = d$, 即

$$d(\boldsymbol{a}, \boldsymbol{b}) = \big|\{i \mid 1 \leqslant i \leqslant 7,\ a_i \neq b_i\}\big|.$$

如果发送码字 $\boldsymbol{c}$, 收到的字 $\boldsymbol{r}$ 却不是码字, 则接收者自然知道出了错, 而 $d(\boldsymbol{c}, \boldsymbol{r})$ 就是出错个数 (但接收者不知道这个数, 因为他不知道 $\boldsymbol{c}$). 接收者如何找回正确的码字? 一个感性的也是理性的直觉就是

在码 C 中寻找看哪一个码字与收到的字 $\boldsymbol{r}$ 最接近 (最相像).

假设码字 $\boldsymbol{c} = (c_1, \cdots, c_7) \in C$, 传输后接收为 $\boldsymbol{r} = (r_1, \cdots, r_7)$ 发生一个错, 等价于说 $d(\boldsymbol{c}, \boldsymbol{r}) = 1$. 所以

(1) 要使码 C 能检查一个错, 必须且只需: 对任意的 $\boldsymbol{c} \in C$, 与 $\boldsymbol{c}$ 距离 1 的都不是码字, 即以 $\boldsymbol{c}$ 为中心, 1 为半径的球, 记作 $S(\boldsymbol{c}, 1)$, 不含其他码字.

(2) 要使码 C 能纠正一个错, 必须且只需: 对任意的 $\boldsymbol{a} \in \mathbb{A}^7$, 至多只有一个码字与 $\boldsymbol{a}$ 的距离 $\leqslant 1$. 由于以 $\boldsymbol{a}$ 为中心, 1 为半径的球 $S(\boldsymbol{a}, 1)$ 中的两点距离至多为 2 (即直径的两个端点), 所以这个要求等价于任意两个不同码字 $\boldsymbol{c}, \boldsymbol{c}' \in C$ 的距离 $d(\boldsymbol{c}, \boldsymbol{c}') \geqslant 3$.

定义 1.2.2 称 $d(C) = \min\{d(\boldsymbol{c}, \boldsymbol{c}') \mid \boldsymbol{c} \neq \boldsymbol{c}' \in C\}$ 为码 C 的极小距离.

Hamming 的结论 要使码 C 能纠正一个错, 必须且只需 $d(C) \geqslant 3$.

这样, 问题明确转化为

问题 选择 $C \subseteq \mathbb{A}^7$ 使得 $d(C) \geqslant 3$, 并且使得 $|C|$ 越大越好.

1.2.2 Hamming 的代数创新

为达到此目的, Hamming 的关键的创意是引入代数结构.

把字母表 $\mathbb{A} = \{0, 1\}$ 作为模 2 剩余系 $\mathbb{Z}_2 = \mathbb{Z}/2\mathbb{Z}$, 所以下面就写 $\mathbb{A} = \mathbb{Z}_2$, 它是一个域. 正如注 1.1.1 说的, 此前人们实际上已经利用了这个数学知识. 但是, 却仅限于利用 $\mathbb{Z}_2$ 的算术运算的层面. 然而 Hamming 由此出发获得了新的高度, 他把

$$\mathbb{A}^7 = \mathbb{Z}_2^7 = \{\boldsymbol{a} = (a_1, \cdots, a_7) \mid a_i \in \mathbb{Z},\ 1 \leqslant i \leqslant 7\}$$

作为域 $\mathbb{Z}_2$ 上的 7 维向量空间. 为方便, 记 $\mathbf{0} = (0, \cdots, 0)$ 为分量全为 0 的字.

定义 1.2.3 (1) 对任意的 $\boldsymbol{a} \in \mathbb{Z}_2^7$, 称 $w(\boldsymbol{a}) = d(\mathbf{0}, \boldsymbol{a})$ 为向量 $\boldsymbol{a}$ 的重量 (weight), 即

$$w(\boldsymbol{a}) = \big|\{i \mid 1 \leqslant i \leqslant 7,\ a_i \neq 0\}\big|.$$

那么距离可以用重量表达: $d(\boldsymbol{a}, \boldsymbol{b}) = w(\boldsymbol{a} - \boldsymbol{b})$, 后面1.3节的第 2 题对此有进一步讨论.

(2) 如果 $C \subseteq \mathbb{Z}_2^7$ 是线性子空间 (此时记作 $C \leqslant \mathbb{Z}_2^7$), 就称 C 是**线性码** (linear code), 称 $w(C) = \min\{ w(\boldsymbol{c}) \mid \boldsymbol{0} \neq \boldsymbol{c} \in C \}$ 为线性码 C 的**极小重量**.

如果 C 是线性码, 那么 C 的极小距离

$$\begin{aligned} d(C) &= \min\{ d(\boldsymbol{c}, \boldsymbol{c}') \mid \boldsymbol{c} \neq \boldsymbol{c}' \in C \} \\ &= \min\{ w(\boldsymbol{c} - \boldsymbol{c}') \mid \boldsymbol{c} \neq \boldsymbol{c}' \in C \} \\ &= \min\{ w(\boldsymbol{c}) \mid \boldsymbol{0} \neq \boldsymbol{c} \in C \}. \end{aligned}$$

上述计算表明: **线性码 C 的极小距离等于其极小重量**.

这样, 问题就转述为

问题　选择线性码 $C \leqslant \mathbb{Z}_2^7$ 使得 $w(C) \geqslant 3$, 并且使得维数 $\dim C$ 越大越好.

注 1.2.4　决定向量空间的子空间通常有两种办法 (这两种办法都将用到).

(1) 基底: 取线性无关组生成子空间.

(2) 齐次线性方程组: 子空间总可以作为齐次线性方程组的解子空间.

首先, Hamming 发现后一种办法比较容易判断何时线性码的极小重量 $\geqslant 3$. 设线性码 $C \leqslant \mathbb{Z}_2^7$ 是域 $\mathbb{Z}_2$ 上的齐次线性方程组

$$\boldsymbol{H}\boldsymbol{x}^{\mathrm{T}} = \begin{pmatrix} h_{11} & \cdots & h_{17} \\ \vdots & & \vdots \\ h_{\ell 1} & \cdots & h_{\ell 7} \end{pmatrix} \begin{pmatrix} x_1 \\ \vdots \\ x_7 \end{pmatrix} = \boldsymbol{0}$$

的解子空间, 其中 $\boldsymbol{x} = (x_1, \cdots, x_7)$ 是 7 维变元向量, $\boldsymbol{x}^{\mathrm{T}}$ 表示行向量 $\boldsymbol{x}$ 的转置. 把它的系数矩阵

$$\boldsymbol{H} = \begin{pmatrix} h_{11} & \cdots & h_{17} \\ \vdots & & \vdots \\ h_{\ell 1} & \cdots & h_{\ell 7} \end{pmatrix}$$

按列分块为

$$\boldsymbol{H} = (\boldsymbol{H}_1\ \ \boldsymbol{H}_2\ \ \boldsymbol{H}_3\ \ \boldsymbol{H}_4\ \ \boldsymbol{H}_5\ \ \boldsymbol{H}_6\ \ \boldsymbol{H}_7), \quad \text{其中} \quad \boldsymbol{H}_j = \begin{pmatrix} h_{1j} \\ \vdots \\ h_{\ell j} \end{pmatrix}, \quad 1 \leqslant j \leqslant 7.$$

那么齐次线性方程组 $\boldsymbol{H}\boldsymbol{x}^{\mathrm{T}} = \boldsymbol{0}$ 可以写成列向量 $\boldsymbol{H}_j$ 的线性组合表达式:

$$x_1\boldsymbol{H}_1 + x_2\boldsymbol{H}_2 + \cdots + x_7\boldsymbol{H}_7 = \boldsymbol{0}.$$

为使满足此式的非零向量 $(x_1, \cdots, x_7)$ 的重量 $\geqslant 3$, 即至少有三个分量非零, 我们需要而且只需要下述条件满足.

条件 矩阵 $\boldsymbol{H}$ 的任意两个列向量(它们是 $\mathbb{Z}_2^\ell$ 中的向量)线性无关.

事实上, 设满足上述等式的非零向量 $(x_1, \cdots, x_7)$ 的重量 $\geqslant 3$, 若存在矩阵 $\boldsymbol{H}$ 的两个列向量线性相关. 不失一般性, 可假设 $\boldsymbol{H}_1, \boldsymbol{H}_2$ 线性相关, 即有 $c_1, c_2 \in \mathbb{Z}_2$ 不全为零使得 $c_1\boldsymbol{H}_1 + c_2\boldsymbol{H}_2 = \mathbf{0}$. 令 $\boldsymbol{c} = (c_1, c_2, 0, 0, 0, 0, 0)$, 则 $\boldsymbol{H}\boldsymbol{c}^{\mathrm{T}} = c_1\boldsymbol{H}_1 + c_2\boldsymbol{H}_2 = \mathbf{0}$, 即 $\mathbf{0} \neq \boldsymbol{c} \in C$, $w(\boldsymbol{c}) \leqslant 2$, 与 C 中任意非零码字的重量 $\geqslant 3$ 矛盾.

反过来, 设矩阵 $\boldsymbol{H}$ 的任意两个列向量线性无关. 若存在 $\mathbf{0} \neq \boldsymbol{c} \in C$, 使得

$$w(\boldsymbol{c}) = (c_1, c_2, \cdots, c_7) \leqslant 2,$$

则存在 c_i, c_j 不全为零, 使得 $c_i\boldsymbol{H}_i + c_j\boldsymbol{H}_j = \boldsymbol{H}\boldsymbol{c}^{\mathrm{T}} = \mathbf{0}$. 故 $\boldsymbol{H}_i, \boldsymbol{H}_j$ 线性相关, 与 $\boldsymbol{H}$ 的任意两个列向量线性无关矛盾.

而线性代数指出: "两个向量线性无关当且仅当它们张成不同的 1 维子空间(即不同的过原点直线)."

循此思路, Hamming 找到了满足上述条件的矩阵 $\boldsymbol{H}$: 容易看出(见本节习题第 1 题), $\mathbb{Z}_2^3$ 的所有 1 维子空间的个数为

$$\frac{2^3-1}{2-1} = 7.$$

每个 1 维子空间恰好含有一个非零向量. 以它们为列向量排成矩阵

$$\boldsymbol{H} = \begin{pmatrix} 1 & 0 & 1 & 0 & 1 & 0 & 1 \\ 0 & 1 & 1 & 0 & 0 & 1 & 1 \\ 0 & 0 & 0 & 1 & 1 & 1 & 1 \end{pmatrix}.$$

(说明一下, 上述矩阵 $\boldsymbol{H}$ 的列是按照 1 至 7 的二进制代码排列的.) 齐次线性方程组

$$\boldsymbol{H}\boldsymbol{x}^{\mathrm{T}} = \mathbf{0}$$

的解子空间为

$$C = \left\{ \boldsymbol{c} \in \mathbb{Z}_2^7 \;\middle|\; \boldsymbol{H}\boldsymbol{c}^{\mathrm{T}} = \mathbf{0} \right\}, \tag{1.2.1}$$

我们称它为 Hamming *码*. 它具有下述性质:

(1) C 是 $\mathbb{Z}_2^7$ 的子空间, 维数 $\dim C = 4$, 从而码字个数 $|C| = 2^4 = 16$.

(2) C 的极小重量 $w(C) = 3$, 即极小距离 $d(C) = 3$.

由上面的分析, Hamming 码 C 可以纠正一个错.

而且, Hamming 进一步断言: 对任意 C', $C \subsetneqq C' \subseteq \mathbb{Z}_2^7$, C' 都不能纠正一个错. 为此, 他论证道

任给 $\boldsymbol{c}\in C$. 改变 $\boldsymbol{c}=(c_1,\cdots,c_7)$ 的任一位就得一个与 $\boldsymbol{c}$ 相距 1 的字. 故以 $\boldsymbol{c}$ 为球心, 1 为半径的球 $S(\boldsymbol{c},1)$ 所含的字的个数是

$$|S(\boldsymbol{c},1)|=1+7=8 \quad (\text{与 } \boldsymbol{c} \text{ 距离 } 0 \text{ 的字有 } 1 \text{ 个, 与 } \boldsymbol{c} \text{ 距离 } 1 \text{ 的字有 } 7 \text{ 个}),$$

任意这样的两个球不相交 (因为它们的球心距 $\geqslant 3$), 所以这 16 个球共包含了 $8\times 16=128$ 个字. 换言之, 它们覆盖了整个空间 $\mathbb{Z}_2^7$. 因此把任何不在 C 中的字 $\boldsymbol{a}$ 加入 C 中都会使得新"字典"中存在两个字 $\boldsymbol{a}$ 和 $\boldsymbol{c}$, 它们的距离 $d(\boldsymbol{a},\boldsymbol{c})=1$. 那么, 发送 $\boldsymbol{c}$, 出 1 个错, 变为 $\boldsymbol{a}$ 后, 因为 $\boldsymbol{a}$ 也是码字 (有效字), 根本就无法检查出这里出了错, 更谈不上纠正这个错!

所以, 从这个角度来说, 在所有长为 7 的码当中, Hamming 码是能纠正一个错的最好的码.

1.2.3 Hamming 的编码及解码办法

Hamming 还提出了如何使用他的码 C (即由表达式 (1.2.1) 定义的 Hamming 码 C) 的具体操作办法, 也就是如何编码和如何解码.

1. 如何用 Hamming 码编码?

取 C 的基底, 例如取

$$\begin{aligned}
\boldsymbol{g}_1&=(1,\ 0,\ 0,\ 0,\ 0,\ 1,\ 1),\\
\boldsymbol{g}_2&=(0,\ 1,\ 0,\ 0,\ 1,\ 0,\ 1),\\
\boldsymbol{g}_3&=(0,\ 0,\ 1,\ 0,\ 1,\ 1,\ 0),\\
\boldsymbol{g}_4&=(0,\ 0,\ 0,\ 1,\ 1,\ 1,\ 1).
\end{aligned}$$

那么, 任意的 $\boldsymbol{c}\in C$ 是它们的唯一线性组合, 即存在唯一的 $\boldsymbol{y}=(y_1,y_2,y_3,y_4)\in\mathbb{Z}_2^4$ 使得

$$\boldsymbol{c}=y_1\boldsymbol{g}_1+y_2\boldsymbol{g}_2+y_3\boldsymbol{g}_3+y_4\boldsymbol{g}_4. \tag{1.2.2}$$

以 $\boldsymbol{g}_1, \boldsymbol{g}_2, \boldsymbol{g}_3, \boldsymbol{g}_4$ 为行向量构作矩阵

$$\boldsymbol{G}=\begin{pmatrix}\boldsymbol{g}_1\\ \boldsymbol{g}_2\\ \boldsymbol{g}_3\\ \boldsymbol{g}_4\end{pmatrix}=\begin{pmatrix}1&0&0&0&0&1&1\\0&1&0&0&1&0&1\\0&0&1&0&1&1&0\\0&0&0&1&1&1&1\end{pmatrix}.$$

按矩阵乘法, 表达式 (1.2.2) 可写成

$$\boldsymbol{c} = \boldsymbol{y}\boldsymbol{G}.$$

也就是说: 我们有线性同构

$$\mathbb{Z}_2^4 \xrightarrow{\cong} C, \quad \boldsymbol{y} \longmapsto \boldsymbol{y}\boldsymbol{G},$$

它把长为 4 的字一一对应为 Hamming 码字. 因此, Hamming 称矩阵 $\boldsymbol{G}$ 为码 C 的**生成矩阵** (generating matrix).

这就给出了把长为 4 的 “信息字” 编码为长为 7 的 Hamming 码字的办法, 例如 1.1 节给出的十六进制字符表 (表 1.1) 中, “4” = 0100, 就编码为 0100101:

$$\begin{pmatrix} 0 & 1 & 0 & 0 \end{pmatrix} \begin{pmatrix} 1 & 0 & 0 & 0 & 0 & 1 & 1 \\ 0 & 1 & 0 & 0 & 1 & 0 & 1 \\ 0 & 0 & 1 & 0 & 1 & 1 & 0 \\ 0 & 0 & 0 & 1 & 1 & 1 & 1 \end{pmatrix} = \begin{pmatrix} 0 & 1 & 0 & 0 & 1 & 0 & 1 \end{pmatrix}.$$

全体十六进制字符的 7 位 Hamming 码如表 1.2 所示.

因为我们选取的生成矩阵 $\boldsymbol{G}$ 的左面 4×4 方块是恒等矩阵 (单位矩阵), 所以表 1.2 中每个 7 位 Hamming 码字的前四位恰好与对应 “信息字” 的四位字母一致.

表 1.2 十六进制字符 Hamming 编码表

字符	4 位码	7 位 Hamming 码字	字符	4 位码	7 位 Hamming 码字
0	0 0 0 0	0 0 0 0 0 0 0	8	1 0 0 0	1 0 0 0 0 1 1
1	0 0 0 1	0 0 0 1 1 1 1	9	1 0 0 1	1 0 0 1 1 0 0
2	0 0 1 0	0 0 1 0 1 1 0	A	1 0 1 0	1 0 1 0 1 0 1
3	0 0 1 1	0 0 1 1 0 0 1	B	1 0 1 1	1 0 1 1 0 1 0
4	0 1 0 0	0 1 0 0 1 0 1	C	1 1 0 0	1 1 0 0 1 1 0
5	0 1 0 1	0 1 0 1 0 1 0	D	1 1 0 1	1 1 0 1 0 0 1
6	0 1 1 0	0 1 1 0 0 1 1	E	1 1 1 0	1 1 1 0 0 0 0
7	0 1 1 1	0 1 1 1 1 0 0	F	1 1 1 1	1 1 1 1 1 1 1

因此信息 OK = 4F4B 编码为

$$\mathrm{OK} = 0\,1\,0\,0\,1\,0\,1 \;\; 1\,1\,1\,1\,1\,1\,1 \;\; 0\,1\,0\,0\,1\,0\,1 \;\; 1\,0\,1\,1\,0\,1\,1.$$

2. *如何对 Hamming 码进行译码?*

首先, 收到的码文每 7 位是一个字, 所以容易 “断字”, 只要讨论对每个字来译码.

设发送码字 $\boldsymbol{c}$, 收到字 $\boldsymbol{r}$, 那么 $\boldsymbol{e}=\boldsymbol{r}-\boldsymbol{c}$ 就是发生的错误, 而收到的字写成

$$\boldsymbol{r}=\boldsymbol{c}+\boldsymbol{e}.$$

那么接收方可以计算下述字

$$\boldsymbol{s}=\boldsymbol{H}\boldsymbol{r}^{\mathrm{T}}=\boldsymbol{H}(\boldsymbol{c}+\boldsymbol{e})^{\mathrm{T}}=\boldsymbol{H}\boldsymbol{c}^{\mathrm{T}}+\boldsymbol{H}\boldsymbol{e}^{\mathrm{T}}=\boldsymbol{H}\boldsymbol{e}^{\mathrm{T}},$$

Hamming 称 $\boldsymbol{s}$ 为 $\boldsymbol{r}$ 的和声 (syndrome). 记住: 我们的假设是"每个码字至多发生 1 个错误", 即错误的重量 $w(\boldsymbol{e})\leqslant 1$. 如果 $w(\boldsymbol{e})=1$, 也就是 $\boldsymbol{e}$ 恰 1 位非零. 设第 j 位 $e_j=1$, 其余位 $e_i=0$, 那么将 $\boldsymbol{H}=(\boldsymbol{H}_1,\cdots,\boldsymbol{H}_7)$ 按列分块计算

$$\boldsymbol{s}=\boldsymbol{H}\boldsymbol{e}^{\mathrm{T}}=\boldsymbol{e}_1\boldsymbol{H}_1+\cdots+\boldsymbol{e}_j\boldsymbol{H}_j+\cdots+\boldsymbol{e}_7\boldsymbol{H}_7=\boldsymbol{H}_j,$$

也就是说和声 $\boldsymbol{s}$ 恰是矩阵 $\boldsymbol{H}$ 的第 j 列. 不然的话, 如果 $w(\boldsymbol{e})=0$ 也就是 $\boldsymbol{e}=\boldsymbol{0}$, 那么和声 $\boldsymbol{s}=\boldsymbol{H}\boldsymbol{e}^{\mathrm{T}}=\boldsymbol{0}$. 总之, 从和声可以判断是否出错, 而且在出错时可以确定出错位置 j, 从而找回正确的码字. Hamming 的解码办法

S1: 计算和声 $\boldsymbol{s}=\boldsymbol{H}\boldsymbol{r}^{\mathrm{T}}$.

S2: 如果和声 $\boldsymbol{H}\boldsymbol{r}^{\mathrm{T}}=\boldsymbol{0}$, 那么收到的 $\boldsymbol{r}$ 是正确码字; 否则执行 S3.

S3: 搜索 $\boldsymbol{H}$ 的列向量, 找到列向量 $\boldsymbol{H}_j$ 使得 $\boldsymbol{s}=\boldsymbol{H}_j$; 将收到的字的第 j 位改变 (是 0 就变为 1, 是 1 就变为 0), 就得到正确的码字.

所以, Hamming 称 $\boldsymbol{H}$ 为它的码 C 的检验矩阵 (parity check matrix).

例如: $(0\,1\,0\,0\,1\,0\,1)\ \xrightarrow{\text{1 个错误}}\ (0\,1\,\underline{1}\,0\,1\,0\,1)$, 就是

$$\boldsymbol{c}=(0\,1\,0\,0\,1\,0\,1),\qquad \boldsymbol{r}=(0\,1\,1\,0\,1\,0\,1),\qquad \boldsymbol{e}=(0\,0\,1\,0\,0\,0\,0).$$

但是接收者只知道 $\boldsymbol{r}$, 他可以计算和声:

$$\boldsymbol{s}=\boldsymbol{H}\boldsymbol{r}^{\mathrm{T}}=\begin{pmatrix}1&0&1&0&1&0&1\\0&1&1&0&0&1&1\\0&0&0&1&1&1&1\end{pmatrix}\begin{pmatrix}0\\1\\1\\0\\1\\0\\1\end{pmatrix}=\begin{pmatrix}1\\1\\0\end{pmatrix}.$$

这是检验矩阵 $\boldsymbol{H}$ 的第 3 列, 所以接收者知道第 3 位出错, 因此把 $\boldsymbol{r}$ 的第 3 位从 1 改为 0, 得正确码字 $(0\,1\,0\,0\,1\,0\,1)$.

习 题 1.2

1. 证明:

(1) 设 $\boldsymbol{H}$ 是 $m\times n$ 矩阵, $\boldsymbol{X}$ 是 n 维未知列向量. 则线性方程组 $\boldsymbol{HX}=\boldsymbol{0}$ 的任何非零解至少有 3 个分量非零的必要充分条件是 $\boldsymbol{H}$ 的任意 2 个列向量线性无关.

(2) 向量空间中, 两个向量线性无关当且仅当它们张成不同的 1 维子空间.

(3) 域 $\mathbb{Z}_2$ 的任意向量空间的任意 1 个 1 维子空间恰含两个向量. 任意一个 k 维子空间含几个向量?

(4) 向量空间 $\mathbb{Z}_2^3$ 中, 1 维子空间共有 7 个.

2. (1) 证明: 在 $\mathbb{Z}_2^7$ 中, $|S(\boldsymbol{c},1)|=8$.

(2) 在 $\mathbb{Z}_2^7$ 中, 计算 $|S(\boldsymbol{c},i)|$, $i=2,3,4,5,6,7$.

3. 接收到字 (0 1 0 1 1 1 0), 请用 Hamming 的解码办法找回正确的码字.

4. 设 $\boldsymbol{x}$, $\boldsymbol{y}\in\mathbb{Z}_2^n$, 证明:

$$w(\boldsymbol{x}+\boldsymbol{y})=w(\boldsymbol{x})+w(\boldsymbol{y})-2w(\boldsymbol{x}\cap\boldsymbol{y}),$$

其中, $\boldsymbol{x}\cap\boldsymbol{y}\in\mathbb{Z}_2^n$, 它在 $\boldsymbol{x}$ 和 $\boldsymbol{y}$ 均为 1 的分量处为 1, 其余分量处为 0.

5. 设 $C\subseteq\mathbb{Z}_2^n$ 是一个长为 n、码字个数为 M 且极小距离为 d 的码, 记作 (n, M,d)-码; 称 (n,M,d) 为码 C 的参数. 称下述 $\widehat{C}$ 为 C 的扩展码:

$$\widehat{C}=\left\{(c_1,c_2,\cdots,c_n,c_{n+1})\;\middle|\;(c_1,c_2,\cdots,c_n)\in C,\ c_{n+1}\in\mathbb{Z}_2,\ \sum_{i=1}^{n+1}c_i=0\right\}.$$

求扩展码 $\widehat{C}$ 的参数.

6. 字母表 $\mathbb{Z}_2=\{0,1\}$ 上的码称为二元码. 证明: 存在参数 $(n,M,2t+1)$ 的二元码当且仅当存在参数 $(n+1,M,2t+2)$ 的二元码.

7. 设 C 和 C' 分别是参数为 (n,M,d) 和 (n',M',d') 的二元码. 证明:

$$C\oplus C'=\{(\boldsymbol{c}\,|\,\boldsymbol{c}')\in\mathbb{Z}_2^{n+n'}\mid \boldsymbol{c}\in C,\ \boldsymbol{c}'\in C'\}$$

是参数为 $(n+n',MM',\min\{d,d'\})$ 的二元码 (这个码叫做 C 和 C' 的卡氏积, 或称外直和).

8. 设 C_1 和 C_2 分别是参数为 (n,M,d) 和 (n,M',d') 的二元码. 证明:

$$C=\{(\boldsymbol{c}\,|\,\boldsymbol{c}+\boldsymbol{c}')\in\mathbb{Z}_2^{2n}\mid \boldsymbol{c}\in C_1,\ \boldsymbol{c}'\in C_2\}$$

是参数为 $(2n,MM',\min\{2d,d'\})$ 的二元码.

1.3 Hamming 度量

本节展开 Hamming 的几何思想, Hamming 的代数思想将于第 2 章拓展.

首先来看什么是度量.

定义 1.3.1 如果集合 V 上的二元实函数 $d\colon V\times V\to\mathbb{R}$ 满足以下三条:

(D1) (正定性) $d(x,y)\geqslant 0$ 且等号仅在 $x=y$ 时成立, $\forall\, x,y\in V$;

(D2) (对称性) $d(x,y)=d(y,x)$, $\forall\, x,y\in V$;

(D3) (三角不等式) $d(x,y)\leqslant d(x,z)+d(z,y)$, $\forall\, x,y,z\in V$,

则称 d 为 V 上的一个*距离函数*.

定义 1.3.2 如果 Abel 群 A (运算写作 $+$) 上的一元实函数 $w\colon A\to\mathbb{R}$ 满足以下三个条件:

(W1) (正定性) $w(x)\geqslant 0$ 且等号仅在 $x=0$ 时成立, $\forall\, x\in A$;

(W2) (对称性) $w(-x)=w(x)$, $\forall\, x\in A$;

(W3) (三角不等式) $w(x+y)\leqslant w(x)+w(y)$, $\forall\, x,y\in A$,

则称 w 为 A 上的一个*重量函数*.

定义 1.3.3 设 $\mathbb{A}$ 为字母表, 含字母个数 $|\mathbb{A}|=q$.

(1) 定义 $\mathbb{A}$ 上的二元函数

$$d(a,b)=\begin{cases}1, & a\neq b,\\ 0, & a=b,\end{cases}\qquad \forall\, a,b\in\mathbb{A}.$$

那么定义 1.3.1 的条件显然满足, 故 d 是 $\mathbb{A}$ 上的距离函数. 称 d 为 $\mathbb{A}$ 的 *Hamming 距离*.

(2) 由本节的习题第 1 题, 在长为 n 的字的集合

$$\mathbb{A}^n=\{\,\boldsymbol{a}=(a_1,\cdots,a_n)\mid a_i\in\mathbb{A}\,\}$$

上有距离函数

$$d(\boldsymbol{a},\boldsymbol{b})=d(a_1,b_1)+\cdots+d(a_n,b_n)=\big|\{i\mid 1\leqslant i\leqslant n,\ a_i\neq b_i\}\big|.$$

称 $d(\boldsymbol{a},\boldsymbol{b})$ 为 $\mathbb{A}^n$ 中的字 $\boldsymbol{a}=(a_1,\cdots,a_n)$ 与字 $\boldsymbol{b}=(b_1,\cdots,b_n)$ 的 *Hamming 距离*.

定义 1.3.4 取子集 $C\subseteq\mathbb{A}^n$, 称为字母表 $\mathbb{A}$ 上的长 n 的一个*码*. C 中的字称为*码字*. 称

$$d(C)=\min\{d(\boldsymbol{c},\boldsymbol{c}')\mid \boldsymbol{c}\neq\boldsymbol{c}'\in C\}$$

为码 C 的*极小距离*. 将 C 的基数记作 $M=|C|$. 称 C 为 $\mathbb{A}$ 上的一个参数为 (n,M,d) 的码. 因为 $|\mathbb{A}|=q$, 也可以说 C 是一个参数为 (n,M,d) 的 q 元码.

极大相似译码(maximal likelihood decoding) **规则** 传送码字 $\boldsymbol{c}$, 接收到字 $\boldsymbol{r}$. 如果收到的字 $\boldsymbol{r}$ 不是码字, 就把 $\boldsymbol{r}$ 译为与它距离最小的码字.

假若与 $\boldsymbol{r}$ 距离最小的码字不唯一, 则从极大相似译码规则译出的码字不唯一.

显然, 如果出错过多, 也就是收到的字 $\boldsymbol{r}$ 与发送的码字 $\boldsymbol{c}$ 相距太远, 那么按极大相似译码规则找不回原来的码字 $\boldsymbol{c}$.

定义 1.3.5 (纠错能力) 使用码 C 编码. 发送码字 $\boldsymbol{c} \in C$, 收到字 $\boldsymbol{r} \in \mathbb{A}^n$. 如果: 只要发生错误不超过 t 个 (即 $d(\boldsymbol{c}, \boldsymbol{r}) \leqslant t$), 极大相似译码规则就把 $\boldsymbol{r}$ 唯一地译为 $\boldsymbol{c}$, 就称码 C 可纠正 t 个错.

对任意实数 α, 以 $\lfloor \alpha \rfloor$ 表示不超过 α 的最大整数.

定理 1.3.6 设 $C \subseteq \mathbb{A}^n$ 是字母表 $\mathbb{A}$ 上的长 n 的码, 设 $d = d(C)$ 是码 C 的极小距离. 令 $e = \left\lfloor \dfrac{d-1}{2} \right\rfloor$. 则

(1) C 最多可检查出 $d-1$ 个错.

(2) C 可纠正 e 个错, 但不能纠正 $e+1$ 个错.

证 (1) 设发送码字 $\boldsymbol{c}$, 收到字 $\boldsymbol{r}$, 并设 $d(\boldsymbol{c}, \boldsymbol{r}) \leqslant d-1$. 由于码 C 中任意两个不同的码字之间的距离大于等于 d, 因此马上知道收到的字 $\boldsymbol{r}$ 不是码字, 从而知道出错.

(2) 以下证明将用到函数 $\lfloor \alpha \rfloor$ 的性质 (见本节习题 7, 该性质后面还会多次用到):

$$\alpha - 1 < \lfloor \alpha \rfloor \leqslant \alpha, \qquad \forall\, \alpha \in \mathbb{R}, \tag{1.3.1}$$

其中 $\mathbb{R}$ 是实数域. 由此, 马上得 $d = 2 \cdot \dfrac{d-1}{2} + 1 \geqslant 2\left\lfloor \dfrac{d-1}{2} \right\rfloor + 1 = 2e+1$. 另一方面, $d = 2\left(\dfrac{d-1}{2} - 1\right) + 3 < 2\left\lfloor \dfrac{d-1}{2} \right\rfloor + 3 = 2e+3$; 但 d 与 $2e+3$ 都是整数, 故 $d \leqslant 2e+2$. 总之

$$2e+1 \leqslant d \leqslant 2e+2\,. \tag{1.3.2}$$

我们证明两个结论, 它们分别给出定理 (2) 的两个断言.

(i) 设 $\boldsymbol{c} \in C$, $\boldsymbol{r} \in \mathbb{A}^n$ 使得 $d(\boldsymbol{c}, \boldsymbol{r}) \leqslant e$. 则对任意 $\boldsymbol{c} \neq \boldsymbol{c}' \in C$ 有

$$d(\boldsymbol{c}', \boldsymbol{r}) > e \geqslant d(\boldsymbol{c}, \boldsymbol{r})\,.$$

这是因为 $d \leqslant d(\boldsymbol{c}, \boldsymbol{c}') \leqslant d(\boldsymbol{c}, \boldsymbol{r}) + d(\boldsymbol{r}, \boldsymbol{c}')$; 由不等式(1.3.2), $d > 2e$, 即 $d - e > e$, 故

$$d(\boldsymbol{r}, \boldsymbol{c}') \geqslant d - d(\boldsymbol{c}, \boldsymbol{r}) \geqslant d - e > e \geqslant d(\boldsymbol{c}, \boldsymbol{r})\,.$$

所以, 若发送码字 $\boldsymbol{c}$ 错误不超过 e 个收到 $\boldsymbol{r}$, 则与 $\boldsymbol{r}$ 距离最小的码字只有一个 $\boldsymbol{c}$, 极大相似译码规则就唯一地把 $\boldsymbol{r}$ 译为 $\boldsymbol{c}$.

(ii) *存在码字* $\boldsymbol{c} \neq \boldsymbol{c}' \in C$ *和字* $\boldsymbol{r} \in \mathbb{A}^n$ *使得*

$$d(\boldsymbol{c}, \boldsymbol{r}) = e + 1, \qquad e \leqslant d(\boldsymbol{c}', \boldsymbol{r}) \leqslant e + 1. \tag{1.3.3}$$

这是因为由极小距离的定义, 存在 $\boldsymbol{c}, \boldsymbol{c}' \in C$ 使得 $d(\boldsymbol{c}, \boldsymbol{c}') = d$, 所以 $\boldsymbol{c}$ 与 $\boldsymbol{c}'$ 有 d 个位置分量不同, 其他位置分量相同. 不失一般性, 可假设

$$\boldsymbol{c} = (c_1, \cdots, c_d, *, \cdots, *), \qquad \boldsymbol{c}' = (c_1', \cdots, c_d', *, \cdots, *),$$

其中 $c_i \neq c_i'$, $i = 1, \cdots, d$, 而两个码字的后面 $*$ 部分完全相同. 把 $\boldsymbol{c}$ 的前 $e+1$ 个分量改变为与 $\boldsymbol{c}'$ 的前 $e+1$ 个分量相同, 得到字 $\boldsymbol{r}$:

$$\boldsymbol{r} = (c_1', \cdots, c_{e+1}', c_{e+2}, \cdots, c_d, *, \cdots, *).$$

那么显然 $d(\boldsymbol{c}, \boldsymbol{r}) = e + 1$, 而 $d(\boldsymbol{c}', \boldsymbol{r}) = d - (e+1)$; 由不等式(1.3.2), $2e+1 \leqslant d \leqslant 2e+2$, 故 $d(\boldsymbol{c}', \boldsymbol{r}) \geqslant (2e+1) - (e+1) = e$ 且 $d(\boldsymbol{c}', \boldsymbol{r}) \leqslant (2e+2) - (e+1) = e+1$.

由结论 (ii), 如果传送码字 $\boldsymbol{c}$ 发生 $e+1$ 个错误接收为字 $\boldsymbol{r}$, 即 $d(\boldsymbol{c}, \boldsymbol{r}) = e+1$, 那么 $d(\boldsymbol{c}', \boldsymbol{r}) = e$ 或 $= e+1$; 这两种情形下极大相似译码规则都不能把 $\boldsymbol{r}$ 唯一地译为 $\boldsymbol{c}$. □

以下给出定理 1.3.6 的一种几何解释.

对任意的 $\boldsymbol{b} \in \mathbb{A}^n$ 和整数 $r \geqslant 0$, 令下述 $S(\boldsymbol{b}, r)$ 是 $\mathbb{A}^n$ 中以 $\boldsymbol{b}$ 为球心, r 为半径的球:

$$S(\boldsymbol{b}, r) = \{\boldsymbol{a} \in \mathbb{A}^n \mid d(\boldsymbol{a}, \boldsymbol{b}) \leqslant r\}. \tag{1.3.4}$$

在有度量的空间中, 球心与半径唯一地确定一个球. 这里, 我们约定是在具有 Hamming 距离度量的 $\mathbb{A}^n$ 中考虑的球, 因此也称 $S(\boldsymbol{b}, r)$ 为 Hamming 球.

注 1.3.7　关于参数为 (n, M, d) 的 q 元码 C, 我们得到 M 个半径为 e 的球

$$S(\boldsymbol{c}, e), \qquad \boldsymbol{c} \in C, \qquad e = \left\lfloor \frac{d-1}{2} \right\rfloor. \tag{1.3.5}$$

定理 1.3.6 及其证明就是说:

(1) 所有这 M 个球两两不相交, $S(\boldsymbol{c}, e) \bigcap S(\boldsymbol{c}', e) = \varnothing$, $\forall\, \boldsymbol{c} \neq \boldsymbol{c}' \in C$ (这就是定理 1.3.6 证明中的结论 (i) 的几何解释);

(2) 但存在 $\boldsymbol{c} \neq \boldsymbol{c}' \in C$ 使得两个半径为 $e+1$ 的球相交, $S(\boldsymbol{c}, e+1) \bigcap S(\boldsymbol{c}', e+1) \neq \varnothing$ (这是定理 1.3.6 证明中的结论 (ii) 的几何解释).

第一条是说, 这 M 个半径 e 的球填充到 $\mathbb{A}^n$ 中 (直观理解就是把这 M 个半径 e 的球装到箱子里了). 而第二条则是说, 以 C 中码字为球心但半径为 $e+1$ 的球不能填充到 $\mathbb{A}^n$ 中 (直观理解就是这些半径 $e+1$ 的球装不进箱子了). 所以表达式(1.3.5)中的球是 $\mathbb{A}^n$ 的 "最大球填充". 因而表达式 (1.3.5) 中的 e 称为码 C 的*球填充半径*.

我们再从信息科学背景来看定理 1.3.6.

注 1.3.8 *什么样的码是好码?* 定理 1.3.6 表明, 从通信的需求来看, 好码应该满足

(1) M 越大越好, 因为这样可使用的有效字就越多;

(2) d 越大越好, 因为这样码的纠错能力就越强;

(3) 编码、解码算法越简单越好, 因为这样在技术上就越便捷.

第三条涉及算法理论和技术. 在 1.2 节 (以及后面多处章节) 我们看到, 数学结构有利于编制编码和解码的算法. 关于前两条, 我们马上将在 1.4 节 (以及后面多处章节) 看到, 码的这两个参数 M 与 d 是互相制约的, 它们被某些上界所界定. 因而, 编码理论与技术追求的是它们之间的最佳平衡.

习 题 1.3

1. 设 d 为集合 A 上的距离函数. 在卡氏积

$$A^n := A \oplus \cdots \oplus A = \{\boldsymbol{a} = (a_1, \cdots, a_n) \mid a_i \in A\}$$

上定义

$$d(\boldsymbol{a}, \boldsymbol{b}) = d(a_1, b_1) + \cdots + d(a_n, b_n), \qquad \forall\, \boldsymbol{a}, \boldsymbol{b} \in A^n.$$

证明: $d(\boldsymbol{a}, \boldsymbol{b})$ 是 A^n 上的距离函数.

2. 设 A 为 Abel (阿贝尔) 群, 运算记作加法. 如果群 A 上的距离函数 $d(\boldsymbol{a}, \boldsymbol{b})$ 对任意的 $\boldsymbol{a}, \boldsymbol{b}, \boldsymbol{c} \in A$ 都满足 $d(\boldsymbol{a}+\boldsymbol{c}, \boldsymbol{b}+\boldsymbol{c}) = d(\boldsymbol{a}, \boldsymbol{b})$, 那么称 d 为平移不变的. 证明:

(1) 如果 d 为 A 上平移不变的距离函数, 令 $w(\boldsymbol{a}) = d(\boldsymbol{0}, \boldsymbol{a})$, $\forall \boldsymbol{a} \in A$, 那么 w 为 A 上的重量函数.

(2) 如果 w 为 A 上的重量函数, 令 $d(\boldsymbol{a}, \boldsymbol{b}) = w(\boldsymbol{a} - \boldsymbol{b})$, $\forall \boldsymbol{a}, \boldsymbol{b} \in A$, 那么 d 是 A 上平移不变的距离函数. (称 (1), (2) 中的 d 与 w 为 A 上相互对应的距离和重量函数.)

3. 设 A 为 Abel 群, d 为 A 上的距离函数, w 为相应的重量函数.

$$A^n = A \oplus \cdots \oplus A = \{\boldsymbol{a} = (a_1, \cdots, a_n) \mid a_i \in A\}$$

也是 Abel 群. 定义

$$d(\boldsymbol{a},\boldsymbol{b})=d(a_1,b_1)+\cdots+d(a_n,b_n),\qquad \forall\,\boldsymbol{a},\boldsymbol{b}\in A^n;$$

$$w(a_1,\cdots,a_n)=w(a_1)+\cdots+w(a_n),\qquad \forall\,\boldsymbol{a}\in A^n.$$

证明它们是 A^n 上相互对应的距离和重量函数.

4. 设 A 为 Abel 群, d 为 A 上的距离函数, w 为相应的重量函数. 设 B 是 A 的子群. 令

$$d(B)=\min\{d(x,y)\mid x\neq y\in B\};$$

$$w(B)=\min\{w(x)\mid 0\neq x\in B\}.$$

证明: $d(B)=w(B)$.

5. 证明: 定义 1.3.3 中 $\mathbb{A}$ 上的二元函数 d 是距离函数.

6. 设 $\mathbb{A}$ 是一个字母表. 对任意的 $\boldsymbol{x}=(x_1,\cdots,x_n)$, $\boldsymbol{y}=(y_1,\cdots,y_n)\in\mathbb{A}^n$, 定义

$$d_{RT}(\boldsymbol{x},\boldsymbol{y})=\begin{cases}\max\{i\mid x_i\neq y_i,1\leqslant i\leqslant n\}, & \boldsymbol{x}\neq\boldsymbol{y},\\ 0, & \boldsymbol{x}=\boldsymbol{y}.\end{cases}$$

证明: d_{RT} 是一个距离函数.

7. 设 α 为任意实数. 证明:

(1) $\alpha-1<\lfloor\alpha\rfloor\leqslant\alpha$, 其中 $\lfloor\alpha\rfloor$ 表示不大于 α 的最大整数.

(2) $\alpha+1>\lceil\alpha\rceil\geqslant\alpha$, 其中 $\lceil\alpha\rceil$ 表示不小于 α 的最小整数.

1.4 码的参数的界

本节始终设 $C\subseteq\mathbb{A}^n$ 是字母表 $\mathbb{A}$ 上的 (n,M,d)-码, 其中 $|\mathbb{A}|=q$, $M=|C|$, $d=d(C)$, 见定义 1.3.4; 并设 $e=\left\lfloor\dfrac{d-1}{2}\right\rfloor$, 见定理 1.3.6. 继续注 1.3.8, 本节介绍几个制约参数 M 和 d 的上界, 以及如何追求 M 和 d 的最佳平衡的一种初步办法.

为了让这些界的表达式更具体、更丰富, 先给出 Hamming 球的体积计算.

引理 1.4.1 令 $S(\boldsymbol{b},r)$ 是 $\mathbb{A}^n$ 中以 $\boldsymbol{b}$ 为球心, 以 r 为半径的球, 见表达式(1.3.4). 则基数 $\left|S(\boldsymbol{b},r)\right|=\sum\limits_{j=0}^{r}\begin{pmatrix}n\\j\end{pmatrix}(q-1)^j$, 其中 $\begin{pmatrix}n\\j\end{pmatrix}$ 是二项式系数.

证 设 $\boldsymbol{b}=(b_1,\cdots,b_n)$. 对 $0\leqslant j\leqslant r$, 任取 j 个位置 $i_1,\cdots,i_j$, 共有 $\begin{pmatrix}n\\j\end{pmatrix}$ 种取法. 对任一取法 $i_1,\cdots,i_j$, 改变这 j 个位置的分量使之与 $\boldsymbol{b}$ 的分量不相同, 其他位置分量保持不变, 就可得到与 $\boldsymbol{b}$ 的距离等于 j 的字. 因为 $|\mathbb{A}|=q$, 每个位置有 $q-1$ 个改变方式, 共得到 $(q-1)^j$ 个字与 $\boldsymbol{b}$ 的距离等于 j, 所以

$$\left|\{\boldsymbol{a} \in \mathbb{A}^n \mid d(\boldsymbol{a}, \boldsymbol{b}) = j\}\right| = \binom{n}{j}(q-1)^j .$$

让 j 从 0 跑到 r, 加起来就得到引理结论. □

显然, 球的体积 $|S(\boldsymbol{b}, r)|$ 与球心 $\boldsymbol{b}$ 的选取无关 (但与 q 和 n 有关因为我们约定 $S(\boldsymbol{b}, r)$ 在 $\mathbb{A}^n$ 中). 以下记

$$V_q(n,r) = |S(\boldsymbol{b}, r)| = \sum_{j=0}^{r}\binom{n}{j}(q-1)^j . \tag{1.4.1}$$

1. Hamming 界

Hamming 界是定理1.3.6 的简单直接推论.

定理 1.4.2 (Hamming 界) 设 C 是 q 元 (n, M, d)-码, $e = \left\lfloor \frac{d-1}{2} \right\rfloor$. 则

$$M \leqslant q^n / V_q(n,e), \qquad \text{或等价地}, \qquad \log_q V_q(n,e) + \log_q M \leqslant n.$$

证 表达式 (1.3.5) 的 M 个半径为 e 的球两两不交, 故它们包含的字的总个数

$$M \cdot V_q(n,e) \leqslant |\mathbb{A}^n| = q^n. \qquad \square$$

定义 1.4.3 称上述定理中给出的码的基数 M 的上界 $q^n/V_q(n,e)$ 为 Hamming 界 (Hamming bound), 也称球填充界 (sphere packing bound). 如果码 C 的 $M = q^n/V_q(n,e)$, 那么称 C 为完全码 (perfect code).

从注 1.3.7 知定理 1.4.2 中的 e 为码 C 的球填充半径. 对偶地, 有覆盖半径概念.

定义 1.4.4 使 $\bigcup_{\boldsymbol{c}\in C} S(\boldsymbol{c}, \rho) = \mathbb{A}^n$ 成立的最小半径 ρ 称为码 C 的覆盖半径, 记作 $\rho(C)$.

等价地, $\rho(C) = \max\limits_{\boldsymbol{x}\in\mathbb{A}^n} \min\limits_{\boldsymbol{c}\in C} d(\boldsymbol{x}, \boldsymbol{c})$.

显然, 码 C 的覆盖半径不小于码 C 的球填充半径: $\rho(C) \geqslant e = \left\lfloor \frac{d(C)-1}{2} \right\rfloor$; 码 C 的覆盖半径等于码 C 的球填充半径当且仅当码 C 是完全码 (严格数学证明作为本节习题 5).

2. 单字界

定理 1.4.5 (单字界 (singleton bound)) 任意 q 元码 C 的参数 (n, M, d) 满足

$$M \leqslant q^{n-d+1}, \quad \text{或等价地,} \quad d + \log_q M \leqslant n+1.$$

证 对 d 归纳. 当 $d=1$ 时, $M \leqslant q^n$ 显然成立.

设 $d>1$. 存在 $\boldsymbol{f}, \boldsymbol{f}' \in C$ 使得 $d(\boldsymbol{f}, \boldsymbol{f}') = d$. 那么有标号 $1 \leqslant j \leqslant n$ 使得码字 $\boldsymbol{f}$ 与 $\boldsymbol{f}'$ 的第 j 位不同: $f_j \neq f'_j$. 将 C 的所有码字的第 j 位删去, 得到长为 $n-1$ 的码

$$\widehat{C} := \{\widehat{\boldsymbol{c}} = (c_1, \cdots, c_{j-1}, c_{j+1}, \cdots, c_n) \mid \boldsymbol{c} \in C\}.$$

对任意的 $\boldsymbol{c}, \boldsymbol{c}' \in C$, $\boldsymbol{c} \neq \boldsymbol{c}'$, 因 $d(\boldsymbol{c}, \boldsymbol{c}') \geqslant d > 1$, 除第 j 位外, $\boldsymbol{c}$ 与 $\boldsymbol{c}'$ 至少还有一位不同, 故 $\widehat{\boldsymbol{c}} \neq \widehat{\boldsymbol{c}}'$. 所以 C 与 $\widehat{C}$ 的元素一一对应. 特别地, 有 $|\widehat{C}| = |C| = M$.

由于只删去一位, 故 $d(\widehat{C}) \geqslant d-1$. 另一方面, 由上面的选取方式, $d(\widehat{\boldsymbol{f}}, \widehat{\boldsymbol{f}'}) = d-1$. 所以 $d(\widehat{C}) = d-1$.

因此, 作为 $\mathbb{A}^{n-1}$ 的码, $\widehat{C}$ 的参数为 $(n-1, M, d-1)$. 按归纳假设,

$$M \leqslant q^{(n-1)-(d-1)+1} = q^{n-d+1}. \qquad \square$$

定义 1.4.6 如果 q 元的 (n, M, d)-码 C 的参数满足 $M = q^{n-d+1}$, 则称 C 为*极大距离可分码* (maximal distance separable code), 简称 MDS 码.

例 1.4.7 (1) 1.2.2 节中的 $\mathbb{Z}_2$ 上的参数 $(7, 16, 3)$ 的 Hamming 码 C (参看表达式(1.2.1)), 即 $q=2$, $n=7$, $M=16$, $d=3$ 是完全码 (见 1.2.2 节末 Hamming 的论证). 但 C 不是 MDS 码, 因 $q^{n-d+1} = 2^{7-3+1} = 32 > 16 = M$, 单字界没达到.

(2) 令 $C = \{(000), (110), (011), (101)\} \subseteq \mathbb{Z}_2^3$, 即 $q=2$, $n=3$, $M=4$, $d=2$. 显然 C 是 MDS 码, 因 $q^{n-d+1} = 2^{3-2+1} = 4 = M$. 但是 C 不是完全码, 因为 $e = \left\lfloor \dfrac{d-1}{2} \right\rfloor = 0$, 从而 $V_q(n,e) = 1$, 故 $q^n / V_q(n,e) = 2^3 = 8 > 4 = M$, Hamming 界没达到.

3. Plotkin 界

定理 1.4.8 (Plotkin 界) *任意 q 元码 C 的参数 (n, M, d) 满足*

$$\frac{d}{n} \leqslant \frac{(1-q^{-1})M}{M-1}, \quad \text{或等价地,} \quad \frac{1}{M} \geqslant \frac{d-(1-q^{-1})n}{d}.$$

证 考虑所有两两不同码字对之间距离总和 $\sum\limits_{\boldsymbol{c} \neq \boldsymbol{c}' \in C} d(\boldsymbol{c}, \boldsymbol{c}')$. 我们约定 $\sum$ 的下标 $\boldsymbol{c} \neq \boldsymbol{c}' \in C$ 表示 $\boldsymbol{c}$ 与 $\boldsymbol{c}'$ 是从 C 中无序选取两个不同码字 (即只要 $\boldsymbol{c} \neq \boldsymbol{c}'$, 那么 $\boldsymbol{c}, \boldsymbol{c}'$ 与 $\boldsymbol{c}', \boldsymbol{c}$ 是同一选取). 那么这样的两两不同码字对共有 $\dfrac{M(M-1)}{2}$ 对. 于是, 两两不同码字对之间的平均距离, 记作 $\bar{d}$, 为

$$\bar{d} = \sum_{\boldsymbol{c} \neq \boldsymbol{c}' \in C} d(\boldsymbol{c}, \boldsymbol{c}') \bigg/ \frac{M(M-1)}{2}.$$

设 $\boldsymbol{c}_1, \boldsymbol{c}_2, \cdots, \boldsymbol{c}_M$ 为 C 的全部码字. 以 $\boldsymbol{c}_i = (c_{i1}, \cdots, c_{in})$, $i = 1, \cdots, M$ 为行向量排成矩阵, 得到一个 $M \times n$ 矩阵

$$\boldsymbol{M}(C) = \begin{pmatrix} c_{11} & \cdots & c_{1j} & \cdots & c_{1n} \\ \vdots & & \vdots & & \vdots \\ c_{M1} & \cdots & c_{Mj} & \cdots & c_{Mn} \end{pmatrix}_{M \times n}$$

称为**码矩阵**. 任给定列标号 j, $1 \leqslant j \leqslant n$. 考虑每个字母 $a \in \mathbb{A}$ 在第 j 列出现的次数. 设 a 在第 j 列出现 m_a 次. 因为列的长度为 M, 得

$$\sum_{a \in \mathbb{A}} m_a = M.$$

任意的两个不同的字母 $a \neq a'$ 在第 j 列分别出现 m_a 次和 $m_{a'}$ 次. 由于我们考虑的码字对是无序的, 所以, a 与 a' 在第 j 列就会配对出现 $m_a m_{a'}$ 次, 因此它们对距离总和的贡献就为 $m_a m_{a'}$. 这样计算下来, 第 j 列对距离总和的贡献为

$$\sum_{a \neq a' \in \mathbb{A}} m_a m_{a'} = \frac{1}{2}\left(\left(\sum_{a \in \mathbb{A}} m_a\right)^2 - \sum_{a \in \mathbb{A}} m_a^2\right),$$

这里用了公式 $\left(\sum\limits_{a \in \mathbb{A}} m_a\right)^2 = \sum\limits_{a \in \mathbb{A}} m_a^2 + 2 \sum\limits_{a \neq a' \in \mathbb{A}} m_a m_{a'}$, 其中 $\sum$ 下标 “$a \neq a' \in \mathbb{A}$” 同样表示无序选取. 因平方平均不小于算术平均 $\left(\text{即实数不等式} \sqrt{\dfrac{x_1^2 + \cdots + x_n^2}{n}} \geqslant \dfrac{x_1 + \cdots + x_n}{n}\right)$, 故

$$\sum_{a \in \mathbb{A}} m_a^2 \big/ q = \sum_{a \in \mathbb{A}} m_a^2 \big/ |\mathbb{A}| \geqslant \left(\sum_{a \in \mathbb{A}} m_a \big/ |\mathbb{A}|\right)^2 = \frac{M^2}{q^2},$$

即 $\sum\limits_{a \in \mathbb{A}} m_a^2 \geqslant M^2/q$. 所以第 j 列对距离总和的贡献为

$$\sum_{a \neq a' \in \mathbb{A}} m_a m_{a'} \leqslant \frac{1}{2}\left(M^2 - \frac{M^2}{q}\right) = \frac{(q-1)M^2}{2q}.$$

码矩阵总共有 n 列, 那么距离总和

$$\sum_{\boldsymbol{c}\neq\boldsymbol{c}'\in C} d(\boldsymbol{c},\boldsymbol{c}') \leqslant \frac{n(q-1)M^2}{2q}.$$

所以平均距离

$$\bar{d} \leqslant \frac{n(q-1)M^2}{2q}\Big/\frac{M(M-1)}{2}=\frac{n(q-1)M}{q(M-1)}.$$

显然, 极小距离不大于平均距离, 即 $d\leqslant\bar{d}$. 这就得到定理中的不等式. □

注 1.4.9 (1) 从证明过程可以看出, 定理 1.4.8 的 Plotkin 界中等式成立的条件是

(i) $d=\bar{d}$, 即任意两个不同的码字的距离是相等的;

(ii) 在码矩阵的每个列中, 任意两个不同的字母出现的次数相同 (这是因为所引用的实数不等式 $\sqrt{\dfrac{x_1^2+\cdots+x_n^2}{n}}\geqslant\dfrac{x_1+\cdots+x_n}{n}$ 中等号成立的充要条件是 $x_1,\cdots,x_n$ 为彼此相等的非负实数).

(2) 如果对任意 $\boldsymbol{c}\neq\boldsymbol{c}'\in C$, $\boldsymbol{b}\neq\boldsymbol{b}'\in C$ 都有 $d(\boldsymbol{c},\boldsymbol{c}')=d(\boldsymbol{b},\boldsymbol{b}')$, 则称 C 为*等距码*.

作为定理 1.4.8 的推论, 有以下结论, 它也称为 Plotkin 界.

推论 1.4.10 (Plotkin 界)　*设 C 为参数 (n,M,d) 的 q-元码. 如果 $d>(1-q^{-1})n$, 那么 $M\leqslant qd$.*

证　由定理 1.4.8 知

$$\frac{1}{M}\geqslant\frac{d-(1-q^{-1})n}{d}.$$

由 $d>(1-q^{-1})n$, 即 $d-(1-q^{-1})n>0$, 可得 $M\leqslant\dfrac{d}{d-(1-q^{-1})n}$; 而且 $qd-(q-1)n>0$, 从而整数 $qd-(q-1)n\geqslant 1$. 因此

$$M\leqslant\frac{d}{d-(1-q^{-1})n}=\frac{qd}{qd-(q-1)n}\leqslant\frac{qd}{1}=qd.$$ □

这个推论的论证显然不适用于 "$d=(1-q^{-1})n$" 的场合. 有关这种场合下的结论见本节习题 7.

4. Gilbert-Varshamov 界

为了研究好码的参数 (参看注 1.3.8), 对整数 d_0, $0<d_0\leqslant n$, 我们采用以下记号

$$A_q(n,d_0)=\max\left\{\,|C|\;\middle|\;C \text{ 为字母表 } \mathbb{A} \text{ 上长为 } n \text{ 的极小距离 } d(C)\geqslant d_0 \text{ 的码}\right\}. \tag{1.4.2}$$

从这个定义可以看出, $A_q(n,d_0)$ 是由 q, n 和 d_0 完全确定的一个整数, 它就是注 1.3.8 所说的两个参数 (码字个数和极小距离) 的最佳平衡状态. 但要给出 $A_q(n, d_0)$ 的更简明的计算式却不是一件容易事. 下述定理给出了它的一个下界.

定理 1.4.11 (Gilbert-Varshamov 界)

$$A_q(n,d_0) \geqslant \frac{q^n}{V_q(n,d_0-1)} = \frac{q^n}{\sum\limits_{i=0}^{d_0-1}\begin{pmatrix} n \\ i \end{pmatrix}(q-1)^i}.$$

证 按以下步骤构造一个码.

(1) 任取 $\boldsymbol{c}_1 \in \mathbb{A}^n$; 若差集 $\mathbb{A}^n \setminus S(\boldsymbol{c}_1, d_0-1) \neq \varnothing$, 则取 $\boldsymbol{c}_2 \in \mathbb{A}^n \setminus S(\boldsymbol{c}_1, d_0-1)$;

(2) 取 $\boldsymbol{c}_1,\cdots,\boldsymbol{c}_m$ 后, 只要 $\mathbb{A}^n \setminus \bigcup\limits_{i=1}^{m} S(\boldsymbol{c}_i, d_0-1) \neq \varnothing$, 就取 $\boldsymbol{c}_{m+1} \in \mathbb{A}^n \setminus \bigcup_{i=1}^{m} S(\boldsymbol{c}_i, d_0-1)$;

(3) 直至取得 M 个码字 $\boldsymbol{c}_1,\cdots,\boldsymbol{c}_M$ 使得 $\mathbb{A}^n = \bigcup_{i=1}^{M} S(\boldsymbol{c}_i, d_0-1)$.

令 $C=\{\boldsymbol{c}_1,\cdots,\boldsymbol{c}_M\}$, 则 $|C|=M$, $d(C)\geqslant d_0$, 而

$$M\cdot V_q(n,d_0-1)=\sum_{i=1}^{M}|S(\boldsymbol{c}_i,d_0-1)| \geqslant \left|\bigcup_{i=1}^{M} S(\boldsymbol{c}_i,d_0-1)\right| = \left|\mathbb{A}^n\right| = q^n.$$

从而

$$A_q(n,d_0)\geqslant |C| = M \geqslant \frac{q^n}{V_q(n,d_0-1)}. \qquad \square$$

以上定理的证明采用的是一种构造性的方法, 在计算机科学中称为贪婪算法 (greedy algorithm).

定义 1.4.12 定理 1.4.11 中的 $\dfrac{q^n}{V_q(n,\ d_0-1)}$ 称为 Gilbert-Varshamov 界, 简称 GV 界 (GV bound); 它也可以写成 q 的指数形式: $\dfrac{q^n}{V_q(n,\ d_0-1)} = q^{n-\log_q V_q(n,\ d_0-1)}$.

注 1.4.13 GV 界与前面介绍的几种界有所不同. 前面介绍的界 (比如单字界) 说的是所有码长为 n 的码的参数不能逾越的上界. 而 GV 界则说的是码长为 n 的 "好码" (不是所有码) 的参数至少可以达到的下界; 这里说的 "好码" 是指参数 M 和 d 达到或接近最佳平衡的码. 定理 1.4.11 就是说:

(1) *存在这样的码长为 n 的 q-元码, C 它的参数极小距离 $d=d(C)\geqslant d_0$, 而码字个数 $M\geqslant q^{n-\log_q V_q(n,\,d_0-1)}$.*

这里, 因 $d_0\leqslant d$, 故 $V_q(n,\ d_0-1)\leqslant V_q(n,\ d-1)$, 从而 $q^{n-\log_q V_q(n,\,d_0-1)} \geqslant q^{n-\log_q V_q(n,\,d-1)}$. 所以作为推论可得知:

(2) *存在这样的码长为 n 的 q-元码 C, 它的参数 M,d 满足* $M \geqslant q^{n-\log_q V_q(n,d-1)}$.

然而, 结论 (2) 的内容相对结论 (1) 较为有限, 因为结论 (2) 并未对 d 进行描述, 而结论 (1) 则从下方对 d 进行了界定.

习　题　1.4

1. 如果 C 是完全码, 则 $d(C)$ 是奇数.
2. 证明: 1.2 节介绍的表达式 (1.2.1) 中的 Hamming 码, 即参数为 $(7,16,3)$ 的二元码, 是完全码.
3. 证明下述码是完全码:

   (1) $C=\mathbb{F}_q^n$.

   (2) 只包含 1 个码字的码.

   (3) 码长 n 为奇数的二元全一码 $C=\{(0,\cdots,0),(1,\cdots,1)\}$.

   (4) n 为奇数, 二元码 $C=\{\boldsymbol{c},\overline{\boldsymbol{c}}\}$, 其中 $\boldsymbol{c}\in\mathbb{Z}_2^n$, 改变 $\boldsymbol{c}$ 的每一位 (即若是 0 则改为 1, 若是 1 则改为 0) 得到 $\overline{\boldsymbol{c}}$, 称为字 $\boldsymbol{c}$ 的补字.
4. 设 C 是长 n 的极小距离为 7 的完全二元码, 证明: $n=7$ 或者 $n=23$.
5. 设 C 是 q 元 (n,M,d)-码, $e=\left\lceil \dfrac{d-1}{2}\right\rceil$ 是球填充半径.

   (1) 按定义 1.4.4, 证明: C 的覆盖半径 $\rho(C)=\max\limits_{\boldsymbol{x}\in\mathbb{A}^n}\min\limits_{\boldsymbol{c}\in C} d(\boldsymbol{x},\boldsymbol{c})$.

   (2) 证明: C 的覆盖半径 $\rho(C)\geqslant e$; 而 $\rho(C)=e$ 当且仅当 C 是完全码.
6. 设 $A_q(n,d_0)$ 如表达式(1.4.2) 所定义. 证明: $A_q(n+1,d_0)\leqslant qA_q(n,d_0)$.
7. 设 C 为参数 (n,M,d) 的 q-元码. 证明: 如果 $d=(1-q^{-1})n$, 那么 $M\leqslant q^2(n-1)$.

1.5　Shannon 信道编码定理简介

本节不加证明地简单介绍 Shannon 的对称信道编码定理.

设 $\mathbb{A}$ 为字母表, $|\mathbb{A}|=q$. 设 $0<k\leqslant n$. 编码、传输、解码的过程描述如下. 信息写成字符串, 字符串由各个长 k 的字 $\boldsymbol{w}\in\mathbb{A}^k$ 构成 (称为信息字).

(1) 发送者通过编码 (encoding) 装置 E, 逐个地把长 k 的信息字 $\boldsymbol{w}$ 编写为长 n 的码字 $E(\boldsymbol{w})$, 这里 E 是一个从 $\mathbb{A}^k$ 到 $\mathbb{A}^n$ 的单射, 它的像就是码 C (所以 E 是从信息字集 $\mathbb{A}^k$ 到码字集 C 的双射);

(2) 逐个发送码字 $E(\boldsymbol{w})$, 通过信道传输, 因为干扰 $\boldsymbol{e}$ (信息论中泛称为噪声 (noise)), 接收者收到长为 n 的字 $E(\boldsymbol{w})+\boldsymbol{e}$;

(3) 通过解码 (decoding) 装置 D, 接收者得到长 k 的字 $D\big(E(\boldsymbol{w})+\boldsymbol{e}\big)$, 这里解码装置 D 实际上是两个映射的合成映射:

(i) 先通过纠错程序把收到的字 $E(\boldsymbol{w})+\boldsymbol{e}$ 对应到一个码字 $\boldsymbol{c}$;

(ii) 再把码字 $\boldsymbol{c}$ 翻译为长 k 的信息字, 输出长 k 的信息字 $D\big(E(\boldsymbol{w})+\boldsymbol{e}\big)$.

关键的问题是: 把收到的字纠错后得到的码字 $\boldsymbol{c}$ 不一定是原来发送的码字 $E(\boldsymbol{w})$, 因而翻译为信息字输出的 $D\big(E(\boldsymbol{w})+\boldsymbol{e}\big)$ 不一定是原发的信息字 $\boldsymbol{w}$. 图 1.3 如下.

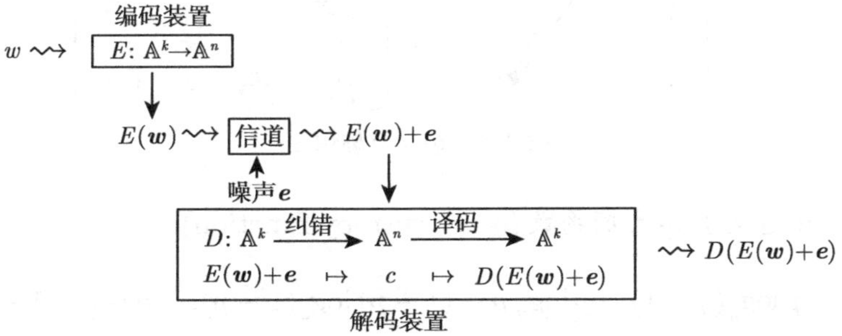

图 1.3

基本问题 $D\big(E(\boldsymbol{w})+\boldsymbol{e}\big)=\boldsymbol{w}$?

把传输途径数学模型化, Shannon 首先研究下述信道.

二元对称信道 (binary symmetric channel) 字母表含两个字母: $|\mathbb{A}|=2$. 每个字母 (实际是每个字母对应的电信号) 通过信道后出错的概率是相同的, 都是 p; 因而不出错的概率也相同, 都是 $1-p$. 见图 1.4.

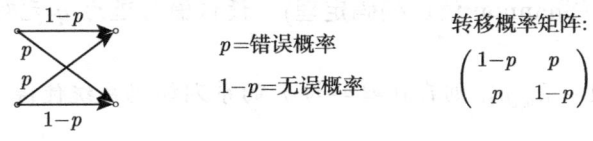

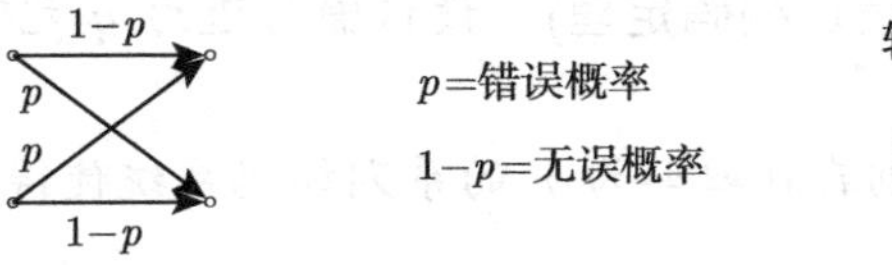

$$\begin{pmatrix} 1-p & p \\ p & 1-p \end{pmatrix}$$

图 1.4 二元对称信道

Shannon 定义了二元熵函数 (binary entropy function):

$$h_2(p)=-p\log_2 p-(1-p)\log_2(1-p), \quad p\in[0,\ 1/2].$$

类似地, 有q-元对称信道 (q-ary symmetric channel), $|\mathbb{A}|=q$. 每个字母出错的概率都为 p, 从而不出错的概率为 $1-p$, 且一个字母错误成另 $q-1$ 个字母中的任一个的概率是均等的, 都是 $\dfrac{p}{q-1}$. 见图 1.5.

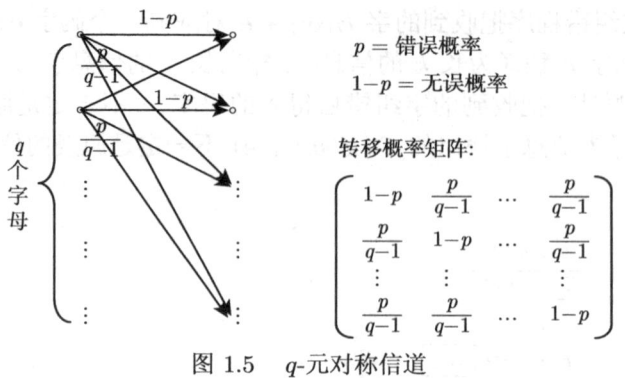

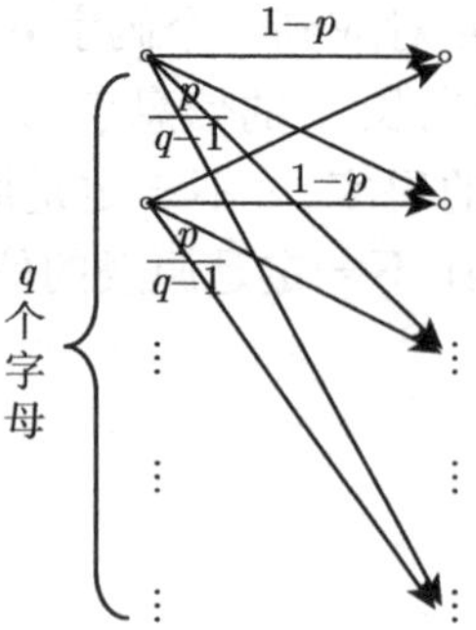

$$\begin{pmatrix} 1-p & \frac{p}{q-1} & \cdots & \frac{p}{q-1} \\ \frac{p}{q-1} & 1-p & \cdots & \frac{p}{q-1} \\ \vdots & \vdots & & \vdots \\ \frac{p}{q-1} & \frac{p}{q-1} & \cdots & 1-p \end{pmatrix}$$

图 1.5 q-元对称信道

Shannon 定义了 *q-元熵函数* (q-ary entropy function):

$$h_q(p) = p\log_q(q-1) - p\log_q p - (1-p)\log_q(1-p), \quad p \in [0,\ 1-q^{-1}].$$

现在我们可以陈述 Shannon 对称信道编码定理. 符号 $\Pr(A)$ 表示事件 A 的概率. 约定三个名词:

(1) 编码系统 = 编码装置 + 解码装置; 编码系统有参数: 信息字长 k, 码字长 n;

(2) 码率 (rate) $= k/n$;

(3) 系列编码系统, 是指由编码系统构成的一个序列, 序列中的各个编码系统的参数 n 趋于无穷大.

定理 1.5.1 (Shannon 信道编码定理) *设传输信道为 q-元对称信道, 出错概率为 p.*

(1) 若 $r < 1 - h_q(p)$, 则存在码率为 r 的系列编码系统使得

$$\lim_{n\to\infty} \Pr\big(D(E(\boldsymbol{w}) + \boldsymbol{e}) = \boldsymbol{w}\big) = 1.$$

(2) 若 $r > 1 - h_q(p)$, 则对任何码率为 r 的系列编码系统都有

$$\lim_{n\to\infty} \Pr\big(D(E(\boldsymbol{w}) + \boldsymbol{e}) = \boldsymbol{w}\big) = 0.$$

注 1.5.2 $1 - h_q(p)$ 称为错误概率 p 的 q 元对称信道的容量 (capacity). 函数 $g_q(p) = 1 - h_q(p)$, $p \in \left[0,\ 1 - \dfrac{1}{q}\right]$ 是严格递减的连续的凸函数, 它的图像如图 1.6 所示.

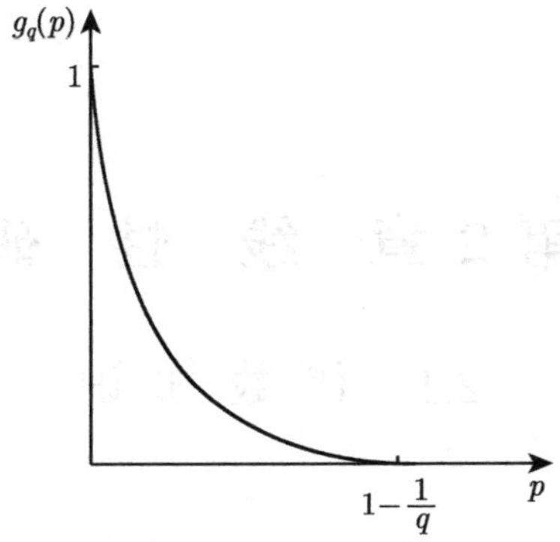

图 1.6 函数 $g_q(p)=1-h_q(p)$ 的图像

第 2 章 线 性 码

2.1 代 数 知 识

2.1.1 域的基础知识

本书始终设 $\mathbb{F}$ 是一个域(交换的、非零元均可逆的环). 用 $\mathbb{F}^{\times}$ 表示 $\mathbb{F}$ 中所有非零元的集合. $\mathbb{F}^{\times}$ 在域的乘法运算之下是一个群, 称为域 $\mathbb{F}$ 的乘法群, 用 1 表示 $\mathbb{F}^{\times}$ 的单位元. 下面列举一些关于域的基础知识, 它们在大学数学及相关专业的抽象代数(近世代数)等课程中都出现过, 所以这里一般只写出证明概要.

1. *若存在非零整数 m 及非零 $b\in\mathbb{F}$ 使得 $mb=0$, 则存在唯一素数 p 使得*

$$pa=0,\quad \forall\, a\in\mathbb{F}.$$

此时称 p 为域 $\mathbb{F}$ 的特征, 记作 $\operatorname{char}\mathbb{F}=p$.

否则, 对任何非零整数 m 和任何非零 $b\in\mathbb{F}$, 恒有 $mb\neq 0$, 称域 $\mathbb{F}$ 的特征为零, 记作 $\operatorname{char}\mathbb{F}=0$.

证 设存在非零整数 m 及非零 $b\in\mathbb{F}$ 使得 $mb=0$. 那么 $(m\cdot 1)b=m(1b)=mb=0$, 但 $b\neq 0$, 故 $m\cdot 1=0$. 若 m 不是素数, 则 $m=m_1m_2$, 其中 $m_1<m$ 且 $m_2<m$. 于是

$$(m_1\cdot 1)(m_2\cdot 1)=(m_1m_2)\cdot(1\cdot 1)=m\cdot 1=0\,,$$

由于域没有零因子, 故 $m_1\cdot 1=0$ 或者 $m_2\cdot 1=0$. 以此简化, 最终得到素数 p 使得 $p\cdot 1=0$ (这个等式表明, 在域的加群中, 单位元 1 的阶为 p). 那么对任意的 $a\in\mathbb{F}$, 有

$$p\cdot a=p\cdot(1a)=(p\cdot 1)a=0a=0.$$ □

2. *若 $\operatorname{char}\mathbb{F}=p$ 是一个素数, 则对任意的整数 $\ell\geqslant 0$, 有*

$$(a\pm b)^{p^\ell}=a^{p^\ell}\pm b^{p^\ell},\qquad \forall\, a,b\in\mathbb{F}.$$

证 只需证明 $(a+b)^{p^\ell}=a^{p^\ell}+b^{p^\ell}$ 即可. 由二项式定理, $(a+b)^p=\sum\limits_{i=0}^{p}\begin{pmatrix}p\\ i\end{pmatrix}a^ib^{p-i}$. 对 $0<i<p$, $\begin{pmatrix}p\\ i\end{pmatrix}=\big(p(p-1)\cdots(p-i+1)\big)/(1\cdot 2\cdots i)$,

其分子有因子 p, 而分母没有因子 p, 故 $p \left| \begin{pmatrix} p \\ i \end{pmatrix} \right.$. 从而 $\begin{pmatrix} p \\ i \end{pmatrix} a^i b^{p-i} = 0$, $\forall i = 1, \cdots, p-1$, 得 $(a+b)^p = a^p + b^p$. 再对 ℓ 递推即可完成证明. □

3. $\mathbb{F}$ 的乘法群 $\mathbb{F}^\times$ 的任何有限子群是循环群.

证 见抽象代数或相关参考书中的证明. □

4. (1) 域 $\mathbb{F}$ 的子域的交集仍为子域.

(2) 没有真子域的域称为素域. 域 $\mathbb{F}$ 有唯一极小子域, 它是素域, 称为域 $\mathbb{F}$ 的素子域.

(3) 素域 $P \cong \begin{cases} \mathbb{Q}, & \operatorname{char} P = 0, \\ \mathbb{Z}_p, & \operatorname{char} P = p \neq 0. \end{cases}$

(4) 有限域的特征必为某个素数 p.

证 (1) 显然.

(2) 域 $\mathbb{F}$ 的所有子域的交集是 $\mathbb{F}$ 的唯一极小子域.

(3) $\zeta : \mathbb{Z} \to P$, $n \mapsto n \cdot 1_P$, 为环同态(这里 1_P 是域 P 的单位元).

$$\operatorname{Im}(\zeta) \cong \mathbb{Z}/\operatorname{Ker}(\zeta).$$

$$\operatorname{Ker}(\zeta) = \begin{cases} 0, & \operatorname{char} P = 0, \\ p\mathbb{Z}, & \operatorname{char} P = p \neq 0. \end{cases}$$

若 $\operatorname{char} P = p \neq 0$, 则 $\operatorname{Im}(\zeta) \cong \mathbb{Z}/p\mathbb{Z} = \mathbb{Z}_p$ 是一个域, 而 P 不含真子域, 故 $P = \operatorname{Im}(\zeta) \cong \mathbb{Z}_p$.

若 $\operatorname{char} P = 0$, 则 $\operatorname{Im}(\zeta) \cong \mathbb{Z}$. P 包含子环同构于 $\mathbb{Z}$, 则 P 包含子域同构于 $\mathbb{Z}$ 的分式域 $\mathbb{Q}$, 即 $P \cong \mathbb{Q}$.

(4) 有限域的素子域只能是有限素域, 故只能是 $\mathbb{Z}_p$, p 是一个素数. □

5. 若 $\mathbb{E} \subseteq \mathbb{F}$ 是子域, 即 $\mathbb{F}$ 是 $\mathbb{E}$ 的扩域, 则称 $\mathbb{F}$ 作为 $\mathbb{E}$-向量空间的维数为 $\mathbb{F}$ 对 $\mathbb{E}$ 的扩张次数, 记作 $|\mathbb{F} : \mathbb{E}|$.

(1) 设 $\mathbb{D} \subseteq \mathbb{E} \subseteq \mathbb{F}$, 则

$$|\mathbb{F} : \mathbb{D}| = |\mathbb{F} : \mathbb{E}| \cdot |\mathbb{E} : \mathbb{D}|.$$

(2) 特征为 p 的有限域的阶为 p 的幂 p^ℓ.

证 (1) $\mathbb{F}$ 作为 $\mathbb{E}$-向量空间取基底 α_i, $i \in I$; $\mathbb{E}$ 作为 $\mathbb{D}$-向量空间取基底 β_j, $j \in J$, 这里 I, J 表示指标集. 则易验证 $\alpha_i\beta_j$, $i \in I$, $j \in J$, 是 $\mathbb{F}$ 作为 $\mathbb{D}$-向量空间的基底.

(2) 特征 p 的有限域 $\mathbb{F}$ 作为素子域 $\mathbb{Z}_p$ 的向量空间, 设次数为 ℓ. 那么, 作为域 $\mathbb{Z}_p$ 的向量空间, $\mathbb{F}=\mathbb{Z}_p^{\ell}$, 因而 $|\mathbb{F}|=p^{\ell}$. □

6. 多项式环 $\mathbb{F}[x]$ 是主理想整环.

证 易见 $\mathbb{F}[x]$ 是整环. 用 $\langle g(X)\rangle$ 记 $\mathbb{F}[x]$ 中由 $g(X)$ 生成的理想, 即 $\langle g(X)\rangle=\mathbb{F}[x]g(x)=\{f(X)g(X)\mid f(X)\in\mathbb{F}[X]\}$. 若理想 $I=0$, 则 $I=\langle 0\rangle$; 否则取理想 I 的次数最小的非零多项式 $g(x)$. 显然 $\langle g(x)\rangle\subseteq I$. 任取 $f(x)\in I$, 作欧氏除法

$$f(x)=g(x)q(x)+r(x),\quad r(x)=0 \quad \text{或} \quad \deg r(x)<\deg g(x),$$

那么 $r(x)=f(x)-g(x)q(x)\in I$. 由 $g(x)$ 的取法, 只能是 $r(x)=0$. 从而得到 $f(x)=g(x)q(x)\in\langle g(x)\rangle$. 所以 $I\subseteq\langle g(x)\rangle$, 从而得到 $I=\langle g(x)\rangle$. □

2.1.2 线性代数的基础知识

1. 线性理论

域 $\mathbb{F}$ 上的向量空间 V 是一个加群带有纯量乘法 $\mathbb{F}\times V\to V$, $(\lambda,\boldsymbol{v})\mapsto\lambda\boldsymbol{v}$, 满足下列四个条件: 对任意的 $\lambda,\lambda'\in\mathbb{F}$, $\boldsymbol{v},\boldsymbol{v}'\in V$,

$$(\lambda+\lambda')\boldsymbol{v}=\lambda\boldsymbol{v}+\lambda'\boldsymbol{v},\quad \lambda(\boldsymbol{v}+\boldsymbol{v}')=\lambda\boldsymbol{v}+\lambda\boldsymbol{v}',\quad (\lambda\lambda')\boldsymbol{v}=\lambda(\lambda'\boldsymbol{v}),\quad 1\boldsymbol{v}=\boldsymbol{v}.$$

任意域 $\mathbb{F}$ 上的向量空间中的向量的线性关系、基底、维数、线性映射 (向量空间之间的线性映射也称向量空间之间的同态)、线性变换等都与实数域、复数域上的向量空间理论完全一样. 域 $\mathbb{F}$ 上的矩阵理论、线性方程组理论等也都与实数域、复数域上的理论完全一样.

一个**典型例子**: 以下 $\mathbb{F}^n$ 及其加法、纯量乘法是一个 n 维 $\mathbb{F}$-向量空间:

$$\begin{aligned}&\mathbb{F}^n=\{\boldsymbol{a}=(a_1,\cdots,a_n)\mid a_i\in\mathbb{F}\},\\&(a_1,\cdots,a_n)+(b_1,\cdots,b_n)=(a_1+b_1,\ \cdots,\ a_n+b_n),\\&\lambda(a_1,\cdots,a_n)=(\lambda a_1,\ \cdots,\ \lambda a_n).\end{aligned}\tag{2.1.1}$$

2. 双线性型

以下设 V 是 $\mathbb{F}$ 上的 n 维向量空间.

定义 2.1.1 (1) 如果二元函数 $f:V\times V\longrightarrow\mathbb{F}$, $(\boldsymbol{u},\boldsymbol{v})\longmapsto f(\boldsymbol{u},\boldsymbol{v})$, 满足以下两个条件:

$$\begin{aligned}&f(\lambda\boldsymbol{u}+\lambda'\boldsymbol{u}',\ \boldsymbol{v})=\lambda f(\boldsymbol{u},\boldsymbol{v})+\lambda' f(\boldsymbol{u}',\boldsymbol{v}),\qquad \boldsymbol{u},\boldsymbol{u}',\boldsymbol{v}\in V,\ \lambda,\lambda'\in\mathbb{F};\\&f(\boldsymbol{u},\ \lambda\boldsymbol{v}+\lambda'\boldsymbol{v}')=\lambda f(\boldsymbol{u},\boldsymbol{v})+\lambda' f(\boldsymbol{u},\boldsymbol{v}'),\qquad \boldsymbol{u},\boldsymbol{v},\boldsymbol{v}'\in V,\ \lambda,\lambda'\in\mathbb{F}.\end{aligned}$$

则称 f 为向量空间 V 上的双线性函数或双线性型.

(2) 设 f 是一个双线性型. 如果 f 满足

$$f(\boldsymbol{u},\boldsymbol{v})=f(\boldsymbol{v},\boldsymbol{u}),\qquad \boldsymbol{u},\boldsymbol{v}\in V,$$

那么称 f 为对称的. 如果对任意的 $\boldsymbol{0}\neq\boldsymbol{u}\in V$, 存在 $\boldsymbol{v}\in V$ 使得 $f(\boldsymbol{u},\boldsymbol{v})\neq 0$, 那么称 f 为非退化的.

(3) 设 $\boldsymbol{e}_1,\cdots,\boldsymbol{e}_n$ 是 V 的基底, 则称矩阵

$$\boldsymbol{A}=\begin{pmatrix} f(\boldsymbol{e}_1,\boldsymbol{e}_1) & f(\boldsymbol{e}_1,\boldsymbol{e}_2) & \cdots & f(\boldsymbol{e}_1,\boldsymbol{e}_n)\\ f(\boldsymbol{e}_2,\boldsymbol{e}_1) & f(\boldsymbol{e}_2,\boldsymbol{e}_2) & \cdots & f(\boldsymbol{e}_2,\boldsymbol{e}_n)\\ \vdots & \vdots & & \vdots\\ f(\boldsymbol{e}_n,\boldsymbol{e}_1) & f(\boldsymbol{e}_n,\boldsymbol{e}_2) & \cdots & f(\boldsymbol{e}_n,\boldsymbol{e}_n)\end{pmatrix}$$

为 f 关于基底 $\boldsymbol{e}_1,\cdots,\boldsymbol{e}_n$ 的矩阵.

命题 2.1.2 设 f 为 V 上的双线性型, $\boldsymbol{A}$ 为 f 关于基底 $\boldsymbol{e}_1,\cdots,\boldsymbol{e}_n$ 的矩阵.

(1) 若 $\boldsymbol{u}=\sum\limits_{i=1}^{n}a_i\boldsymbol{e}_i$, $\boldsymbol{v}=\sum\limits_{i=1}^{n}b_i\boldsymbol{e}_i$, 则

$$f(\boldsymbol{u},\boldsymbol{v})=(a_1,\cdots,a_n)\,\boldsymbol{A}\begin{pmatrix}b_1\\ \vdots\\ b_n\end{pmatrix}=\sum_{i,j=1}^{n}a_ib_j\,f(\boldsymbol{e}_i,\boldsymbol{e}_j).$$

(2) f 是对称的当且仅当 $\boldsymbol{A}$ 是对称的.

(3) f 是非退化的当且仅当 $\boldsymbol{A}$ 是非退化的.

(4) 若 $(\boldsymbol{e}_1',\cdots,\boldsymbol{e}_n')$ 也是 V 的基底, 变换矩阵为 $\boldsymbol{P}$, 即 $(\boldsymbol{e}_1',\cdots,\boldsymbol{e}_n')=(\boldsymbol{e}_1,\cdots,\boldsymbol{e}_n)\boldsymbol{P}$, 则 f 关于基底 $(\boldsymbol{e}_1',\cdots,\boldsymbol{e}_n')$ 的矩阵为 $\boldsymbol{P}^{\mathrm{T}}\boldsymbol{A}\boldsymbol{P}$, 其中 $\boldsymbol{P}^{\mathrm{T}}$ 是 $\boldsymbol{P}$ 的转置矩阵.

3. 对偶空间

设 V 为 n 维 $\mathbb{F}$-向量空间.

定义 2.1.3 称任何线性函数 $\varphi: V\to\mathbb{F}$ 为 V 的线性型. 所有线性型的集合记作 $V^*=\{\varphi: V\to\mathbb{F}\,|\,\varphi$ 为线性型$\}$. 易验证在函数加法和纯量乘法运算之下, V^* 是一个 $\mathbb{F}$-向量空间, 称为 V 的对偶空间.

命题 2.1.4 V^* 是 $\mathbb{F}$-向量空间, $\dim V^*=\dim V$.

证 直接验证 V^* 是 $\mathbb{F}$-向量空间. 取 V 的基底 $\boldsymbol{e}_1,\cdots,\boldsymbol{e}_n$. 令 $\boldsymbol{e}_i^*\in V^*$ 为

$$\boldsymbol{e}_i^*(\boldsymbol{e}_j)=\begin{cases}1, & i=j,\\ 0, & i\neq j,\end{cases}\qquad i,j=1,\cdots,n.$$

若 $\lambda_i \in \mathbb{F}$ 使得 $\lambda_1 \boldsymbol{e}_1^* + \cdots + \lambda_n \boldsymbol{e}_n^* = \boldsymbol{0}$, 则

$$\lambda_j = (\lambda_1 \boldsymbol{e}_1^* + \cdots + \lambda_n \boldsymbol{e}_n^*)(\boldsymbol{e}_j) = 0, \qquad j = 1, \cdots, n.$$

故 $\boldsymbol{e}_1^*, \cdots, \boldsymbol{e}_n^*$ 线性无关. 对任意的 $\varphi \in V^*$, 因

$$(\varphi(\boldsymbol{e}_1)\boldsymbol{e}_1^* + \cdots + \varphi(\boldsymbol{e}_n)\boldsymbol{e}_n^*)(\boldsymbol{e}_j) = \varphi(\boldsymbol{e}_j), \qquad \forall\, j = 1, \cdots, n,$$

故有 Fourier 表达式 (Fourier expression)

$$\varphi = \varphi(\boldsymbol{e}_1)\boldsymbol{e}_1^* + \cdots + \varphi(\boldsymbol{e}_n)\boldsymbol{e}_n^*,$$

得 $\boldsymbol{e}_1^*, \cdots, \boldsymbol{e}_n^*$ 是 V^* 的基底 (称为 $\boldsymbol{e}_1, \cdots, \boldsymbol{e}_n$ 的对偶基). □

如果在向量空间的同态序列 $0 \longrightarrow U \xrightarrow{\alpha} V \xrightarrow{\beta} W \longrightarrow 0$ 之中, 同态 α 是单射, $\mathrm{Im}(\alpha) = \mathrm{Ker}(\beta)$, 且同态 β 是满射, 那么称该同态序列为*正合序列*.

注 2.1.5 若 $0 \to U \xrightarrow{\alpha} V \xrightarrow{\beta} W \to 0$ 是正合序列, 则 $\dim V = \dim U + \dim W$, 因

$$\dim V = \dim \mathrm{Ker}(\beta) + \dim \mathrm{Im}(\beta) = \dim \mathrm{Im}(\alpha) + \dim \mathrm{Im}(\beta) = \dim U + \dim W.$$

命题 2.1.6 (1) 如果 $\alpha : U \to V$ 是线性映射, 那么 $\alpha^* : V^* \to U^*, \varphi \mapsto \varphi\alpha$ 是线性映射.

(2) 如果 $0 \longrightarrow U \xrightarrow{\alpha} V \xrightarrow{\beta} W \longrightarrow 0$ 是 $\mathbb{F}$-向量空间线性映射的正合序列, 那么 $0 \longrightarrow W^* \xrightarrow{\beta^*} V^* \xrightarrow{\alpha^*} U^* \longrightarrow 0$ 是正合序列.

证 (1) 直接验证.

(2) β^* 是单射: 若 $0 \neq \varphi \in W^*$, 即有 $\boldsymbol{w} \in W$ 使得 $\varphi(\boldsymbol{w}) \neq 0$, 则存在 $\boldsymbol{v} \in V$ 使得 $\beta(\boldsymbol{v}) = \boldsymbol{w}$, 那么 $\beta^*(\varphi)(\boldsymbol{v}) = \varphi\beta(\boldsymbol{v}) = \varphi(\boldsymbol{w}) \neq 0$, 即 $\beta^*(\varphi) \neq 0$.

α^* 是满射: 可写 $V = \mathrm{Im}(\alpha) \oplus U'$, 即存在线性映射 $\gamma : V \to U$ 使得 $\gamma\alpha = \mathrm{id}_U$ (任意的 $\boldsymbol{v} \in V$ 写成 $\boldsymbol{v} = \alpha(\boldsymbol{u}) + \boldsymbol{u}'$, 其中 $\boldsymbol{u} \in U, \boldsymbol{u}' \in U'$, 则 $\gamma(\boldsymbol{v}) = \boldsymbol{u}$.) 对任意的 $\varphi \in U^*$, 则 $\varphi\gamma \in V^*$ 且 $\alpha^*(\varphi\gamma) = \varphi$.

$\mathrm{Im}(\beta^*) = \mathrm{Ker}(\alpha^*)$: 从 $\beta\alpha = 0$ 易验证 $\alpha^*\beta^* = 0$, 故 $\mathrm{Im}(\beta^*) \subseteq \mathrm{Ker}(\alpha^*)$. 设 $\varphi \in \mathrm{Ker}(\alpha^*)$, 即 $\varphi\alpha = 0$, 则 $\mathrm{Im}(\alpha) \subseteq \mathrm{Ker}(\varphi)$, 但 $\mathrm{Im}(\alpha) = \mathrm{Ker}(\beta)$, 得 $\mathrm{Ker}(\beta) \subseteq \mathrm{Ker}(\varphi)$. 对任意的 $\boldsymbol{w} \in W$, 由于 β 是满射, 故存在 $\boldsymbol{v} \in V$, 使得 $\beta(\boldsymbol{v}) = \boldsymbol{w}$. 定义

$$\psi : W \to \mathbb{F}, \boldsymbol{w} \mapsto \varphi(\boldsymbol{v}).$$

如果 $\boldsymbol{v}, \boldsymbol{v}' \in V$, 使得 $\beta(\boldsymbol{v}) = \boldsymbol{w} = \beta(\boldsymbol{v}')$, 那么 $\boldsymbol{v} - \boldsymbol{v}' \in \mathrm{Ker}(\beta) \subseteq \mathrm{Ker}(\varphi)$, 故 $\varphi(\boldsymbol{v}) = \varphi(\boldsymbol{v}')$. 所以上述 ψ 是合理定义的映射, 且使得 $\varphi = \psi\beta$, 即 $\beta^*(\psi) = \varphi$. 故 $\varphi \in \mathrm{Im}(\beta^*)$. 总结得 $\mathrm{Im}(\alpha) = \mathrm{Ker}(\varphi)$ (图 2.1).

$$\begin{array}{ccccccccc} 0 & \to & U & \overset{\alpha}{\to} & V & \overset{\beta}{\to} & W & \to & 0 \\ & & & {\scriptstyle 0}\searrow & \downarrow{\scriptstyle\varphi} & \swarrow{\scriptstyle\psi} & & & \\ & & & & \mathbb{F} & & & & \end{array}$$

图 2.1

□

沿用线性代数中的符号, 若 U 是 V 的子空间, 则记为 $U \leqslant V$. 用 V/U 表示 V 关于其子空间 U 的商空间.

推论 2.1.7 (1) 若 $U \leqslant V$, 则限制映射 $V^* \to U^*$, $\alpha \mapsto \alpha|_U$ 是满同态.

(2) 若 $V \to W$ 是满线性映射, 则 $W^* \to V^*$ 是单线性映射.

证 (1) 考虑正合序列: $0 \to U \overset{\alpha}{\to} V \overset{\beta}{\to} V/U \to 0$, 这里 α 是嵌入同态, β 是自然满同态. 结合上述命题即得证.

(2) 记 $\varphi: V \to W$ 为 V 到 W 的满线性映射, 则 $0 \to \mathrm{Ker}(\varphi) \overset{\alpha}{\to} V \overset{\varphi}{\to} W \to 0$ 是正合序列, 其中 α 是嵌入映射. 结合上述命题即得证. □

4. 双线性型与对偶空间

引理 2.1.8 设 $f: V \times V \longrightarrow \mathbb{F}$ 是 $\mathbb{F}$-向量空间 V 上的对称双线性型. 记 $V^{\perp} = \{\boldsymbol{v} \in V \mid f(\boldsymbol{u}, \boldsymbol{v}) = 0, \forall\, \boldsymbol{u} \in V\}$.

(1) 给定 $\boldsymbol{v}_0 \in V$. $f(\boldsymbol{v}_0, -): V \to \mathbb{F}$, $\boldsymbol{v} \mapsto f(\boldsymbol{v}_0, \boldsymbol{v})$ 是线性型.

(2) $\tilde{f}: V \to V^*$, $\boldsymbol{v}_0 \mapsto f(\boldsymbol{v}_0, -)$ 是线性映射, $\mathrm{Ker}(\tilde{f}) = V^{\perp}$.

(3) $\tilde{f}$ 是同构当且仅当 f 非退化.

证 (1) $f(-,-)$ 对第二变元是线性的.

(2) $f(-,-)$ 对第一变元是线性的.

(3) 双线性型非退化的定义. □

定义 2.1.9 设 f 是 $\mathbb{F}$-向量空间 V 的非退化对称双线性型, 这时也称 $f(\boldsymbol{u}, \boldsymbol{v})$ 是 V 的一个内积 (inner product). 设 U 是 V 的子空间. 易知

$$U^{\perp} = \{\boldsymbol{v} \in V \mid f(\boldsymbol{u}, \boldsymbol{v}) = 0, \forall\, \boldsymbol{u} \in U\}$$

是 V 的子空间, 称 $U^{\perp}$ 为 U 的正交子空间.

命题 2.1.10 设 $f(\boldsymbol{u}, \boldsymbol{v})$ 是向量空间 V 的内积, $U^{\perp}$ 是子空间 U 的正交子空间, 则

(1) $\dim U + \dim U^{\perp} = n$.

(2) $(U^{\perp})^{\perp} = U$.

证 (1) 对 $\boldsymbol{v} \in V$, 从引理 2.1.8 得 $\tilde{f}(\boldsymbol{v}) \in V^*$, 故 $\tilde{f}(\boldsymbol{v})|_U \in U^*$. 把 $\tilde{f}(\boldsymbol{v})|_U$ 记作 $(\tilde{f}|_U)(\boldsymbol{v})$, 那么 $\tilde{f}|_U : V \to U^*$ 是从 V 到 U^* 的同态. $\tilde{f}|_U$ 实际上是两个同态的合成同态 $V \to V^* \to U^*$, 其中, 根据引理 2.1.8 前一个 $V \to V^*$ 是同构. 再

根据推论 2.1.7, 后一个 $V^* \to U^*$ 是满同态. 所以 $\tilde{f}|_U$ 是满同态. 按 $U^\perp$ 的定义, $(\tilde{f}|_U)(\boldsymbol{v}) = 0$ 当且仅当 $\boldsymbol{v} \in U^\perp$. 所以得到正合序列:

$$0 \longrightarrow U^\perp \longrightarrow V \xrightarrow{\tilde{f}|_U} U^* \longrightarrow 0.$$

由注 2.1.5, 可得

$$n = \dim V = \dim U^\perp + \dim U^* = \dim U^\perp + \dim U.$$

(2) 显然 $U \subseteq (U^\perp)^\perp$. 由 (1),

$$\dim(U^\perp)^\perp = n - \dim U^\perp = \dim U. \qquad \square$$

上述命题的关键结论 (1) 也可以用线性方程组的理论予以证明, 见本节习题 9.

注 2.1.11 一个重要例子: 向量空间 $\mathbb{F}^n = \{\boldsymbol{a} = (a_1, \cdots, a_n) \mid a_i \in \mathbb{F}\}$ (见表达式(2.1.1)) 上的下述二元函数

$$\langle \boldsymbol{a}, \boldsymbol{b} \rangle = a_1 b_1 + \cdots + a_n b_n,$$

$$\forall\, \boldsymbol{a} = (a_1, \cdots, a_n), \quad \boldsymbol{b} = (b_1, \cdots, b_n) \in \mathbb{F}^n \tag{2.1.2}$$

是非退化对称双线性型, 称 $\langle \boldsymbol{a}, \boldsymbol{b} \rangle$ 为 $\mathbb{F}^n$ 的*典型内积* (参看本节习题 5(3)). 本书以下在未说明时说 $\mathbb{F}^n$ 的内积都是指这个典型内积, 说子空间 $U \leqslant \mathbb{F}^n$ 的正交子空间都是指在这个典型内积之下的正交子空间, 即 $U^\perp = \{\, \boldsymbol{a} \in \mathbb{F}^n \mid \langle \boldsymbol{u}, \boldsymbol{a} \rangle = 0,\ \forall\, \boldsymbol{u} \in U \,\}$.

另一说明: $\mathbb{F}^n$ 的元素 $\boldsymbol{a}$ 是长为 n 的序列 (编码中就说是长为 n 的字). 但以下有时候要把 $\boldsymbol{a}$ 看作矩阵参与矩阵运算. 为此我们约定把 $\boldsymbol{a} = (a_1, \cdots, a_n)$ 看成行向量, 即 $1 \times n$ 矩阵, 那么转置 $\boldsymbol{a}^{\mathrm{T}}$ 就是列向量, 即 $n \times 1$ 矩阵.

现在把注 1.2.4 提到的 $\mathbb{F}^n$ 的子空间的两种确定方式及其相互关系概括如下.

引理 2.1.12 设 $U \leqslant \mathbb{F}^n$, $\dim U = k$; 令 $U^\perp$ 是 U 的正交子空间, $\dim U^\perp = n - k$.

(1) 设 $\boldsymbol{b}_1, \cdots, \boldsymbol{b}_k$ 是 U 的基底, 以这些基底向量为行向量排成一个 $k \times n$ 矩阵 $\boldsymbol{B} = \begin{pmatrix} b_{11} & \cdots & b_{1n} \\ \vdots & & \vdots \\ b_{k1} & \cdots & b_{kn} \end{pmatrix}$. 则 $U = \left\{\, \boldsymbol{yB} = y_1 \boldsymbol{b}_1 + \cdots + y_k \boldsymbol{b}_k \;\middle|\; \boldsymbol{y} = (y_1, \cdots, y_k) \in \mathbb{F}^k \,\right\}$.

(2) 设 $\boldsymbol{a}_1, \cdots, \boldsymbol{a}_{n-k}$ 是 $U^\perp$ 的基底, 以这些基底向量为行向量排成 $(n-k) \times n$ 矩阵 $\boldsymbol{A} = \begin{pmatrix} a_{11} & \cdots & a_{1n} \\ \vdots & & \vdots \\ a_{n-k,1} & \cdots & a_{n-k,n} \end{pmatrix}$. 则 U 是齐次线性方程组 $\boldsymbol{Ax}^{\mathrm{T}} = \boldsymbol{0}$ 的解子空

间, 其中 $\boldsymbol{x}=(x_1,\cdots,x_n)$ 是 n 维变元向量.

证 (1) 按基底的定义, U 的元是基底向量的唯一线性组合.

(2) 由命题 2.1.10, $\dim U^{\perp}=n-k$, $U=(U^{\perp})^{\perp}$. 那么 $\boldsymbol{x}=(x_1,\cdots,x_n)\in U$ 当且仅当 $\langle \boldsymbol{a}_i,\boldsymbol{x}\rangle=0$, $\forall\ i=1,\cdots,n-k$, 即当且仅当 $a_{i1}x_1+\cdots+a_{in}x_n=0$, $\forall\, i=1,\cdots,n-k$. 故得知 U 是齐次线性方程组 $\boldsymbol{A}\boldsymbol{x}^{\mathrm{T}}=\boldsymbol{0}$ 的解子空间. □

习 题 2.1

1. 证明: (1) 有理数域 $\mathbb{Q}$ 的特征为零.
   (2) 整数模 p 剩余系 $\mathbb{Z}_p$ 是特征为 p 的域, 这里 p 是一个素数.
2. 证明: 如果 n 不是素数, $\mathbb{Z}_n$ 不是域.
3. 设 $f(x)$ 是 $\mathbb{F}_q$ 上的一个次数为 n 的多项式. 证明:
   (1) 如果 $\alpha\in\mathbb{F}_q$ 是 $f(x)$ 的一个根, 则 $x-\alpha$ 是 $f(x)$ 的一个因式.
   (2) $f(x)$ 在任何包含 $\mathbb{F}_q$ 的域上至多有 n 个根.
4. 证明命题 2.1.2.
5. 证明: (1) 若 $\mathrm{char}\,\mathbb{F}\neq 2$, 而 f 是 V 上的非退化的对称双线性型, 则存在 V 的基底 $\boldsymbol{e}_1,\cdots,\boldsymbol{e}_n$ 使得 f 的矩阵为非退化的对角形.
   (2) 举例说明: 如果 $\mathrm{char}\,\mathbb{F}=2$, 则存在非退化的对称双线性型它关于任何基底的矩阵都不是对角形.
   (3) 若 $\boldsymbol{e}_1,\cdots,\boldsymbol{e}_n$ 是 V 的基底, 则存在唯一非退化对称双线性型 f 使得
   $$f(\boldsymbol{e}_1,\boldsymbol{e}_j)=\begin{cases}1, & i=j,\\ 0, & i\neq j.\end{cases}$$
   (**典型例子**: 考虑 $\mathbb{F}^n$ 的典型基底 $\boldsymbol{e}_1,\cdots,\boldsymbol{e}_n$, 其中 $\boldsymbol{e}_i$ 是第 i 位为 1, 其他位均为 0 的向量. 则满足此小题的非退化对称双线性型就是表达式(2.1.2)定义的 $\mathbb{F}^n$ 的典型内积.)
6. 设 f 是 V 的非退化对称双线性型. 对任意的 $\boldsymbol{v}_1,\cdots,\boldsymbol{v}_k\in V$, 称
   $$\boldsymbol{G}_f=\begin{pmatrix} f(\boldsymbol{v}_1,\boldsymbol{v}_1) & \cdots & f(\boldsymbol{v}_1,\boldsymbol{v}_k)\\ \vdots & & \vdots\\ f(\boldsymbol{v}_k,\boldsymbol{v}_1) & \cdots & f(\boldsymbol{v}_k,\boldsymbol{v}_k)\end{pmatrix}$$
   为 f 关于向量组 $\boldsymbol{v}_1,\cdots,\boldsymbol{v}_k$ 的 Gram (格拉姆) 矩阵. 证明:
   (1) $\mathrm{rank}\,(\boldsymbol{v}_1,\cdots,\boldsymbol{v}_k)\geqslant \mathrm{rank}\,\boldsymbol{G}_f$.
   (2) 试说明 (1) 中的等号在什么情况下可以达到, 在什么情况下 (1) 中可以取严格大于符号 “>”.

7. 设 V, U 分别是 n 维、m 维 $\mathbb{F}$-向量空间, 令

$$\mathrm{Hom}(U,V)=\left\{\alpha:U\to V\ \middle|\ \alpha\text{ 是线性的}\right\}.$$

证明 $\mathrm{Hom}(U,V)$ 是 $\mathbb{F}$-向量空间, 且 $\mathrm{Hom}(U,V)\cong M_{m\times n}(\mathbb{F})$.

8. 如果 $0\to U\xrightarrow{\alpha}V\xrightarrow{\beta}W\to 0$ 是向量空间的正合序列, 那么 $\dim U+\dim W=\dim V$.

(**典型例子**: 如果 U 是 V 的子空间, 那么有正合序列 $0\to U\to V\to V/U\to 0$, 关于维数则有 $\dim U+\dim(V/U)=\dim V$.)

9. 取 $\langle -,-\rangle$ 为 $\mathbb{F}^n$ 的典型内积 (见表达式(2.1.2)). 设 U 是 $\mathbb{F}^n$ 的子空间, $\dim U=m$. 取 U 的基底 $\boldsymbol{a}_1=(a_{11},\cdots,a_{1n}),\cdots,\boldsymbol{a}_m=(a_{m1},\cdots,a_{mn})$. 证明:

(1) 对任意的 $\boldsymbol{b}\in\mathbb{F}^n$ 有: $\boldsymbol{b}\in U^{\perp}$ 当且仅当 $\langle\boldsymbol{a}_i,\boldsymbol{b}\rangle=0,\ i=1,\cdots,m$.

(2) $\boldsymbol{b}=(b_1,\cdots,b_n)\in U^{\perp}$ 当且仅当 $(b_1,\cdots,b_n)$ 是下述齐次线性方程组的解

$$\begin{cases}a_{11}x_1+\cdots+a_{1n}x_n=0,\\ \cdots\cdots\\ a_{m1}x_1+\cdots+a_{mn}x_n=0.\end{cases}$$

(3) $\dim U^{\perp}=n-m$.

2.2 线性码的参数与结构

本章以下始终设 $\mathbb{F}$ 是一个有限域, 含元素个数 $|\mathbb{F}|=q=p^{\ell}$, 其中 p 是一个素数. 以 $\mathbb{F}$ 为字母表作编码. 那么 $\mathbb{F}^n$ 的元素 $\boldsymbol{a}=(a_1,\cdots,a_n)\in\mathbb{F}^n$ 就是长为 n 的字. 本书及以后章节始终设 $\mathbf{0}=(0,\cdots,0)$ 表示 $\mathbb{F}^n$ 中长为 n 的分量全为 0 的零向量.

2.2.1 线性码的基本参数

定义 2.2.1 设 $\boldsymbol{a}=(a_1,\cdots,a_n)$, $\boldsymbol{b}=(b_1,\cdots,b_n)$ 是 $\mathbb{F}$ 上两个长为 n 的字.

(1) $d(\boldsymbol{a},\boldsymbol{b})=\left|\{i\mid 1\leqslant i\leqslant n,\ a_i\neq b_i\}\right|$, 称为字 $\boldsymbol{a}$, $\boldsymbol{b}$ 之间的 Hamming 距离, 简称距离 (这只是重复定义 1.3.3 中定义的距离概念).

(2) $w(\boldsymbol{a})=\left|\{i\mid 1\leqslant i\leqslant n,\ a_i\neq 0\}\right|$, 称为字 $\boldsymbol{a}$ 的 Hamming 重量, 简称重量 (从数学来说, 就是 $\boldsymbol{a}$ 的支撑集的基数).

(3) 设 C 是 $\mathbb{F}^n$ 的子空间, 记作 $C\leqslant\mathbb{F}^n$. 在编码理论中, 称 C 为 $\mathbb{F}$ 上的长 n 的线性码. 令 (其中第一行是重述在定义 1.3.4 中对一般码给出的定义)

$$d(C)=\min\{d(\boldsymbol{c},\boldsymbol{c}')\mid \boldsymbol{c}\neq\boldsymbol{c}'\in C\},$$
$$w(C)=\min\{w(\boldsymbol{c})\mid \mathbf{0}\neq\boldsymbol{c}\in C\};$$

称 $d(C)$ 为线性码 C 的**极小距离**, 称 $w(C)$ 为线性码 C 的**极小重量**.

从定义很容易看出 $d(\boldsymbol{a},\boldsymbol{b})=w(\boldsymbol{a}-\boldsymbol{b}),\ \forall\ \boldsymbol{a},\boldsymbol{b}\in\mathbb{F}^n$. 按照1.3节习题 3, d 与 w 是 $\mathbb{F}^n$ 上相互对应的距离和重量. 由此看来, 很自然地有下述引理.

引理 2.2.2 设 $C\leqslant\mathbb{F}^n$ 是线性码. 则 $d(C)=w(C)$.

证 因为 $d(\boldsymbol{c},\boldsymbol{c}')=w(\boldsymbol{c}-\boldsymbol{c}')$, 而且 $\boldsymbol{c}-\boldsymbol{c}'\in C,\ \forall\ \boldsymbol{c},\boldsymbol{c}'\in C$, 所以

$$\begin{aligned} d(C) &= \min\{d(\boldsymbol{c},\boldsymbol{c}')\mid \boldsymbol{c}\neq\boldsymbol{c}'\in C\}\\ &= \min\{w(\boldsymbol{c}-\boldsymbol{c}')\mid \boldsymbol{c}\neq\boldsymbol{c}'\in C\}\\ &= \min\{w(\boldsymbol{c})\mid \boldsymbol{0}\neq\boldsymbol{c}\in C\}=w(C). \end{aligned}$$

□

所以, 任何线性码 $C\leqslant\mathbb{F}^n$ 有三个基本参数:

(1) 码的长为 n;

(2) 线性码的维数 $k=\dim C$;

(3) 线性码的极小距离 (或极小重量) $d=d(C)=w(C)$.

因此称 C 是 $\mathbb{F}$ 上的 $[n,k,d]$-**线性码**. 若 d 待定, 则称 C 是 $\mathbb{F}$ 上的 $[n,k]$-线性码.

注 2.2.3 有两种线性代数操作不改变 $\mathbb{F}^n$ 中字的重量, 不改变线性码的基本参数.

(1) 设 ρ 是一个 n 次置换把 $j\in\{1,\cdots,n\}$ 映射为 $\rho(j)$. 令 $\boldsymbol{P}$ 是相应的置换矩阵, 即对 $1\leqslant j\leqslant n$, $\boldsymbol{P}$ 的第 j 列的 $\rho(j)$-位置是 1, 其他位置都是 0. 那么

$$\boldsymbol{xP}=(x_1,\cdots,x_n)\boldsymbol{P}=(x_{\rho(1)},\cdots,x_{\rho(n)}),\qquad \forall\ \boldsymbol{x}=(x_1,\cdots,x_n)\in\mathbb{F}^n.$$

(2) 设 $\boldsymbol{D}=\mathrm{diag}(\alpha_1,\cdots,\alpha_n)$ 是对角矩阵其对角线元素 $\alpha_1,\cdots,\alpha_n\in\mathbb{F}$ 全非零. 那么

$$\boldsymbol{xD}=(x_1,\cdots,x_n)\boldsymbol{D}=(\alpha_1x_1,\cdots,\alpha_nx_n),\qquad \forall\ \boldsymbol{x}=(x_1,\cdots,x_n)\in\mathbb{F}^n.$$

矩阵 $\boldsymbol{PD}$ 称为**单项矩阵** (它的每行每列都是恰一个非零元, 其余全为零). 从单项矩阵 $\boldsymbol{PD}$ 构造的线性同构: $\mathbb{F}^n\to\mathbb{F}^n$, $\boldsymbol{x}\mapsto\boldsymbol{xPD}$, 称为向量空间 $\mathbb{F}^n$ 的**单项变换**.

从上面 (1), (2) 显然可知: **单项变换不改变字的重量**, 即 $w(\boldsymbol{xPD})=w(\boldsymbol{x})$, $\forall\ \boldsymbol{x}\in\mathbb{F}^n$; 因而单项变换也保持字的 Hamming 距离: 对任意 $\boldsymbol{x},\boldsymbol{y}\in\mathbb{F}^n$,

$$d(\boldsymbol{xPD},\boldsymbol{yPD})=w(\boldsymbol{xPD}-\boldsymbol{yPD})=w\big((\boldsymbol{x}-\boldsymbol{y})\boldsymbol{PD}\big)=w(\boldsymbol{x}-\boldsymbol{y})=d(\boldsymbol{x},\boldsymbol{y}).$$

设 $C\leqslant\mathbb{F}^n$ 是线性码. 那么在单项变换之下 C 的像 $C\boldsymbol{PD}=\{\boldsymbol{cPD}\,|\,\boldsymbol{c}\in C\}$ 也是线性码, 而且映射:

$$C\longrightarrow C\boldsymbol{PD},\quad (c_1,\cdots,c_n)\longmapsto(\alpha_1c_{\rho(1)},\cdots,\alpha_nc_{\rho(n)})$$

是线性同构还保持码字的重量: $w(\boldsymbol{cPD})=w(\boldsymbol{c}),\ \forall\ \boldsymbol{c}\in C$. 该映射称为线性码 C 与线性码 $C\boldsymbol{PD}$ 之间的**单项等价**. 彼此单项等价的线性码的参数完全相同.

问题　如何构造长度 n 维数 k 的线性码 C？ 如何确定 C 的极小距离(极小重量)？

2.2.2　生成矩阵与检验矩阵

如同注 1.2.4 所说, 有两种确定子空间的方法:

(1) 基底;

(2) 线性方程组.

现在还知道(参看引理 2.1.12) 它们之间通过 $\mathbb{F}^n$ 的如下典型内积相联系.

$$\langle \boldsymbol{a}, \boldsymbol{b}\rangle = a_1b_1 + \cdots + a_nb_n\,, \quad \boldsymbol{a} = (a_1, \cdots, a_n),\ \boldsymbol{b} = (b_1, \cdots, b_n) \in \mathbb{F}^n.$$

定义 2.2.4 (生成矩阵)　设 $C \leqslant \mathbb{F}^n$ 是 $[n, k]$-线性码. 取 C 的基底 $\boldsymbol{g}_1, \cdots, \boldsymbol{g}_k$, 其中

$$\boldsymbol{g}_i = (g_{i1}, g_{i2}, \cdots, g_{in})\,, \quad i = 1, \cdots, k\,.$$

以它们为行向量排成 $k \times n$ 矩阵

$$\boldsymbol{G} = \begin{pmatrix} g_{11} & g_{12} & \cdots & g_{1n} \\ \vdots & \vdots & & \vdots \\ g_{k1} & g_{k2} & \cdots & g_{kn} \end{pmatrix}_{k\times n},$$

称为线性码 C 的 *生成矩阵* (generator matrix).

因此, 一个 $k\times n$ 矩阵 $\boldsymbol{G}$ 是线性码 C 的生成矩阵需要具备两个条件: $\operatorname{rank}\boldsymbol{G} = k$, 且

$$C = \{\, \boldsymbol{y}\boldsymbol{G} \mid \boldsymbol{y} \in \mathbb{F}^k \,\} = \{\, y_1\boldsymbol{g}_1 + \cdots + y_k\boldsymbol{g}_k \mid (y_1, \cdots, y_k) \in \mathbb{F}^k \,\},$$

其中 $\boldsymbol{g}_1, \cdots, \boldsymbol{g}_k$ 是矩阵 $\boldsymbol{G}$ 的 k 个行向量. 换言之, 以下映射是线性同构:

$$\mathbb{F}^k \xrightarrow{\cong} C\,, \quad \boldsymbol{y} \longmapsto \boldsymbol{y}\boldsymbol{G} = (y_1,\ \cdots,\ y_k) \begin{pmatrix} g_{11} & g_{12} & \cdots & g_{1n} \\ \vdots & \vdots & & \vdots \\ g_{k1} & g_{k2} & \cdots & g_{kn} \end{pmatrix}. \qquad (2.2.1)$$

注 2.2.5　向量空间的子空间的基底不唯一, 故线性码的生成矩阵不唯一. 保持上述符号. 若 $\boldsymbol{g}_1', \cdots, \boldsymbol{g}_k'$ 是 C 的另一基底, 则以它们为行向量的 $k \times n$ 矩阵 $\boldsymbol{G}'$ 也是 C 的生成矩阵; 而且此时存在可逆的 $k \times k$ 矩阵 $\boldsymbol{T}$ 使得 $\boldsymbol{G}' = \boldsymbol{T}\boldsymbol{G}$ ($\boldsymbol{T}$ 就是基底 $\boldsymbol{g}_1, \cdots, \boldsymbol{g}_k$ 到基底 $\boldsymbol{g}_1', \cdots, \boldsymbol{g}_k'$ 的变换矩阵). 反过来也是对的, 即如果 $\boldsymbol{T}$ 是可逆的 $k \times k$ 矩阵, 那么 $k \times n$ 矩阵 $\boldsymbol{G}' = \boldsymbol{T}\boldsymbol{G}$ 的行向量是线性码 C 的基底, 从而 $\boldsymbol{G}'$ 是码 C 的生成矩阵. 补充一点: 从 $\boldsymbol{G}$ 左乘可逆矩阵 $\boldsymbol{T}$ 得到的 $\boldsymbol{T}\boldsymbol{G}$ 是对矩阵 $\boldsymbol{G}$ 作若干行初等变换得到的矩阵. 所以从线性码 C 的一个生成矩阵 $\boldsymbol{G}$ 出发, 通

过行初等变换可以得到 C 的所有生成矩阵. 特别地, 容易知道: 一个 $[n,k]$ 线性码必有一个生成矩阵它有一个 $k\times k$ 子矩阵是恒等矩阵; 换言之, 适当调整它的列的次序可形如 $\begin{pmatrix} 1 & & & g_{1,k+1} & \cdots & g_{1n} \\ & \ddots & & \vdots & & \vdots \\ & & 1 & g_{k,k+1} & \cdots & g_{kn} \end{pmatrix}$. 见本节习题 1.

定义 2.2.6 (对偶码) 设 $C \leqslant \mathbb{F}^n$ 是 $[n,k]$-线性码.

(1) 由命题 2.1.10, 正交子空间 $C^\perp = \{\boldsymbol{a}\in\mathbb{F}^n \mid \langle \boldsymbol{c},\boldsymbol{a}\rangle = 0,\ \forall\, \boldsymbol{c}\in C\}$ 是 $[n,n-k]$-线性码; 在编码中我们称 $C^\perp$ 为 C 的*对偶码*.

(2) 如果 $C\subseteq C^\perp$, 则称 C 为*自正交码*.

(3) 如果 $C=C^\perp$, 则称 C 为*自对偶码*.

例 2.2.7 二元域 $\mathbb{F}_2$ (即整数模 2 剩余系 $\mathbb{Z}_2$) 上的下述 $[6,2,4]$-线性码

$$C_1 = \{(000000),(111001),(011110),(100111)\}$$

是自正交码, 但不是自对偶码. 但以下 $[6,3,2]$-线性码

$$\begin{aligned} C_2 = \{&(000000),(111001),(011110),(100111),\\ &(000110),(100001),(011000),(111111)\} \end{aligned}$$

是自对偶码.

定义 2.2.8 (检验矩阵) 设 C 是 $[n,k]$-线性码. 取它的对偶码 $C^\perp$ 的基底 $\boldsymbol{h}_1$, $\cdots,\boldsymbol{h}_s$, 其中 $s=n-k$,

$$\boldsymbol{h}_i = (h_{i1},h_{i2},\cdots,h_{in}), \qquad i=1,\cdots,s.$$

以它们为行排成矩阵

$$\boldsymbol{H} = \begin{pmatrix} h_{11} & h_{12} & \cdots & h_{1n} \\ \vdots & \vdots & & \vdots \\ h_{s1} & h_{s2} & \cdots & h_{sn} \end{pmatrix}_{s\times n},$$

称为线性码 C 的*检验矩阵*.

引理 2.2.9 设 $\boldsymbol{H}$ 是 $[n,k]$-线性码 C 的检验矩阵. 则 $\operatorname{rank}\boldsymbol{H} = s = n-k$, 且

$$C = \left\{\boldsymbol{c}\in\mathbb{F}^n \;\middle|\; \boldsymbol{H}\boldsymbol{c}^{\mathrm{T}} = \boldsymbol{0}\right\},$$

其中 $\boldsymbol{c}=(c_1,\cdots,c_n)$, $\boldsymbol{c}^{\mathrm{T}}$ 是 $\boldsymbol{c}$ 的转置, 故为列向量.

证 因 $\operatorname{rank}\boldsymbol{H} = n-k$, 故线性方程组 $\boldsymbol{H}\boldsymbol{x}^{\mathrm{T}}=0$ 的解子空间维数 $=k$, 其中 $\boldsymbol{x}=(x_1,\cdots,x_n)$. 又因 $\boldsymbol{H}\boldsymbol{G}^{\mathrm{T}}=0$ (见本节的习题 8, 其中 $\boldsymbol{G}$ 是 C 的生成矩

阵), 所以矩阵 $\boldsymbol{G}$ 的行向量都是 $\boldsymbol{H}\boldsymbol{x}^{\mathrm{T}}=\mathbf{0}$ 的解向量. 但 $\boldsymbol{G}$ 的行向量有 k 个且线性无关, 它们正好是 C 的基底. 故 C 就是线性方程组 $\boldsymbol{H}\boldsymbol{x}^{\mathrm{T}}=\mathbf{0}$ 的解子空间. □

其实这个引理可由引理 2.1.12 直接导出. 这个证明只是复述了一下 C 与 $C^{\perp}$, $\boldsymbol{G}$ 与 $\boldsymbol{H}$ 的关系. 关于对偶码, 从引理 2.1.12 还易得以下结论.

引理 2.2.10　设 C 是 $\mathbb{F}$ 上的 $[n,k]$-线性码, 设 $\boldsymbol{G}$ 是 C 的生成矩阵, $\boldsymbol{H}$ 是 C 的检验矩阵. 设 $C^{\perp}$ 是 C 的对偶码. 那么

(1) $C^{\perp}$ 是 $\mathbb{F}$ 上的 $[n,n-k]$-线性码.

(2) $\boldsymbol{H}$ 是 $C^{\perp}$ 的生成矩阵, $\boldsymbol{G}$ 是 $\mathbb{C}^{\perp}$ 的检验矩阵.

(3) C 是自对偶码当且仅当 $\boldsymbol{G}$ 也是 C 的检验矩阵.

证　作为本节习题 8. □

既然 $[n,k]$-线性码 C 的检验矩阵 $\boldsymbol{H}$ 就是对偶码 $C^{\perp}$ 的生成矩阵, 从注 2.2.5 就可知 C 的检验矩阵不唯一, 但从 C 的一个检验矩阵 $\boldsymbol{H}$ 可以得到 C 的所有检验矩阵: $\boldsymbol{P}\boldsymbol{H}$, 其中 $\boldsymbol{P}$ 是可逆 $s\times s$ $(s=n-k)$ 矩阵. 特别地, 必有一个检验矩阵它有一个 $s\times s$ 子矩阵是恒等矩阵, 即, 适当调整它的列的次序可形如

$$\begin{pmatrix} 1 & & & h_{1,s+1} & \cdots & h_{1n} \\ & \ddots & & \vdots & & \vdots \\ & & 1 & h_{s,s+1} & \cdots & h_{sn} \end{pmatrix}_{s\times n}.$$

以下讨论如何从检验矩阵、生成矩阵来决定线性码的极小距离 (极小重量).

定理 2.2.11　设 $\boldsymbol{H}$ 是有限域 $\mathbb{F}$ 上的 $[n,k]$-线性码 C 的检验矩阵. 把矩阵 $\boldsymbol{H}$ 按列分块成 $\boldsymbol{H}=(\boldsymbol{H}_1,\cdots,\boldsymbol{H}_n)$, 其中 $\boldsymbol{H}_j$ 为 $\boldsymbol{H}$ 的列向量. 则

$$d(C)=\min\left\{|J|\,\big|\,J\subseteq\{1,2,\cdots,n\},\ \boldsymbol{H}_j, j\in J,\ \text{线性相关}\right\}.$$

换言之, $d(C)=d$ 当且仅当 $\boldsymbol{H}$ 的任意 $d-1$ 列线性无关, 但存在 d 列线性相关.

证　记 $m=\min\left\{|J|\,\big|\,J\subseteq\{1,2,\cdots,n\},\ \boldsymbol{H}_j,\ j\in J,\ \text{线性相关}\right\}$. 那么

$(*)$ $\boldsymbol{H}$ 有 m 个列 $\boldsymbol{H}_{j_1},\cdots,\boldsymbol{H}_{j_m}$ 线性相关但其中任意 $m-1$ 列线性无关. 于是有不全为零的 $b_{j_1},\cdots,b_{j_m}\in\mathbb{F}$ 使得

$$b_{j_1}\boldsymbol{H}_{j_1}+\cdots+b_{j_m}\boldsymbol{H}_{j_m}=\mathbf{0};$$

此等式中假若有某系数为零, 不妨设 $b_{j_m}=0$, 那么 $b_{j_1}\boldsymbol{H}_{j_1}+\cdots+b_{j_{m-1}}\boldsymbol{H}_{j_{m-1}}=\mathbf{0}$, 因而 $\boldsymbol{H}_{j_1},\cdots,\boldsymbol{H}_{j_{m-1}}$ 线性相关, 这与上面的断言 $(*)$ 矛盾. 所以, $b_{j_1},\ \cdots,\ b_{j_m}$ 全都不为零. 在其他位置补写零就得到向量

$$\boldsymbol{b}=(0,\cdots,b_{j_1},0,\cdots,b_{j_2},\cdots,b_{j_m},\cdots)\in\mathbb{F}^n,$$

使得 $\boldsymbol{H}\boldsymbol{b}^{\mathrm{T}}=\mathbf{0}$, 即 $\boldsymbol{b}\in C$, 而 $w(\boldsymbol{b})=m$.

以下只需证明: 对任意的 $\mathbf{0} \neq \boldsymbol{c} = (c_1, \cdots, c_n) \in C$ 有 $w(\boldsymbol{c}) \geqslant m$. 因 $\boldsymbol{c} \in C$, 故 $\boldsymbol{H}\boldsymbol{c}^{\mathrm{T}} = \mathbf{0}$, 即

$$c_1\boldsymbol{H}_1 + \cdots + c_n\boldsymbol{H}_n = \mathbf{0};$$

令 $c_{j_1}, \cdots, c_{j_t}$ 为 $\boldsymbol{c}$ 的全部非零分量, 则

$$c_{j_1}\boldsymbol{H}_{j_1} + \cdots + c_{j_t}\boldsymbol{H}_{j_t} = \mathbf{0},$$

故 $\boldsymbol{H}_{j_1}, \cdots, \boldsymbol{H}_{j_t}$ 线性相关. 所以 $t \geqslant m$, 即 $w(\boldsymbol{c}) \geqslant m$. □

推论 2.2.12 *有限域 $\mathbb{F}$ 上的线性码 C 可纠正一个错当且仅当 $d(C) \geqslant 3$, 当且仅当 C 的检验矩阵的任意两列线性无关.* □

上面的定理 2.2.11 给出了利用检验矩阵确定线性码的极小距离的办法. 对偶地, 也可以利用生成矩阵确定线性码的极小距离.

定理 2.2.13 *设 $\boldsymbol{G}$ 是有限域 $\mathbb{F}$ 上的 $[n,k]$-线性码 C 的生成矩阵. 把矩阵 $\boldsymbol{G}$ 按列分块 $\boldsymbol{G} = (\boldsymbol{G}_1, \cdots, \boldsymbol{G}_n)$, 其中 $\boldsymbol{G}_j$ 为 $\boldsymbol{G}$ 的列向量. 则*

$$d(C) = n - \max\big\{\, |I| \;\big|\; I \subseteq \{1, 2, \cdots, n\},\ \mathrm{rank}\{\boldsymbol{G}_i \,|\, i \in I\} \leqslant k - 1 \big\}.$$

换言之, $d(C) = d$ 当且仅当 $\boldsymbol{H}$ 的任意的 $n - d + 1$ 列构成的子矩阵的秩 $= k$, 但存在 $n - d$ 列构成的子矩阵的秩 $< k$.

证 记 $m = \max\big\{\, |I| \;\big|\; I \subseteq \{1, 2, \cdots, n\},\ \mathrm{rank}\{\boldsymbol{G}_i \,|\, i \in I\} \leqslant k - 1 \big\}$. 那么存在 m 列 $\boldsymbol{G}_{j_1}, \cdots, \boldsymbol{G}_{j_m}$ 使得 $\boldsymbol{G}$ 的 $k \times m$ 子矩阵 $\boldsymbol{G}_m = (\boldsymbol{G}_{j_1}, \cdots, \boldsymbol{G}_{j_m})$ 的秩 $< k$, 于是, 线性方程组 $\boldsymbol{y}\boldsymbol{G}_m = 0$ 有非零解, 其中 $\boldsymbol{y} = (y_1, \cdots, y_k)$ 是方程组的变元向量. 设 $\boldsymbol{d} = (d_1, \cdots, d_k)$ 是方程组 $\boldsymbol{y}\boldsymbol{G}_m = \mathbf{0}$ 的一非零解. 即 k 维向量 $\boldsymbol{d} \neq \mathbf{0}$, 而下述 m 个元素均为零

$$\boldsymbol{d}\boldsymbol{G}_{j_t} = \mathbf{0}, \quad t = 1, \cdots, m.$$

那么 $\boldsymbol{c} = (c_1, \cdots, c_n) = (d_1, \cdots, d_k)\boldsymbol{G} = \boldsymbol{d}\boldsymbol{G}$ 是一个非零码字 (见同构式(2.2.1)). 但

$$\boldsymbol{c} = (c_1, c_2, \cdots, c_n) = \big(\boldsymbol{d}\boldsymbol{G}_1, \boldsymbol{d}\boldsymbol{G}_2, \cdots, \boldsymbol{d}\boldsymbol{G}_n\big)$$

中至少已有 m 个位置是零元. 所以 $w(\boldsymbol{c}) \leqslant n - m$. 因而 $d(C) \leqslant n - m$.

下面再考虑线性码 C 的任何非零码字 $\boldsymbol{c} = (c_1, \cdots, c_n) \neq \mathbf{0}$, 我们将用反证法证明 $w(\boldsymbol{c}) \geqslant n - m$, 即可完成证明. 非零码字 $\boldsymbol{c}$ 对应一个非零 k 维向量 $\boldsymbol{d} = (d_1, \cdots, d_k) \neq \mathbf{0}$ 使得 (见同构式 (2.2.1))

$$\boldsymbol{c} = (c_1, c_2, \cdots, c_n) = \boldsymbol{d}\boldsymbol{G} = \big(\boldsymbol{d}\boldsymbol{G}_1, \boldsymbol{d}\boldsymbol{G}_2, \cdots, \boldsymbol{d}\boldsymbol{G}_n\big).$$

假若 $w(\boldsymbol{c}) < n - m$, 那么 $\boldsymbol{d}\boldsymbol{G}_1, \boldsymbol{d}\boldsymbol{G}_2, \cdots, \boldsymbol{d}\boldsymbol{G}_n$ 中至少有 $m + 1$ 个是零元. 设

$$\boldsymbol{d}\boldsymbol{G}_{j_t} = 0, \quad t = 1, \cdots, m, m + 1.$$

用这 $m+1$ 列就可构作 $\boldsymbol{G}$ 的一个 $k\times(m+1)$ 子矩阵 $\boldsymbol{G}_{m+1}=(\boldsymbol{G}_{j_1},\cdots,\boldsymbol{G}_{j_m},\boldsymbol{G}_{j_{m+1}})$. 由上一行的等式, 就得到 $\boldsymbol{d}\boldsymbol{G}_{m+1}=\boldsymbol{0}$. 但由定理假设, $\operatorname{rank}\boldsymbol{G}_{m+1}=k$, 那么线性方程组 $\boldsymbol{y}\boldsymbol{G}_{m+1}=\boldsymbol{0}$ 只有零解. 故而 $\boldsymbol{d}=\boldsymbol{0}$, 这与 $\boldsymbol{d}\neq\boldsymbol{0}$ 相矛盾. □

本节的习题 9 给出了这个定理的另一证明.

推论 2.2.14　有限域 $\mathbb{F}$ 上的 $[n,k]$ 线性码 C 可纠正一个错当且仅当 $d(C)\geqslant 3$, 当且仅当 C 的生成矩阵的任意 $n-2$ 列的子矩阵的秩 $=k$. □

2.2.3　Hamming 码

如何构造可纠正一个错的高效率线性码？从检验矩阵的角度比较容易思考这个问题. 也就是: 给定行数 s, 如何构造出 "极大" 的矩阵 $\boldsymbol{H}$ 使得它的任意两列线性无关？

$\mathbb{F}$-向量空间 V 中任一非零向量 $\boldsymbol{v}$ 生成一个 1 维子空间 (过原点直线), 记作 $\mathbb{F}\boldsymbol{v}=\{a\boldsymbol{v}\mid a\in\mathbb{F}\}$; 或记作 $\langle\boldsymbol{v}\rangle$. 两个向量 $\boldsymbol{v},\boldsymbol{u}\in V$ 线性无关当且仅当它们生成不同的 1 维子空间: $\mathbb{F}\boldsymbol{v}\neq\mathbb{F}\boldsymbol{u}$ (这等价于 $\mathbb{F}\boldsymbol{v}\cap\mathbb{F}\boldsymbol{u}=\{\boldsymbol{0}\}$, 即两个直线交于原点). 由此引入下述概念.

定义 2.2.15　设 V 是 n 维 $\mathbb{F}$-向量空间, $0<t<n$. 用 $\mathrm{PG}^t(V)$ 记 V 的 t 维子空间构成的集合. 特别地, $\mathrm{PG}^1(V)$ 是 V 的 1 维子空间的集合. 再令

$$\mathrm{PG}(V)=\bigcup_{t=1}^{n-1}\mathrm{PG}^t(V),$$

它具有自然的包含关系 (即 V 的子空间包含关系), 集合 $\mathrm{PG}(V)$ 及其包含关系称为 V 的投射空间 (projective space), 或译射影空间, 其中 $\mathrm{PG}^1(V)$ 的元素 (即向量空间 V 的 1 维子空间, 或说 V 的直线) 称为投射点 (projective point), $\mathrm{PG}^2(V)$ 的元素称为投射线 (projective line), 等等.

命题 2.2.16　设 V 是 n 维 $\mathbb{F}$-向量空间. 则

$$\begin{aligned}|\mathrm{PG}^t(V)|&=\frac{(q^n-1)(q^n-q)\cdots(q^n-q^{t-1})}{(q^t-1)(q^t-q)\cdots(q^t-q^{t-1})}\\&=\frac{(q^n-1)(q^{n-1}-1)\cdots(q^{n-(t-1)}-1)}{(q^t-1)(q^{t-1}-1)\cdots(q-1)}.\end{aligned}\tag{2.2.2}$$

特别地, $|\mathrm{PG}^1(V)|=\dfrac{q^n-1}{q-1}$.

证　这样计算 V 中 t 维子空间的个数. 向量空间 V 的任意一个长为 t 的线性无关向量序列 $\boldsymbol{a}_1,\cdots,\boldsymbol{a}_t$ 生成一个 t 维子空间. 所有长为 t 的线性无关向量序列可以这样构成:

(1) 任取 $\boldsymbol{a}_1 \neq \boldsymbol{0}$ 即可, 这样的 $\boldsymbol{a}_1$ 有 $q^n - 1$ 种选取;

(2) 为使 $\boldsymbol{a}_1, \boldsymbol{a}_2$ 线性无关, 只需取 $\boldsymbol{a}_2$ 不属于 $\boldsymbol{a}_1$ 生成的子空间; 而 $\boldsymbol{a}_1$ 生成的子空间含 q 个向量, 所以, 这样的 $\boldsymbol{a}_2$ 的选取有 $q^n - q$ 种;

(3) 一旦 $\boldsymbol{a}_1, \cdots, \boldsymbol{a}_k$ 已取好, 为取 $\boldsymbol{a}_{k+1}$ 使得 $\boldsymbol{a}_1, \cdots, \boldsymbol{a}_k, \boldsymbol{a}_{k+1}$ 线性无关, 只需取 $\boldsymbol{a}_{k+1}$ 不属于 $\boldsymbol{a}_1, \cdots, \boldsymbol{a}_k$ 生成的子空间, 而 $\boldsymbol{a}_1, \cdots, \boldsymbol{a}_k$ 生成的子空间是 k 维的, 故含 q^k 个向量, 所以, 这样的 $\boldsymbol{a}_{k+1}$ 的选取有 $q^n - q^k$ 种.

如此继续, 直到取得 $\boldsymbol{a}_t$ 为止. 因此, V 中所有长为 t 的线性无关向量序列的个数为

$$(q^n - 1)(q^n - q) \cdots (q^n - q^{t-1}).$$

按同样的方法计算, 任意一个 t 维子空间中所有长 t 的线性无关向量序列的个数为

$$(q^t - 1)(q^t - q) \cdots (q^t - q^{t-1}).$$

这就是说, 用 V 中的长为 t 的线性无关向量序列生成 t 维子空间时, 每个 t 维子空间被重复生成了 $(q^t - 1)(q^t - q) \cdots (q^t - q^{t-1})$ 次.

从上述两段论证就得出

$$|\mathrm{PG}^t(V)| = \frac{(q^n - 1)(q^n - q) \cdots (q^n - q^{t-1})}{(q^t - 1)(q^t - q) \cdots (q^t - q^{t-1})}.$$

表达式 (2.2.2) 中第二个等式显然成立. □

注 2.2.17 (1) 称表达式 (2.2.2) 中的分式为高斯系数 (Gaussian coefficient), 也称为高斯二项式系数, 通常记为 $\begin{pmatrix} n \\ t \end{pmatrix}_q$. 即

$$\binom{n}{t}_q = \frac{(q^n - 1)(q^{n-1} - 1) \cdots (q^{n-(t-1)} - 1)}{(q^t - 1)(q^{t-1} - 1) \cdots (q - 1)}.$$

(2) 显然, $|\mathrm{PG}^{n-1}(V)| = |\mathrm{PG}^1(V)| = \dfrac{q^n - 1}{q - 1}$.

推论 2.2.18 给定正整数 s, 令 $n = \dfrac{q^s - 1}{q - 1}$.

(1) 如果 $\mathbb{F}$ 上的 $s \times n'$ 矩阵的任意两列线性无关, 则 $n' \leqslant n$.

(2) 取 $\boldsymbol{h}_1, \cdots, \boldsymbol{h}_n$ 为 $\mathbb{F}^s$ 中两两线性无关的向量(即 $\mathrm{PG}^1(\mathbb{F}^s) = \{\mathbb{F}\boldsymbol{h}_1, \cdots, \mathbb{F}\boldsymbol{h}_n\}$). 则 $s \times n$ 矩阵

$$\boldsymbol{H} = (\boldsymbol{H}_1, \ \cdots, \ \boldsymbol{H}_n), \qquad 其中 \quad \boldsymbol{H}_j = \boldsymbol{h}_j^{\mathrm{T}} = \begin{pmatrix} h_{1j} \\ \vdots \\ h_{sj} \end{pmatrix}, \quad j = 1, \cdots, n \qquad (2.2.3)$$

的任意两列线性无关, 且秩 $\mathrm{rank}\,\boldsymbol{H}=s$. 而且, 任意列向量两两线性无关的 $s\times n$ 矩阵必如同上述表达式 (2.2.3) 所构造.

证 (1) 如果矩阵 $\boldsymbol{A}=\left(\boldsymbol{A}_1,\cdots,\boldsymbol{A}_{n'}\right)$ 的列向量 $\boldsymbol{A}_j$, $j=1,\cdots,n'$, 两两线性无关, 它们张成的 $\mathbb{F}^s$ 中的直线 $\mathbb{F}\boldsymbol{A}_j^{\mathrm{T}}$, $j=1,\cdots,n'$, 就两两不同; 因而是 $\mathrm{PG}^1(\mathbb{F}^s)$ 的不同的 n' 个投射点. 但 $|\mathrm{PG}^1(\mathbb{F}^s)|=\dfrac{q^s-1}{q-1}=n$. 所以 $n'\leqslant n$. (1) 得证.

(2) 同上述论证, 表达式 (2.2.3) 的矩阵 $\boldsymbol{H}$ 的任意两列线性无关. 向量空间 $\mathbb{F}^s$ 可以写成 s 个一维子空间 (即直线) 的直和, 这 s 条直线必在 $\mathbb{F}^s$ 的全部的 n 条直线 $\mathbb{F}\boldsymbol{h}_1,\cdots,\mathbb{F}\boldsymbol{h}_n$ 中出现, 设这 s 条直线是: $\mathbb{F}\boldsymbol{h}_{j_1},\cdots,\mathbb{F}\boldsymbol{h}_{j_s}$. 那么向量 $\boldsymbol{h}_{j_1},\cdots,\boldsymbol{h}_{j_s}$ 就线性无关, 相应地, $\boldsymbol{H}$ 的 s 个列向量 $\boldsymbol{H}_{j_1},\cdots,\boldsymbol{H}_{j_s}$ 也就线性无关. 所以, $s\times n$ 矩阵 $\boldsymbol{H}$ 的秩 $\mathrm{rank}\,\boldsymbol{H}=s$.

再设 $s\times n$ 矩阵 $\boldsymbol{H}=(\boldsymbol{H}_1,\cdots,\boldsymbol{H}_n)$ 的任意两列线性无关. 令 $\boldsymbol{h}_j=\boldsymbol{H}_j^{\mathrm{T}}$, 则 $\boldsymbol{h}_1,\cdots,\boldsymbol{h}_n$ 就是 $\mathbb{F}^s$ 中两两线性无关的向量. 而 $\boldsymbol{H}$ 就恰如同表达式 (2.2.3) 所构造. □

定义 2.2.19 设 $\boldsymbol{H}$ 为表达式 (2.2.3) 定义的矩阵. 有限域 $\mathbb{F}$ 上以 $\boldsymbol{H}$ 为检验矩阵的线性码 C (即齐次线性方程组 $\boldsymbol{H}\boldsymbol{x}^{\mathrm{T}}=\boldsymbol{0}$ 解子空间) 称为 Hamming 码.

在 1.4 节证明了 (n,M,d)-码满足 Hamming 界: $M\cdot V_q(n,e)\leqslant q^n$, 其中 $e=\left\lfloor\dfrac{d-1}{2}\right\rfloor$, $V_q(n,e)$ 是 $\mathbb{F}^n$ 中以半径为 e 的球的体积. 而且定义完全码为使得等号成立的码, 即使得 $M\cdot V_q(n,e)=q^n$ 的 (n,M,d)-码.

命题 2.2.20 *以表达式 (2.2.3) 定义的矩阵 $\boldsymbol{H}$ 为检验矩阵的 Hamming 码 C 的参数为*

$$\left[\frac{q^s-1}{q-1},\ \frac{q^s-1}{q-1}-s,\ 3\right].$$

Hamming 码 C 是完全码.

证 矩阵 $\boldsymbol{H}$ 是 $s\times n$ 矩阵, 它的秩 $\mathrm{rank}\,\boldsymbol{H}=s$, 其中 $n=\dfrac{q^s-1}{q-1}$, 而 C 是线性方程组 $\boldsymbol{H}\boldsymbol{x}^{\mathrm{T}}=\boldsymbol{0}$ 的解子空间, 故 C 是长为 n 的线性码, $\dim C=n-s$. 又 $\boldsymbol{H}$ 的任意两列线性无关, 故 $d(C)\geqslant 3$. 在 $\mathbb{F}^s$ 中, $\boldsymbol{H}_1$, $\boldsymbol{H}_2$ 张成一个 2 维子空间 $\mathbb{F}\boldsymbol{H}_1^{\mathrm{T}}+\mathbb{F}\boldsymbol{H}_2^{\mathrm{T}}$, 其中除直线 $\mathbb{F}\boldsymbol{H}_1^{\mathrm{T}}$ 和 $\mathbb{F}\boldsymbol{H}_2^{\mathrm{T}}$ 外, 一定还有直线 $\mathbb{F}\boldsymbol{H}_j^{\mathrm{T}}\subseteq\mathbb{F}\boldsymbol{H}_1^{\mathrm{T}}+\mathbb{F}\boldsymbol{H}_2^{\mathrm{T}}$, $j\neq 1,2$. 那么 $\boldsymbol{H}_1,\boldsymbol{H}_2,\boldsymbol{H}_j$ 线性相关. 由定理 2.2.11, $d(C)=3$.

Hamming 码 C 的参数为 $[n,n-s,3]$, 故 $e=\left\lfloor\dfrac{3-1}{2}\right\rfloor=1$, $M=q^{n-s}$. 那么

$$M\cdot V_q(n,e)=q^{n-s}\left(1+\binom{n}{1}(q-1)\right)=q^{n-s}\left(1+\frac{q^s-1}{q-1}(q-1)\right)=q^{n-s}q^s=q^n.$$

所以, Hamming 码 C 是完全码. □

注 2.2.21 保持上述命题的符号. 由引理 2.2.10, Hamming 码 C 的对偶码 $C^{\perp}$ 是 $\left[\dfrac{q^s-1}{q-1}, s\right]$-线性码, $C^{\perp}$ 以 $\boldsymbol{H}$ (它是 Hamming 码 C 的检验矩阵) 为生成矩阵. 因为 $C^{\perp}$ 的生成矩阵 $\boldsymbol{H}$ 的列向量恰好生成投射空间的所有投射点 $\mathrm{PG}^1(\mathbb{F}^s)$, 所以 Hamming 码 C 的对偶码 $C^{\perp}$ 称为极大投射码.

习 题 2.2

1. 设 $C \leqslant \mathbb{F}^n$ 为 $[n,k]$-线性码. 证明: 存在生成矩阵 $\boldsymbol{G}$ 使得 $\boldsymbol{G}$ 有一个 $k\times k$ 的子矩阵是恒等矩阵 (单位矩阵), 即适当调整 $\boldsymbol{G}$ 的列的次序可得矩阵形如

$$\begin{pmatrix} 1 & & & g_{1,k+1} & \cdots & g_{1n} \\ & \ddots & & \vdots & & \vdots \\ & & 1 & g_{k,k+1} & \cdots & g_{kn} \end{pmatrix}_{k\times n}.$$

2. 计算例 2.2.7 中线性码 C_1, C_2 的对偶码.
3. 证明:
   (1) $[n,k]$-线性码 C 的对偶码是 $[n,n-k]$-线性码.
   (2) C 是自对偶码当且仅当 C 是自正交码且 $k=\dfrac{n}{2}$.
   (3) 如果长为 n 的自对偶码存在, 则 n 是偶数.
4. 设 C 是一个 $[n,k]$-二元线性码, C_e 是 C 中所有重量为偶数的码字构成的集合, 则证明下面两条必有其一成立:
   (1) $C=C_e$;
   (2) C_e 是 C 中的一个 $[n,k-1]$-子码且 $C=C_e\cup C_o$, 其中 $C_o=\boldsymbol{x}+C_e$, $\boldsymbol{x}$ 为 C 中任意一重量为奇数的码字. 进而, C_o 包含 C 中所有重量为奇数的码字.
5. 设 C 是一个二元线性码. 它的生成矩阵的行向量重量均为偶数. 证明: C 中所有码字重量均为偶数.
6. 设 C 是 $\mathbb{F}$ 上的一个 $[n,k,d]$-线性码.
   (1) $\widehat{C}=\{(x_1,\cdots,x_n,x_{n+1})\in\mathbb{F}^{n+1}\mid(x_1,\cdots,x_n)\in C$ 且 $x_1+\cdots+x_n+x_{n+1}=0\}$. 证明: $\widehat{C}$ 是线性码.
   (2) $\tilde{C}=\{(x_1,\cdots,x_n,x_{n+1})\in\mathbb{F}^{n+1}\mid(x_1,\cdots,x_n)\in C$ 且 $x_1^2+\cdots+x_n^2+x_{n+1}^2=0\}$. 在什么条件下 $\tilde{C}$ 是线性码?
7. C 是 $\mathbb{F}$ 上的 $[n,k]$-码, 其生成矩阵是 $\boldsymbol{G}$, 则 $\sum\limits_{c\in C} w(c)\leqslant n(q-1)q^{k-1}$, 等号成立当且仅当 $\boldsymbol{G}$ 的任何列都不是零向量.

8. 设 $\boldsymbol{G}$ 是 $[n,k]$-线性码 C 的生成矩阵, $\boldsymbol{H}$ 是 C 的检验矩阵. 则 $\boldsymbol{H}\boldsymbol{G}^{\mathrm{T}}=\boldsymbol{0}$, 且证明

(1) $C^{\perp}$ 是 $[n,n-k]$-线性码.

(2) $\boldsymbol{G}$ 是 $C^{\perp}$ 的检验矩阵, $\boldsymbol{H}$ 是 $C^{\perp}$ 的生成矩阵.

(3) C 是自对偶码当且仅当 $\boldsymbol{G}$ 也是 C 的检验矩阵.

9. 设 C 是域 $\mathbb{F}$ 上的 $[n,k]$-线性码. 设 $\boldsymbol{G}=(\boldsymbol{G}_1, \cdots, \boldsymbol{G}_n)$ (按列分块) 是 C 的生成矩阵. $\boldsymbol{H}=(\boldsymbol{H}_1, \cdots, \boldsymbol{H}_n)$ (按列分块) 是 C 的检验矩阵. 证明:

(1) $w(\boldsymbol{d}\boldsymbol{G})=n-\left|\{j \mid 1\leqslant j\leqslant n,\ \boldsymbol{G}_j\in\langle \boldsymbol{d}\rangle^{\perp}\}\right|$, 其中 $\boldsymbol{d}=(d_1,\cdots,d_k)$, $\langle \boldsymbol{d}\rangle$ 记向量 $\boldsymbol{d}$ 生成的一维子空间, $\langle \boldsymbol{d}\rangle^{\perp}$ 是它的正交子空间.

(提示: $\boldsymbol{d}\boldsymbol{G}_j=\boldsymbol{0} \iff \boldsymbol{G}_j\in\langle \boldsymbol{d}\rangle^{\perp}$.)

(2) $d(C)=n-\max\{|I| \mid I\subseteq\{1,2,\cdots,n\},\ \operatorname{rank}\{\boldsymbol{G}_i \mid i\in I\}\leqslant k-1\}$.

(提示: $\dim\langle \boldsymbol{d}\rangle^{\perp}=k-1$; 利用上一小题.)

(3) $d(C)=\min\{|J| \mid J\subseteq\{1,2,\cdots,n\},\ |J|-\operatorname{rank}\{\boldsymbol{H}_j \mid j\in J\}\geqslant 1\}$.

10. 令 $\mathbb{F}=\mathbb{Z}_2$ 是 2 元域. 考虑投射空间 $\mathrm{PG}(\mathbb{Z}_2^3)$.

(1) 证明: $\left|\mathrm{PG}^1(\mathbb{Z}_2^3)\right|=7$, $\left|\mathrm{PG}^2(\mathbb{Z}_2^3)\right|=7$ (即 $\mathrm{PG}(\mathbb{Z}_2^3)$ 共有 7 个投射点, 7 条投射线).

(2) 证明: $\mathrm{PG}(\mathbb{Z}_2^3)$ 的每条投射线包含 3 个投射点, 每个投射点包含 3 条投射线.

(所以投射空间 $\mathrm{PG}(\mathbb{Z}_2^3)$ (也称 7 阶射影平面) 可以如图 2.2.)

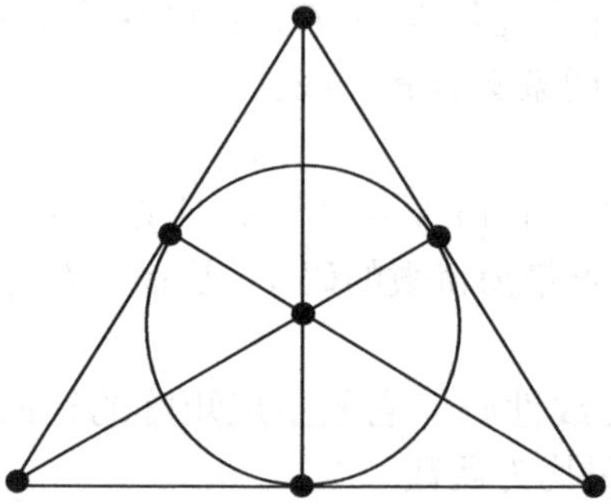

图 2.2

11. 设 $C\leqslant\mathbb{F}^n$ 是线性码, $\boldsymbol{c}\in C$, $w(\boldsymbol{c})=w$. 则存在置换矩阵 $\boldsymbol{P}$ 和可逆对角矩阵 $\boldsymbol{D}$ 使得 $\boldsymbol{c}\boldsymbol{P}\boldsymbol{D}=(\overbrace{1,\cdots,1}^{w},0,\cdots,0)$.

2.3 线性码的编码与解码

2.3.1 编码

Hamming 最初的编码办法很容易推广到一般线性码.

设 C 是 $\mathbb{F}$ 上的 $[n,k]$-线性码, $\boldsymbol{G}$ 是 C 的一个生成矩阵. 那么 $\boldsymbol{G}$ 就提供了从信息字集合 $\mathbb{F}^k$ 到码字集合 C 的线性双射 (见表达式 (2.2.1)):

$$\boldsymbol{G}: \quad \mathbb{F}^k \longrightarrow C\ (\subseteq \mathbb{F}^n), \quad \boldsymbol{d} \longmapsto \boldsymbol{dG}.$$

这就把信息字 $\boldsymbol{d}$ 编写成了码字 $\boldsymbol{dG}$.

例 2.3.1 $\mathbb{F}_2$ (即模 2 剩余系) 上的 $[6,2,3]$-线性码

$$C = \{(000000),\ (111111),\ (101100),\ (010011)\}.$$

它有一个生成矩阵

$$\boldsymbol{G} = \begin{pmatrix} 1 & 1 & 1 & 1 & 1 & 1 \\ 1 & 0 & 1 & 1 & 0 & 0 \end{pmatrix}.$$

信息字 (10), (11), (01) 就编写成了码字

$$(10)\begin{pmatrix} 1 & 1 & 1 & 1 & 1 & 1 \\ 1 & 0 & 1 & 1 & 0 & 0 \end{pmatrix} = (111111);$$

$$(11)\begin{pmatrix} 1 & 1 & 1 & 1 & 1 & 1 \\ 1 & 0 & 1 & 1 & 0 & 0 \end{pmatrix} = (010011);$$

$$(01)\begin{pmatrix} 1 & 1 & 1 & 1 & 1 & 1 \\ 1 & 0 & 1 & 1 & 0 & 0 \end{pmatrix} = (101100).$$

但是, 下述矩阵也是 C 的生成矩阵

$$\widehat{\boldsymbol{G}} = \begin{pmatrix} 1 & 0 & 1 & 1 & 0 & 0 \\ 0 & 1 & 0 & 0 & 1 & 1 \end{pmatrix}.$$

用它编写码字, 信息字 (10), (11), (01) 就编写成了

$$(10)\begin{pmatrix} 1 & 0 & 1 & 1 & 0 & 0 \\ 0 & 1 & 0 & 0 & 1 & 1 \end{pmatrix} = (\underline{10}1100);$$

$$(11)\begin{pmatrix} 1 & 0 & 1 & 1 & 0 & 0 \\ 0 & 1 & 0 & 0 & 1 & 1 \end{pmatrix} = (\underline{11}1111);$$

$$(01)\begin{pmatrix} 1 & 0 & 1 & 1 & 0 & 0 \\ 0 & 1 & 0 & 0 & 1 & 1 \end{pmatrix} = (\underline{01}0011).$$

比较用 $\boldsymbol{G}$ 作编码和用 $\widehat{\boldsymbol{G}}$ 作编码这两种方案, 会发现用 $\widehat{\boldsymbol{G}}$ 作编码有一个明显的好处: 编写出的码字的 6 位中有 2 位就是信息字 (下划线表示的两位).

定义 2.3.1 设 $E:\mathbb{F}^k\to\mathbb{F}^n$ 是对于 $[n,k]$-线性码 $C\subseteq\mathbb{F}^n$ 的一个编码方案 (即 E 是 $\mathbb{F}^k$ 到 C 的一个双射). 如果存在 k 个标号 $1\leqslant j_1<\cdots<j_k\leqslant n$ 使得: 对任何信息字 $\boldsymbol{d}=(d_1,\cdots,d_k)$, 编写出的码字 $E(\boldsymbol{d})=(c_1,c_2,\cdots,c_n)$ 中由第 j_1 位, $\cdots$, 第 j_k 位构成的长 k 的序列正好就是信息字 $\boldsymbol{d}$, 即 $(c_{j_1},\cdots,c_{j_k})=(d_1,\cdots,d_k)$, 那么就说 E 是一个*系统编码方案*.

良好的数学结构有利于编码的技术操作. 事实上, 第 3 章的循环码有更多的数学结构, 它们确实带来更便利的技术操作 (但我们将不再展示).

2.3.2 解码

“解码” (decoding) 一词有广义和狭义两种含义. 在第 1 章提到过, 广义的解码方案是两步:

(1) 通过纠错程序把收到的字 $\boldsymbol{r}$ 对应到一个码字 $\boldsymbol{c}$, 通常采用极大相似译码规则.

(2) 把得到的码字 $\boldsymbol{c}$ 翻译为信息字 $\boldsymbol{d}$.

比较而言, 广义的“解码”的第二步 “把得到的码字翻译为信息字”只是采用编码映射 $E:\mathbb{F}^k\to C$ 的逆映射, 要简单得多.

以下谈的“解码”, 都是狭义的含义, 即纠错解码.

首先我们看看1.2节中描述的Hamming的纠错办法对一般线性码能走多远.

设 $C\leqslant\mathbb{F}^n$ 是一个 $[n,k]$-线性码, $\boldsymbol{H}$ 是它的检验矩阵. 把检验矩阵 $\boldsymbol{H}$ 按列分块 $\boldsymbol{H}=(\boldsymbol{H}_1,\boldsymbol{H}_2,\cdots,\boldsymbol{H}_n)$, 即

$$\boldsymbol{H}_j=\begin{pmatrix} h_{1j}\\ \vdots\\ h_{n-k,j}\end{pmatrix},\qquad j=1,2,\cdots,n$$

是 $\boldsymbol{H}$ 的各个列向量. 设发送码字 $\boldsymbol{c}=(c_1,\cdots,c_n)\in C$, 传送时发生错误 $\boldsymbol{e}\in\mathbb{F}^n$ (称为差错向量), 接收者收到的字为 $\boldsymbol{r}=\boldsymbol{c}+\boldsymbol{e}$, 它不一定是码字.

注意: 对于接收者来说, 已知的只有字 $\boldsymbol{r}$, 需要通过 $\boldsymbol{r}$ 求出 $\boldsymbol{c}$, 或者求出 $\boldsymbol{e}$ (从而 $\boldsymbol{c}=\boldsymbol{r}-\boldsymbol{e}$). 因为 $\boldsymbol{H}\boldsymbol{c}^{\mathrm{T}}=0$, 接收者可以通过 $\boldsymbol{r}$ 计算出 $\boldsymbol{H}\boldsymbol{e}^{\mathrm{T}}$ 如下

$$\boldsymbol{H}\boldsymbol{r}^{\mathrm{T}}=\boldsymbol{H}(\boldsymbol{c}+\boldsymbol{e})^{\mathrm{T}}=\boldsymbol{H}\boldsymbol{c}^{\mathrm{T}}+\boldsymbol{H}\boldsymbol{e}^{\mathrm{T}}=\boldsymbol{H}\boldsymbol{e}^{\mathrm{T}}.$$

定义 2.3.2 称 $\boldsymbol{H}\boldsymbol{r}^{\mathrm{T}}\in\mathbb{F}^{n-k}$ 为字 $\boldsymbol{r}\in\mathbb{F}^n$ 的*和声*, 有的文献译为伴随式.

现在假设码字 $\boldsymbol{c}$ 传送时最多出一个错 (对编码理论而言, 这是最简单情形), 即 $w(\boldsymbol{e}) \leqslant 1$. 若 $w(\boldsymbol{e}) = 0$, 则没有出错, 即 $\boldsymbol{c} = \boldsymbol{r}$. 故进一步设 $w(\boldsymbol{e}) = 1$. 于是, 接收者可设 $\boldsymbol{e} = (0, \cdots, 0, \lambda_j, 0, \cdots, 0)$, 需要求出 j 和 λ_j. 计算得

$$\boldsymbol{H}\boldsymbol{r}^{\mathrm{T}} = \boldsymbol{H}\boldsymbol{e}^{\mathrm{T}} = (\boldsymbol{H}_1, \cdots, \boldsymbol{H}_j, \cdots, \boldsymbol{H}_n)\begin{pmatrix} 0 \\ \vdots \\ \lambda_j \\ \vdots \\ 0 \end{pmatrix} = \lambda_j \boldsymbol{H}_j. \tag{2.3.1}$$

就是说接收到的字 $\boldsymbol{r}$ 的和声 $\boldsymbol{H}\boldsymbol{r}^{\mathrm{T}}$ (是一个 $n-k$ 维向量) 一定是检验矩阵 $\boldsymbol{H}$ 的一个列向量的倍数. 但是, 如果 $\boldsymbol{H}$ 的列向量中有至少两个与 $\boldsymbol{H}\boldsymbol{r}^{\mathrm{T}}$ 线性相关 (那么这两列也线性相关, 由定理 2.2.11, $d(C) \leqslant 2$), 接收者仍不能正确地确定 j 和 λ_j. 所以, 结论是

引理 2.3.3 设 $[n,k]$-线性码 C 的检验矩阵 $\boldsymbol{H}$ 的任意两列线性无关 (等价地, $d(C) \geqslant 3$), 设码字 $\boldsymbol{c}$ 传送时至多出一个错, 接收到字 $\boldsymbol{r}$. 那么存在唯一一个标号 j, $1 \leqslant j \leqslant n$, 以及唯一一个 $\lambda_j \in \mathbb{F}$ 使得和声 $\boldsymbol{H}\boldsymbol{r}^{\mathrm{T}} = \lambda_j \boldsymbol{H}_j$, 从而差错向量 $\boldsymbol{e} = (0, \cdots, 0, \lambda_j, 0, \cdots, 0)$.

由以上引理, 对于定义 2.2.19 定义的 Hamming 码, 1.2 节的解码办法仍有效, 重述解码办法如下.

S1: 输入收到的字 $\boldsymbol{r}$, 计算和声 $\boldsymbol{H}\boldsymbol{r}^{\mathrm{T}}$;

S2: 如果和声 $\boldsymbol{H}\boldsymbol{r}^{\mathrm{T}} = \boldsymbol{0}$, 那么输出 $\boldsymbol{r}$, 否则执行 S3;

S3: 搜索 $\boldsymbol{H}$ 的列向量; 如果找到列向量 $\boldsymbol{H}_j$ 和 $\lambda_j \in \mathbb{F}$ 使得 $\boldsymbol{H}\boldsymbol{r}^{\mathrm{T}} = \lambda_j \boldsymbol{H}_j$, 那么输出 $\boldsymbol{r} - (0, \cdots, \lambda_j, \cdots, 0)$; 否则输出 false.

若 C 是 Hamming 码, 则在收到的字至多出一个错时, 即差错向量重量 $w(\boldsymbol{e}) \leqslant 1$ 时, 上面的算法输出的字确为发送码字 $\boldsymbol{c}$, 不然就会输出 false.

若差错向量重量 $w(\boldsymbol{e}) > 1$, 则等式 (2.3.1) 的右端就没有那么简单了, 和声一般不是检验矩阵的列向量的倍数, 上述算法不再有效.

以下我们将用群论的同态基本定理 (或向量空间的同态基本定理) 对和声计算作一个更理论化的分析, 这将导致线性码的一个一般性的解码办法.

仍设 $C \leqslant \mathbb{F}^n$ 为一个 $[n,k]$-线性码, 设 $\boldsymbol{H} = (\boldsymbol{H}_1, \cdots, \boldsymbol{H}_n)$ 是它的检验矩阵 ($\boldsymbol{H}_j$ 是列向量). 因 $\operatorname{rank} \boldsymbol{H} = n-k$, 故存在 $\boldsymbol{H}_{j_1}, \cdots, \boldsymbol{H}_{j_{n-k}}, 1 \leqslant j_1 < \cdots < j_{n-k} \leqslant n$ 线性无关. 设 $\boldsymbol{z} \in \mathbb{F}^{n-k}$ 是长为 $n-k$ 的行向量, 则存在 $a_{j_1}, \cdots, a_{j_{n-k}} \in \mathbb{F}$, 使得

$$z^{\mathrm{T}} = a_{j_1}\boldsymbol{H}_{j_1} + \cdots + a_{j_{n-k}}\boldsymbol{H}_{j_{n-k}} = (\boldsymbol{H}_1, \cdots, \boldsymbol{H}_{j_1}, \cdots, \boldsymbol{H}_{j_{n-k}}, \cdots, \boldsymbol{H}_n)\begin{pmatrix} 0 \\ \vdots \\ a_{j_1} \\ \vdots \\ a_{j_{n-k}} \\ \vdots \\ 0 \end{pmatrix}.$$

令 $\boldsymbol{x} = (0, \cdots, a_{j_1}, \cdots, a_{j_{n-k}}, \cdots, 0) \in \mathbb{F}^n$, 上式即 $\boldsymbol{z}^{\mathrm{T}} = \boldsymbol{H}\boldsymbol{x}^{\mathrm{T}}$, 亦即 $\boldsymbol{z} = \boldsymbol{x}\boldsymbol{H}^{\mathrm{T}}$. 这表明下述映射是满的线性映射

$$\mathcal{H}:\ \mathbb{F}^n \to \mathbb{F}^{n-k},\ \ \boldsymbol{x} \mapsto \boldsymbol{x}\boldsymbol{H}^{\mathrm{T}},$$

其中, $\boldsymbol{x}\boldsymbol{H}^{\mathrm{T}} = (\boldsymbol{H}\boldsymbol{x}^{\mathrm{T}})^{\mathrm{T}}$ 是行向量. 线性映射 $\mathcal{H}$ 的同态核为

$$\operatorname{Ker}\mathcal{H} = \left\{ \boldsymbol{x} \in \mathbb{F}^n \;\middle|\; \boldsymbol{H}\boldsymbol{x}^{\mathrm{T}} = \boldsymbol{0} \right\} = C.$$

所以 $\mathcal{H}$ 诱导从商空间 $\mathbb{F}^n/C$, 到 $\mathbb{F}^{n-k}$ 的同构映射

$$\overline{\mathcal{H}}:\ \mathbb{F}^n/C \xrightarrow{\cong} \mathbb{F}^{n-k},\ \ \boldsymbol{r} + C \longmapsto \boldsymbol{r}\boldsymbol{H}^{\mathrm{T}}.$$

商空间 $\mathbb{F}^n/C = \left\{ \boldsymbol{r} + C \;\middle|\; \boldsymbol{r} \in \mathbb{F}^n \right\}$ 的元素是陪集 $\boldsymbol{r} + C = \{\boldsymbol{r} + \boldsymbol{c} \mid \boldsymbol{c} \in C\}$, $\boldsymbol{r} \in \mathbb{F}^n$. 陪集相等 $\boldsymbol{r} + C = \boldsymbol{r}' + C$ (这时它们在商集 $\mathbb{F}^n/C$ 中是同一个元素) 当且仅当 $\boldsymbol{r} - \boldsymbol{r}' \in C$. 所以同构 $\overline{\mathcal{H}}$ (它相当于实际操作中的计算和声) 给出了陪集集合 $\mathbb{F}^n/C$ 与和声集合

$$\left\{ \boldsymbol{r}\boldsymbol{H}^{\mathrm{T}} \;\middle|\; \boldsymbol{r} \in \mathbb{F}^n \right\} = \mathbb{F}^{n-k}$$

之间的一一对应. (注意: 前面按线性方程组的习惯写法, 和声写作 $\boldsymbol{H}\boldsymbol{r}^{\mathrm{T}}$, 是列向量. 这里因 $\mathbb{F}^{n-k}$ 的向量写作行向量, 故写作 $\boldsymbol{r}\boldsymbol{H}^{\mathrm{T}}$.) $\boldsymbol{r}_1$ 与 $\boldsymbol{r}_2$ 属于 C 的同一陪集 (即 $\boldsymbol{r}_1 - \boldsymbol{r}_2 \in C$) 当且仅当它们的和声相等 $\boldsymbol{H}\boldsymbol{r}_1^{\mathrm{T}} = \boldsymbol{H}\boldsymbol{r}_2^{\mathrm{T}}$.

定理 2.3.4 设 C 是 $[n, k, d]$-线性码, $e = \left\lfloor \dfrac{d-1}{2} \right\rfloor$. 设 $\boldsymbol{r} \in \mathbb{F}^n$, $\boldsymbol{a}$ 是陪集 $\boldsymbol{r} + C$ 中重量最小的字. 那么

(1) $\boldsymbol{r} - \boldsymbol{a} \in C$ 是码字, 且 $\boldsymbol{r} - \boldsymbol{a}$ 是 C 中与 $\boldsymbol{r}$ 距离最小的码字.

(2) 若 $w(\boldsymbol{a}) \leqslant e$, 则 $\boldsymbol{r} - \boldsymbol{a}$ 是唯一的与 $\boldsymbol{r}$ 距离最小的码字.

证 (1) 按陪集的定义, 存在唯一 $\boldsymbol{c} \in C$ 使得 $\boldsymbol{a} = \boldsymbol{r} - \boldsymbol{c}$, 即知 $\boldsymbol{r} - \boldsymbol{a} = \boldsymbol{c}$ 是码字. 任取码字 $\boldsymbol{c}' \in C$. 则 $\boldsymbol{r} - \boldsymbol{c}' \in \boldsymbol{r} + C$. 由 $\boldsymbol{a}$ 的选取, $w(\boldsymbol{r} - \boldsymbol{c}') \geqslant w(\boldsymbol{a})$. 注意到 $\boldsymbol{r} - \boldsymbol{c} = \boldsymbol{a}$, 就得

$$d(\boldsymbol{r}, \boldsymbol{c}') = w(\boldsymbol{r} - \boldsymbol{c}') \geqslant w(\boldsymbol{a}) = w(\boldsymbol{r} - \boldsymbol{c}) = d(\boldsymbol{r}, \boldsymbol{c}).$$

(2) 令 $\boldsymbol{c}=\boldsymbol{r}-\boldsymbol{a}$ 同上. 从 $w(\boldsymbol{a})\leqslant e$, 得 $d(\boldsymbol{r},\boldsymbol{c})=w(\boldsymbol{r}-\boldsymbol{c})=w(\boldsymbol{a})\leqslant e$. 对任 $\boldsymbol{c}\neq \boldsymbol{c}'\in C$, 由定理 1.3.6 的证明中的结论 (i), $d(\boldsymbol{r},\boldsymbol{c}')>d(\boldsymbol{r},\boldsymbol{c})$. □

注 2.3.5 这个定理为我们提供了一个极大相似译码规则在线性码中的实施办法. 设发送码字 $\boldsymbol{c}$ (接收方不知道 $\boldsymbol{c}$), 收到字 $\boldsymbol{r}$, 则 $\boldsymbol{r}$ 对应到唯一的陪集 $\boldsymbol{r}+C$ (可以从计算和声找出这个陪集), 由于错误向量是 $\boldsymbol{e}=\boldsymbol{r}-\boldsymbol{c}$, 故错误向量 $\boldsymbol{e}$ 和 $\boldsymbol{r}$ 在 C 的同一个陪集之中. 取陪集 $\boldsymbol{r}+C$ 中重量最小的字 $\boldsymbol{a}$, 把 $\boldsymbol{r}$ 解码为码字 $\boldsymbol{r}-\boldsymbol{a}$.

具体操作办法 首先 *编制译码表*: 计算出 C 的所有陪集, 在每个陪集中取一个重量最小的字 $\boldsymbol{e}_i$, 称为该陪集的 *头字* (leader). 列出所有头字以及头字对应的和声, 编制为译码表. 这项工作, 只要做一次就管永久 (once for ever), 所以不影响解码算法的效率. 收到字 $\boldsymbol{r}$ 后执行下述 *解码算法*:

线性码解码算法

S1:	输入 $\boldsymbol{r}$, 计算和声 $\boldsymbol{H}\boldsymbol{r}^{\mathrm{T}}=(s_1,\cdots,s_{n-k})^{\mathrm{T}}$;
S2:	在译码表的和声栏中找到 $(s_1,\cdots,s_{n-k})$, 取出它对应的头字 $\boldsymbol{a}$;
S3:	输出 $\boldsymbol{r}-\boldsymbol{a}$.

这个算法的缺陷是和声共有 q^{n-k} 个, 因而 S2 步中的搜索量较大.

以一个例子来展示这个解码算法.

例 2.3.6 $\mathbb{F}_2$ (即模 2 剩余系 $\mathbb{Z}_2$) 上的 $[5,2,3]$-线性码

$$C=\{(00000),\ (11100),\ (01111),\ (10011)\},$$

它的检验矩阵是 $\boldsymbol{H}=\begin{pmatrix}1&1&0&1&0\\0&1&1&0&0\\0&0&0&1&1\end{pmatrix}$. 码 C 的陪集个数为 $|\mathbb{Z}_2^5/C|=\dfrac{32}{4}=8$, 那么可得陪集、头字、和声列表如表 2.1 (译码表就是和声与头字两列).

表 2.1

陪集	头字	和声
{(00000), (11100), (01111), (10011)}	(00000)	(000)
{(10000), (01100), (11111), (00011)}	(10000)	(100)
{(01000), (10100), (00111), (11011)}	(01000)	(110)
{(00100), (11000), (01011), (10111)}	(00100)	(010)
{(00010), (11110), (01101), (10001)}	(00010)	(101)
{(00001), (11101), (01110), (10010)}	(00001)	(001)
{(00110), (11010), (10001), (10101)}	(00110)	(111)
{(01010), (10110), (00101), (11001)}	(01010)	(011)

第 1 行的陪集就是码 C 自己, 头字自然是 $\mathbf{0}$. 第 2 行至第 6 行头字重量为 $1=\left\lfloor\dfrac{3-1}{2}\right\rfloor$, 陪集中重量 1 的字是唯一的. 最后两行的每个陪集中的字的最小重量为 2, 重量最小的字不是唯一的.

如果收到的字 $\boldsymbol{r}$ 至多出一个错, 则和声 $\boldsymbol{H}\boldsymbol{r}^{\mathrm{T}}$ 只能是前 6 个之一. 第 1 个表示无错, 其他 5 个对应的头字都是恰好一个分量为 1, 这个 1 所在位置标号恰好是该和声在检验矩阵 $\boldsymbol{H}$ 的列向量中出现的位置标号, 即错误发生位置.

几个具体实例如下.

(1) 假如发送码字 (11100) 出 1 个错收到 (11000). 按上述解码算法, 先计算和声

$$\begin{pmatrix}1&1&0&1&0\\0&1&1&0&0\\0&0&0&1&1\end{pmatrix}\begin{pmatrix}1\\1\\0\\0\\0\end{pmatrix}=\begin{pmatrix}0\\1\\0\end{pmatrix};$$

再查译码表, 和声 (010) 对应的头字为 (00100), 故输出 $(11000)-(00100)=(11100)$, 确为发送码字.

(2) 但是, 若发送码字 (11100) 出 2 个错收到 (10101). 按上述解码算法, 计算和声

$$\begin{pmatrix}1&1&0&1&0\\0&1&1&0&0\\0&0&0&1&1\end{pmatrix}\begin{pmatrix}1\\0\\1\\0\\1\end{pmatrix}=\begin{pmatrix}1\\1\\1\end{pmatrix};$$

查译码表, 和声 (111) 对应的头字为 (00110); 输出 $(10101)-(00110)=(10011)$, 虽是码字但不是发送的码字.

(3) 作为对照, 若发送码字 (11100) 出 2 个错收到 (11010). 计算和声, 得 (111), 对应头字 (00110). 输出 $(11010)-(00110)=(11100)$, 确为发送码字.

习　题　2.3

1. 设 C 是 $[n,k]$-线性码. 设

$$\boldsymbol{G}=\begin{pmatrix}1&&&g_{1,k+1}&\cdots&g_{1n}\\&\ddots&&\vdots&&\vdots\\&&1&g_{k,k+1}&\cdots&g_{kn}\end{pmatrix}_{k\times n}$$

是 C 的一个生成矩阵. 那么 $E:\mathbb{F}^k\to\mathbb{F}^n$, $\boldsymbol{d}\mapsto\boldsymbol{dG}$ 是一个系统编码方案.

2. 设 C 是 $[n,k]$ 线性码, $s=n-k$. 设

$$\boldsymbol{H}=\begin{pmatrix}1 & & & h_{1,s+1} & \cdots & h_{1n}\\ & \ddots & & \vdots & & \vdots\\ & & 1 & h_{s,s+1} & \cdots & h_{sn}\end{pmatrix}_{s\times n}$$

是 C 的一个检验矩阵. 对任意的信息字 $\boldsymbol{d}=(d_1,\cdots,d_k)$, 令

$$c_{s+1}=d_1,\ c_{s+2}=d_2,\ \cdots,\ c_n=d_k;$$

再计算

$$c_1=\sum_{j=1}^{k}-h_{1,s+j}c_{s+j},\ c_2=\sum_{j=1}^{k}-h_{2,s+j}c_{s+j},\ \cdots,c_s=\sum_{j=1}^{k}-h_{s,s+j}c_{s+j};$$

由此得到码字 $(c_1,c_2,\cdots,c_n)$. 证明: 这是一个系统编码方案.

3. 设 C 是检验矩阵为$\boldsymbol{H}=\begin{pmatrix}0&1&1&1&1&0&0\\1&0&1&1&0&1&0\\1&1&0&1&0&0&1\end{pmatrix}$ 的 Hamming 码.

(1) 构造 C 的生成矩阵.

(2) 用生成矩阵对 $(0,1,1,0)$ 和 (x_1,x_2,x_3,x_4) 进行编码.

4. 设 C 是 $[n,k]$-线性码, $k\times n$ 矩阵 $\boldsymbol{G}$ 是 C 的一个生成矩阵. 采用编码方案 $E:\mathbb{F}^k\to\mathbb{F}^n$, $\boldsymbol{d}\mapsto\boldsymbol{dG}$. 因为 $\operatorname{rank}\boldsymbol{G}=k$, 所以存在 $n\times k$ 矩阵 $\boldsymbol{K}$ 使得 $\boldsymbol{GK}=\boldsymbol{I}$, 这里 $\boldsymbol{I}$ 是恒等矩阵.

(1) 问: 某人采用如下的解码方案: 把收到的字 $\boldsymbol{r}$ 解读为信息字 $\boldsymbol{d}=\boldsymbol{rK}$. 这种解码方案正确吗?

(2) 某人采用如下的解码方案: 把收到的字 $\boldsymbol{r}$ 先通过纠错得到码字 $\boldsymbol{c}$, 再把码字 $\boldsymbol{c}$ 解读为信息字 $\boldsymbol{d}=\boldsymbol{cK}$. 问: 这种解码方案正确吗?

5. 设发送码字 $\boldsymbol{c}\in C$, 收到字 $\boldsymbol{r}=\boldsymbol{c}+\boldsymbol{e}$.

(1) 证明: 出错个数等于差错向量 $\boldsymbol{e}$ 的重量 $w(\boldsymbol{e})$.

(2) 设 $w(\boldsymbol{e})<d(C)$. 则 $\boldsymbol{e}=\boldsymbol{0}$ 当且仅当和声 $\boldsymbol{Hr}^{\mathrm{T}}=\boldsymbol{0}$.

注 所以, 若错误个数小于 C 的极小重量 $d(C)$, 则从收到字的和声 $\boldsymbol{Hr}^{\mathrm{T}}$ 可以判断是否出错 (但不一定能纠正错误). 对此, 我们称码 C 可以检验 $d(C)-1$ 个错.

6. (群论或线性代数的基本习题) 设 $\varphi:V\to U$ 是向量空间 V 到 U 的线性同态, 令 $W=\{\boldsymbol{w}\in V|\varphi(\boldsymbol{w})=0\}$, 称为同态 φ 的核. 证明:

(1) W 是 V 的子空间.

(2) 对 $\boldsymbol{v}, \boldsymbol{v}' \in V$, $\varphi(\boldsymbol{v}) = \varphi(\boldsymbol{v}')$ 当且仅当 $\boldsymbol{v} - \boldsymbol{v}' \in W$.

(3) 如果 $\boldsymbol{v} - \boldsymbol{v}' \in W$, 记 $\boldsymbol{v} \equiv \boldsymbol{v}' \pmod{W}$, 那么 "$\equiv \pmod{W}$" 是 V 上的等价关系. 这个等价关系的等价类称为关于子空间 W 的陪集. 所有陪集的集合称为 V 关于子空间 W 的商集, 记作 V/W.

(4) 对任意一陪集任取代表元 $\boldsymbol{r}$, 则该陪集 $= W + \boldsymbol{r} = \{\boldsymbol{w} + \boldsymbol{r} \mid \boldsymbol{w} \in W\}$, 且 $W + \boldsymbol{r}$ 恰好是 $\varphi(\boldsymbol{r})$ 在 V 中的全部原像.

(5) 在商集 V/W 可以定义运算:

$$\begin{aligned}(W+\boldsymbol{r}) + (W+\boldsymbol{r}') &= W + (\boldsymbol{r}+\boldsymbol{r}'), \quad && \forall\, W+\boldsymbol{r},\ W+\boldsymbol{r}' \in V/W;\\ \lambda \cdot (W+\boldsymbol{r}) &= W + \lambda\boldsymbol{r}, && \forall\, \lambda \in \mathbb{F},\ W+\boldsymbol{r} \in V/W.\end{aligned}$$

那么 V/W 是一个向量空间, 称为 V 关于子空间 W 的商空间.

(6) 若 φ 是满的线性同态, 则把陪集 $W + \boldsymbol{r}$ 对应为 $\varphi(\boldsymbol{r}) \in U$ 给出商空间 V/W 到 U 的一一对应 $\overline{\varphi}: V/W \to U$, $W + \boldsymbol{r} \mapsto \varphi(\boldsymbol{r})$, 并且这个双射是线性同构.

7. 设 C 为 $\mathbb{F}_2$ (即模 2 剩余系) 上的下述 $[4, 2, 2]$-线性码, 请编制 C 的译码表

$$C = \{(0000),\ (1100),\ (0011),\ (1111)\}\,.$$

8. 设 $\widehat{C}$ 扩展的二元 Hamming 码, 它的检验矩阵是 $\widehat{\boldsymbol{H}} = \begin{pmatrix} 1&1&1&1&1&1&1&1\\ 0&0&0&0&1&1&1&1\\ 0&0&1&1&0&0&1&1\\ 0&1&0&1&0&1&0&1 \end{pmatrix}$.

我们可以不用译码表对 $\widehat{C}$ 进行解码, 方法如下 (对 $\boldsymbol{c} = (c_0, c_1, \cdots, c_7) \in \mathbb{Z}_2^8$ 的分量位置标号从 0 开始):

设我们收到的向量为 $\boldsymbol{y}$, 利用 $\widehat{\boldsymbol{H}}$ 计算和声 $\mathrm{Syn}(\boldsymbol{y})$. 如果 $\mathrm{Syn}(\boldsymbol{y}) = (0, 0, 0, 0)^{\mathrm{T}}$, 则 $\boldsymbol{y}$ 没有出错. 如果 $\mathrm{Syn}(\boldsymbol{y}) = (1, a, b, c)^{\mathrm{T}}$, 则在 abc 位 (二进制) 出了一个错. 如果 $\mathrm{Syn}(\boldsymbol{y}) = (0, a, b, c)^{\mathrm{T}}$ 且 $(a, b, c) \neq (0, 0, 0)$, 则在 0 位和 abc 位 (二进制) 出了两个错.

(1) 用上述算法对下面的向量解码: $(1,0,1,1,0,1,0,1)$, $(1,1,0,1,0,0,1,0)$, $(1,0,0,1,1,1,0,0)$.

(2) 证明: 所有重量为 0 和 1 的错误可以被纠正, 它们对应 16 个和声中的 9 个, 所以重量为 2 的错误不一定能被纠正, 但它们对应另外 7 个和声.

2.4 线性码参数的界

在 1.4 节中, 我们描述了关于一般码的参数的几个界. 这些界可分为两类: 一类是 Hamming 界、单字界等, 它们都是从上方界定了码的参数. 另一类 Gilbert-

Varshamov 界则不同, 它说的是 "最好" 的码的参数能达到的下界.

线性码是一大类特定的码, 它们的参数也一定被一般码的参数的上界所界定. 但是却不能简单地断言最好的线性码的参数也能达到最好非线性码的参数. 在本节中, 我们还将介绍线性码的另一个界——Griesmer 界. 下面我们具体地对这些界进行讨论和分析.

以下设 C 是有限域 $\mathbb{F}$, $|\mathbb{F}| = q$ 上的一个 $[n, k, d]$-线性码. 如果用 1.4 节的一般码参数表达, C 就是一个 (n, q^k, d)-码, 即 $M = q^k$.

1. Hamming 界

线性码是一类具有特定结构的码, 其参数自然受到一般码参数上界的约束. 因此, 线性码的参数也必然满足 Hamming 界 (见定理 1.4.2):

$$q^k \cdot V_q(n, e) \leqslant q^n, \quad 其中\ e = \left\lfloor \frac{d-1}{2} \right\rfloor, \quad V_q(n, e) = \sum_{i=0}^{e} \binom{n}{i} (q-1)^i. \tag{2.4.1}$$

当然, 也可以写成 $k + \log_q V_q(n, e) \leqslant n$. 使得等号成立的线性码称为完全码. 从 2.2.3 节我们知道 Hamming 码是完全码.

2. 单字界

同上道理, 线性码当然满足一般的单字界: $M \leqslant q^{n-d+1}$. 因为对线性码, $M = q^k$, 所以线性码的单字界形式显得简单一点 (参看定理 1.4.5) :

$$k \leqslant n - d + 1. \tag{2.4.2}$$

上述不等式也可改写成 $d \leqslant n - k + 1$ 或 $k + d \leqslant n + 1$, 使得等号成立的线性码称为极大距离可分码, 简称 MDS 码. 例 1.4.7 (2) 实际上就是线性的 MDS 码.

由于线性码的极小距离 d 可用生成矩阵或者检验矩阵来计算, 我们有下述结果.

定理 2.4.1 设 C 是 $[n, k, d]$-线性码, $k \times n$ 矩阵 $\boldsymbol{G}$ 是 C 的生成矩阵, $(n-k) \times n$ 矩阵 $\boldsymbol{H}$ 是 C 的检验矩阵. 则下述三条彼此等价.

(1) C 是 MDS 码.

(2) $\boldsymbol{G}$ 的任意 k 列线性无关.

(3) $\boldsymbol{H}$ 的任意 $n-k$ 列线性无关.

证 (1) $\Longleftrightarrow$ (2) C 是 MDS 码当且仅当 $d = n - k + 1$. 结合 2.2 节的关于线性码 C 生成矩阵的定理 2.2.13, 知 C 是 MDS 码当且仅当

$$\max \left\{ |I| \mid I \subseteq \{1, 2, \cdots, n\},\ \mathrm{rank}\{\boldsymbol{G}_i | i \in I\} \leqslant k-1 \right\} = n - (n-k+1) = k-1.$$

因此, C 是 MDS 码当且仅当 $\boldsymbol{G}$ 的任意 k 列构成的子矩阵的秩 $= k$, 但存在 $k-$

1 列构成的子矩阵的秩 $< k$, 这两个断言中后一断言显然成立而前一断言就等价于 (2).

(1) $\Longleftrightarrow$ (3) C 是 MDS 码当且仅当 $d = n - k + 1$. 结合 2.2 节的关于线性码 C 的检验矩阵的定理 2.2.11, 知 C 是 MDS 码当且仅当 $\boldsymbol{H}$ 的任意 $(n-k+1)-1$ 列线性无关, 但存在 $n-k+1$ 列线性相关, 当且仅当 $\boldsymbol{H}$ 的任意 $n-k$ 列线性无关. □

推论 2.4.2 设 C 是 $[n,k,d]$-线性码 $(0 \leqslant k \leqslant n)$. 则 C 是 MDS 码当且仅当 $C^{\perp}$ 是 MDS 码.

证 沿用上述定理符号. 则 $C^{\perp}$ 是 $[n, n-k]$-线性码, 以 $\boldsymbol{H}$ 为生成矩阵, 以 $\boldsymbol{G}$ 为检验矩阵. C 是 MDS 码当且仅当 $\boldsymbol{G}$ 的任意 k 列线性无关, 这等价于 $C^{\perp}$ 的检验矩阵满足上述定理的第 (3) 条, 等价于 $C^{\perp}$ 是 MDS 码. □

以下介绍一类著名的 MDS 线性码 —— GRS 码.

定义 2.4.3 我们已设 $\mathbb{F}$ 是 q 元有限域. 再设 $1 \leqslant k \leqslant n \leqslant q$. 取有限域 $\mathbb{F}$ 中的 n 个互不相同的元素 $\alpha_1, \cdots, \alpha_n$ 和 $\mathbb{F}$ 中的任意 n 个非零元素 $v_1, \cdots, v_n$ (不必互不相同). 令 $\boldsymbol{\alpha} = (\alpha_1, \cdots, \alpha_n)$, $\boldsymbol{v} = (v_1, \cdots, v_n)$. 定义

$$\mathrm{GRS}_{n,k}(\boldsymbol{\alpha}, \boldsymbol{v}) = \left\{ \big(v_1 f(\alpha_1), \cdots, v_n f(\alpha_n)\big) \;\middle|\; f(x) \in \mathbb{F}[x], \deg f(x) < k \right\}.$$

由下述定理, $\mathrm{GRS}_{n,k}(\boldsymbol{\alpha}, \boldsymbol{v})$ 是 $[n, k, n-k+1]$-线性码, 称之为广义的 Reed-Solomon 码, 简称 GRS 码.

定理 2.4.4 记号同上. 则 $\mathrm{GRS}_{n,k}(\boldsymbol{\alpha}, \boldsymbol{v})$ 是 q-元 $[n, k, n-k+1]$-线性码. 特别地, $\mathrm{GRS}_{n,k}(\boldsymbol{\alpha}, \boldsymbol{v})$ 是 MDS 码.

证 设 $a, b \in \mathbb{F}$, $f(x), g(x) \in \mathbb{F}[x]$, $\deg f(x), \deg g(x) < k$. 记 $h(x) = af(x) + bg(x)$, 则 $h(x) \in \mathbb{F}[x]$, $\deg h(x) < k$. 向量空间 $\mathbb{F}^n$ 的子集 $\mathrm{GRS}_{n,k}(\boldsymbol{\alpha}, \boldsymbol{v})$ 中下述两个向量

$$\big(v_1 f(\alpha_1), \cdots, v_n f(\alpha_n)\big), \quad \big(v_1 g(\alpha_1), \cdots, v_n g(\alpha_n)\big)$$

的线性组合

$$\begin{aligned}
& a\big(v_1 f(\alpha_1), \cdots, v_n f(\alpha_n)\big) + b\big(v_1 g(\alpha_1), \cdots, v_n g(\alpha_n)\big) \\
= & \big(av_1 f(\alpha_1) + bv_1 g(\alpha_1), \cdots, av_n f(\alpha_n) + bv_n g(\alpha_n)\big) \\
= & \big(v_1(af(\alpha_1) + bg(\alpha_1)), \cdots, v_n(af(\alpha_n) + bg(\alpha_n))\big) \\
= & \big(v_1 h(\alpha_1), \cdots, v_n h(\alpha_n)\big).
\end{aligned}$$

因 $h(x) \in \mathbb{F}[x]$, $\deg h(x) < k$, 故上述线性组合仍在 $\mathrm{GRS}_{n,k}(\boldsymbol{\alpha}, \boldsymbol{v})$ 中. 所以 $\mathrm{GRS}_{n,k}(\boldsymbol{\alpha}, \boldsymbol{v})$ 是 $\mathbb{F}^n$ 的子空间, 即 $\mathrm{GRS}_{n,k}(\boldsymbol{\alpha}, \boldsymbol{v})$ 是长为 n 的线性码.

任意码字 $\boldsymbol{c}=\big(v_1f(\alpha_1),\cdots,v_nf(\alpha_n)\big)\in\mathrm{GRS}_{n,k}(\boldsymbol{\alpha},\boldsymbol{v})$, $f(x)\in\mathbb{F}[x]$, $\deg f(x)\leqslant k-1$, 对应于 $\boldsymbol{a}=(a_0,\cdots,a_{k-1})\in\mathbb{F}^k$ 使得 $f(x)=a_0+a_1x+\cdots+a_{k-1}x^{k-1}$. 可作以下计算

$$\boldsymbol{c}=\big(v_1f(\alpha_1),\cdots,v_nf(\alpha_n)\big)=\left(\sum_{i=0}^{k-1}a_i(v_1\alpha_1^i),\cdots,\sum_{i=0}^{k-1}a_i(v_n\alpha_n^i)\right)$$

$$=(a_0,\cdots,a_i,\cdots,a_{k-1})\begin{pmatrix}v_1 & v_2 & \cdots & v_n\\ v_1\alpha_1 & v_2\alpha_2 & \cdots & v_n\alpha_n\\ \vdots & \vdots & & \vdots\\ v_1\alpha_1^{k-1} & v_2\alpha_2^{k-1} & \cdots & v_n\alpha_n^{k-1}\end{pmatrix}_{k\times n};$$

把其中最后一个矩阵记作 $\boldsymbol{G}$, 即

$$\boldsymbol{G}=\begin{pmatrix}1 & 1 & \cdots & 1\\ \alpha_1 & \alpha_2 & \cdots & \alpha_n\\ \vdots & \vdots & & \vdots\\ \alpha_1^{k-1} & \alpha_2^{k-1} & \cdots & \alpha_n^{k-1}\end{pmatrix}_{k\times n}\cdot\begin{pmatrix}v_1 & & & \\ & v_2 & & \\ & & \ddots & \\ & & & v_n\end{pmatrix}_{n\times n}. \tag{2.4.3}$$

等式右端的 $k\times n$ 矩阵是由 $\alpha_1,\cdots,\alpha_n$ 决定的 n 阶范德蒙德矩阵的前 k 行子矩阵, 它的任意 k 列线性无关. 而右端 $n\times n$ 矩阵是可逆的对角矩阵. 所以得结论 (见本节习题 10).

$k\times n$ 矩阵 $\boldsymbol{G}$ 的任意 k 列线性无关. 特别地, $\operatorname{rank}\boldsymbol{G}=k$.

前面的计算表明

$$\mathrm{GRS}_{n,k}(\boldsymbol{\alpha},\boldsymbol{v})=\big\{\,\boldsymbol{aG}\;\big|\;\boldsymbol{a}\in\mathbb{F}^k\,\big\}.$$

所以 $\boldsymbol{G}$ 是线性码 $\mathrm{GRS}_{n,k}(\boldsymbol{\alpha},\boldsymbol{v})$ 的生成矩阵, $\dim\mathrm{GRS}_{n,k}(\boldsymbol{\alpha},\boldsymbol{v})=k$. 再由定理 2.4.1, 知道 $\mathrm{GRS}_{n,k}(\boldsymbol{\alpha},\boldsymbol{v})$ 是 MDS 码, 特别地, 极小重量 $d(\mathrm{GRS}_{n,k}(\boldsymbol{\alpha},\boldsymbol{v}))=n-k+1$. □

注 2.4.5 (1) 利用多项式性质, 可给出上述定理的一个更简短的证明. 不过, 上述证明的好处之一是同时给出了 GRS 码 $\mathrm{GRS}_{n,k}(\boldsymbol{\alpha},\boldsymbol{v})$ 的一个生成矩阵, 即表达式 (2.4.3) 的 $k\times n$ 矩阵 $\boldsymbol{G}$.

(2) 向量 $\mathbf{1}_n=(\overbrace{1,\cdots,1}^{n})$ 称为全一向量. 如果 $\boldsymbol{v}=\mathbf{1}_n$, 则 $\mathrm{GRS}_{n,k}(\boldsymbol{\alpha},\mathbf{1}_n)$ 称为 RS 码, 并简记作 $\mathrm{RS}_{n,k}(\boldsymbol{\alpha})$; 此时 $\mathrm{RS}_{n,k}(\boldsymbol{\alpha})$ 的生成矩阵就是表达式 (2.4.3) 中的那个 n 阶范德蒙德矩阵的前 k 行子矩阵 (因为此时那个对角矩阵是恒等矩阵). 其实, GRS 码是从 RS 码推广而来的.

(3) 在表达式(2.4.3) 的 $k \times n$ 矩阵 $\boldsymbol{G}$ 的右边增加一列构作如下 $k \times (n+1)$ 矩阵

$$\widehat{\boldsymbol{G}} = \begin{pmatrix} v_1 & v_2 & \cdots & v_n & 0 \\ v_1\alpha_1 & v_2\alpha_2 & \cdots & v_n\alpha_n & 0 \\ \vdots & \vdots & & \vdots & \vdots \\ v_1\alpha_1^{k-2} & v_2\alpha_2^{k-2} & \cdots & v_n\alpha_n^{k-2} & 0 \\ v_1\alpha_1^{k-1} & v_2\alpha_2^{k-1} & \cdots & v_n\alpha_n^{k-1} & 1 \end{pmatrix}_{k\times(n+1)}. \tag{2.4.4}$$

易证, 矩阵 $\widehat{G}$ 的任意 k 列线性无关 (见本节习题 10). 由定理 2.4.1, 以 $\widehat{\boldsymbol{G}}$ 为生成矩阵的码是 MDS 码, 参数为 $[n+1, k, n-k+2]$, 称为扩展的 GRS 码.

上面讨论的是RS码及其各类推广, 它们都是MDS码. 在上面讨论中, $n \leqslant q = |\mathbb{F}|$ (见定义 2.4.3). 所以GRS码的码长最大达到 q, 扩展的GRS码的码长最大达到 $q+1$.

注 2.4.6 (1) 有两类比较显然的 MDS 码.

(i) 全空间 $\mathbb{F}^n$ 显然是 MDS 码.

(ii) 由 $\mathbf{1}_n = (1, \cdots, 1)$ 生成的 1 维子空间 $\mathbb{F}\mathbf{1}_n$ (称为全一码, 参数 $[n, 1, n]$), $\mathbb{F}\mathbf{1}_n$ 的对偶码 $(\mathbb{F}\mathbf{1}_n)^\perp$ (参数 $[n, n-1, 2]$) 也显然都是 MDS 码. 当然, 与 $\mathbb{F}\mathbf{1}_n$ 或 $(\mathbb{F}\mathbf{1}_n)^\perp$, 单项等价的码也都是 MDS 码 (参看注 2.2.3). 例如 $\mathbb{F}\boldsymbol{v}$ ($\boldsymbol{v} = (v_1, \cdots, v_n)$, $v_1, \cdots, v_n$ 都非零) 与 $\mathbb{F}\mathbf{1}_n$ 单项等价, 也是 MDS 码.

这两类 MDS 码称为平凡 MDS 码. 其他的 MDS 码都称为非平凡的 MDS 码.

(2) 二元MDS码只有平凡MDS码. 事实上, 设 $C \leqslant \mathbb{Z}_2^n$ 是 MDS 码, 则可设 C 有生成矩阵 $\boldsymbol{G} = (\boldsymbol{I}_k \,|\, \boldsymbol{A})$, 其中 $\boldsymbol{I}_k$ 是 k 阶恒等矩阵; 由于 C 的极小重量 $d = n-k+1$, 而 $\boldsymbol{G}$ 的行向量都在 C 中, 所以矩阵 $\boldsymbol{A}$ 元素全是 1. 分两种情形.

情形一: $k=1$. 则 $\boldsymbol{G} = (1, 1, \cdots, 1)$, $C = \mathbb{Z}_2\mathbf{1}_n$ 是全一码, 是平凡 MDS 码.

情形二: $k \geqslant 2$. 由于 $\boldsymbol{G}$ 的任意两行之和是重量为 2 的码字, 故 $2 \geqslant d = n-k+1$, 从而 $k \geqslant n+1-2 = n-1$, 即 $k=n$ 或者 $k=n-1$. 若 $k=n$, 则 $C = \mathbb{Z}_2^n$ 是全空间, 是平凡MDS码. 若 $k=n-1$, 则 $\boldsymbol{G} = \begin{pmatrix} 1 & & & 1 \\ & \ddots & & \vdots \\ & & 1 & 1 \end{pmatrix}$ 是全一码的检验矩阵, 因而 C 是全一码的对偶码, 是平凡MDS码.

Beniamino Segre 提出了下述猜想, 至今尚未完全解决.

MDS猜想 设 C 是 q 元域 $\mathbb{F}$ 上的非平凡 $[n, k, n-k+1]$ MDS 码. 如果 $k \leqslant q$, 则 $n \leqslant q+1$; 除非 $q = 2^h$ 并且 $k \in \{3, q-1\}$, 在这种情况下, $n \leqslant q+2$.

相关进展 当有限域的基数 $|\mathbb{F}| = 2$ 时, 从注 2.4.6 (2) 知上述 MDS 猜想是

对的. 当 $|\mathbb{F}|=p$ 是一个素数时, MDS 猜想已被完全证明 (2012 年). 其他还有一些零散的结果.

3. Plotkin 界

线性码当然满足一般的 Plotkin 界. 因为对线性码, $M=q^k$, 所以定理 1.4.8 的 Plotkin 界写为

$$d \leqslant \frac{n(q-1)q^{k-1}}{q^k-1}. \tag{2.4.5}$$

从注 1.4.9 已知, 这个 Plotkin 界的等号成立的一个必要条件是: C 是等距码. 对线性码 C, 我们定义

如果对任意的 $\boldsymbol{c}, \boldsymbol{c}' \in C$, $\boldsymbol{c} \neq \boldsymbol{0} \neq \boldsymbol{c}'$, 有 $w(\boldsymbol{c})=w(\boldsymbol{c}')$, 就称线性码 C 为等重码.

因为 $d(\boldsymbol{c}, \boldsymbol{c}')=w(\boldsymbol{c}-\boldsymbol{c}')$, 所以对于线性码而言, 等距码就是等重码.

给定正整数 s, 令 $n=\dfrac{q^s-1}{q-1}$. 投射空间 $\mathrm{PG}(\mathbb{F}^s)$, 共有 n 个投射点 (见命题 2.2.16), 即 $\mathbb{F}^s$ 共有 n 个一维子空间. 在每个一维子空间, 选取非零向量 $\boldsymbol{g}_j$, $i=1, \cdots, n$, 则 $\boldsymbol{G}_i=\boldsymbol{g}_i^{\mathrm{T}}$, $i=1, \cdots, n$ 是 n 个列向量. 以它们为列构造矩阵

$$\boldsymbol{G}=\left(\boldsymbol{G}_1, \cdots, \boldsymbol{G}_n\right)_{s \times n}, \tag{2.4.6}$$

这个矩阵 $\boldsymbol{G}$ 其实就是表达式 (2.2.3) 中的矩阵 $\boldsymbol{H}$, 它的秩 $=s$. 在 2.2 节我们用它作检验矩阵 (所以那里记作 $\boldsymbol{H}$), 构造了线性码, 称为 Hamming 码. 在这里我们用它作生成矩阵 (所以这里记作 $\boldsymbol{G}$) 构造线性码, 给出以下定义.

定义 2.4.7 以式 (2.4.6) 中的 $s \times n$ 矩阵 $\boldsymbol{G}$ 为生成矩阵的线性码

$$C=\{\boldsymbol{d}\boldsymbol{G} \mid \boldsymbol{d} \in \mathbb{F}^s\},$$

称为*极大投射码* (maximal projective code). 也就是说, 极大投射码与 Hamming 码互为对偶码. 参看注 2.2.21.

定理 2.4.8 *符号如上. 则极大投射码 C 是等重码, 参数为 $\left[\dfrac{q^s-1}{q-1}, s, q^{s-1}\right]$. 极大投射码的参数使得 Plotkin 界 (2.4.5) 的等号成立.*

证 对任意非零的 $\boldsymbol{d}=(d_1, \cdots, d_s) \in \mathbb{F}^s$, 由 2.2 节的习题 9 (1),

$$w(\boldsymbol{d}\boldsymbol{G})=n-\left|\left\{j \;\middle|\; 1 \leqslant j \leqslant n, \boldsymbol{G}_j \in \langle\boldsymbol{d}\rangle^{\perp}\right\}\right|,$$

其中 $\langle\boldsymbol{d}\rangle=\mathbb{F}\boldsymbol{d}$ 是 $\boldsymbol{d}$ 生成的 1 维子空间. 因为 $\dim\langle\boldsymbol{d}\rangle^{\perp}=s-1$, $\langle\boldsymbol{d}\rangle^{\perp}$ 中 1 维子空间的个数为 $\dfrac{q^{s-1}-1}{q-1}$, 所以矩阵 $\boldsymbol{G}$ 刚好有 $\dfrac{q^{s-1}-1}{q-1}$ 列 $\boldsymbol{G}_j$ 满足条件 “$\boldsymbol{G}_j \in \langle\boldsymbol{d}\rangle^{\perp}$”. 所以

$$w(\boldsymbol{dG})=\frac{q^s-1}{q-1}-\frac{q^{s-1}-1}{q-1}=q^{s-1},$$

即 C 的非零码字的重量都是 q^{s-1}, 故 C 为等重码, 其参数为 $\left[\frac{q^s-1}{q-1}, s, q^{s-1}\right]$.

计算 Plotkin 界不等式的右端 $\left(\text{这里 } n=\frac{q^s-1}{q-1},\ k=s\right)$

$$\frac{n(q-1)q^{k-1}}{q^k-1}=\frac{(q^s-1)q^{s-1}}{q^s-1}=q^{s-1}=d,$$

即 Plotkin 界不等式中的等号成立. □

可以证明, 本节习题 7 中的线性码就是使得 Plotkin 界的等号成立的所有线性码.

4. Griesmer 界

设 C 是 $[n,k]$-线性码, 设 $\boldsymbol{c}=(c_1,\cdots,c_n)$ 是 C 中 Hamming 重量为 w 的码字. 记码字 $\boldsymbol{c}$ 中非零分量的坐标集合为 I, 即 $I=\{i\mid 1\leqslant i\leqslant n,\ c_i\neq 0\}$. 用 $\mathrm{Res}(C,\boldsymbol{c})$ 表示将 C 中所有码字坐标在 I 中的分量去掉后得到的长为 $n-w$ 的剩余码. 对任意实数 α, 用 $\lceil\alpha\rceil$ 表示不小于 α 的最小整数. 以下结果给出了码 $\mathrm{Res}(C,\boldsymbol{c})$ 的极小距离下界.

定理 2.4.9 设 C 是 $\mathbb{F}$ 上的 $[n,k,d]$-线性码, 且设 $\boldsymbol{c}\in C$, 其重量 $w=w(\boldsymbol{c})<\frac{q}{q-1}d$. 则 $\mathrm{Res}(C,\boldsymbol{c})$ 是 $[n-w,k-1,d']$-线性码, 它的极小重量 $d'\geqslant d-w+\left\lceil\frac{w}{q}\right\rceil$.

证 由于对每个码字的分量所在的位置作一个置换和在每一个码字的分量乘以非零元这两种操作不改变码的参数 (注 2.2.3 及 2.2 节习题 11), 不失一般性, 我们可以假设 C 中的码字 $\boldsymbol{c}=(\underbrace{1,\cdots,1}_{w},0,0,\cdots,0)$. 把 $\boldsymbol{x}=(x_1,\cdots,x_n)\in\mathbb{F}^n$ 写为 $\boldsymbol{x}=(\boldsymbol{x}'\mid\boldsymbol{x}'')$, 其中 $\boldsymbol{x}'=(x_1,\cdots,x_w)$, 而 $\boldsymbol{x}''=(x_{w+1},\cdots,x_n)$. 那么 $\boldsymbol{c}=(\mathbf{1}_w\mid\mathbf{0})$, 其中 $\mathbf{1}_w$ 是长 w 的全一向量.

现在设 $\boldsymbol{x}=(\boldsymbol{x}'\mid\boldsymbol{x}'')\in C$, $\boldsymbol{x}$ 与 $\boldsymbol{c}$ 线性无关, 即 $\boldsymbol{x}\notin\mathbb{F}\boldsymbol{c}$. 令 $w'=w(\boldsymbol{x}')$, $w''=w(x'')$. 那么 $w'+w''=w(\boldsymbol{x})\geqslant d$. 对 $\alpha\in\mathbb{F}$, 设 $S_\alpha=\big\{i\,\big|\,1\leqslant i\leqslant w,\ x_i=\alpha\big\}$, 并设 $m_\alpha=|S_\alpha|$. 那么 $\sum_{\alpha\in\mathbb{F}}m_\alpha=w$. 因此 $\max\limits_{\alpha\in\mathbb{F}}m_\alpha\geqslant\frac{w}{q}$. 于是, 存在 $\alpha_0\in\mathbb{F}$ 使得 $m_{\alpha_0}\geqslant\frac{w}{q}$. 向量 $\boldsymbol{x}'$ 恰有 m_{α_0} 个分量为 α_0. 故向量 $\boldsymbol{x}'-\alpha_0\mathbf{1}_w$ 恰有 m_{α_0} 个分量为 0, 即

$$w(\boldsymbol{x}'-\alpha_0\mathbf{1}_w)=w-m_{\alpha_0}.$$

考虑 $\boldsymbol{x}-\alpha_0\boldsymbol{c}\in C$. 因 $\boldsymbol{x}$ 与 $\boldsymbol{c}$ 线性无关, $\boldsymbol{x}-\alpha_0\boldsymbol{c}\neq\boldsymbol{0}$, 故 $w(\boldsymbol{x}-\alpha_0\boldsymbol{c})\geqslant d$. 又

$$\boldsymbol{x}-\alpha_0\boldsymbol{c}=(\boldsymbol{x}'\,|\,\boldsymbol{x}'')-\alpha_0(\boldsymbol{1}_w\,|\,\boldsymbol{0})=\big(\boldsymbol{x}'-\alpha_0\boldsymbol{1}_w\,\big|\,\boldsymbol{x}''-\boldsymbol{0}\big)=\big(\boldsymbol{x}'-\alpha_0\boldsymbol{1}_w\,\big|\,\boldsymbol{x}''\big),$$

故 $w(\boldsymbol{x}-\alpha_0\boldsymbol{c})=w(\boldsymbol{x}'-\alpha_0\boldsymbol{1}_w)+w(\boldsymbol{x}'')\geqslant d$. 我们得到

$$w(\boldsymbol{x}'')\geqslant d-w(\boldsymbol{x}'-\alpha_0\boldsymbol{1}_w)=d-(w-m_{\alpha_0})=d-w+m_{\alpha_0}\geqslant d-w+\frac{w}{q}.$$

但 $w(\boldsymbol{x}'')$ 是整数, 故得到 $w(\boldsymbol{x}'')\geqslant d-w+\left\lceil\frac{w}{q}\right\rceil$. 由假设, $w<\frac{q}{q-1}d$, 等价于 $d-w+\frac{w}{q}>0$. 于是整数 $d-w+\left\lceil\frac{w}{q}\right\rceil\geqslant 1$. 综上所述得到结论.

对任意 $\boldsymbol{x}=(\boldsymbol{x}'\,|\,\boldsymbol{x}'')\in C$, 若 $\boldsymbol{x}$ 与 $\boldsymbol{c}$ 线性无关, 则重量 $w(\boldsymbol{x}'')\geqslant d-w+\left\lceil\frac{w}{q}\right\rceil\geqslant 1$.

最后一步, 定义映射 β 如下

$$\beta:\ C\longrightarrow \mathrm{Res}(C,\boldsymbol{c}),\quad \boldsymbol{x}=(\boldsymbol{x}'\,|\,\boldsymbol{x}'')\longmapsto \boldsymbol{x}''.$$

显然, 从 $\mathbb{F}^n$ 到 $\mathbb{F}^{n-w}$ 的投射 $(\boldsymbol{x}'\,|\,\boldsymbol{x}'')\mapsto\boldsymbol{x}''$ 是线性映射; 把它限制到 C 并把值域取为 C 的像 $\mathrm{Res}(C,\boldsymbol{c})$, 就得到映射 β. 所以 β 是满线性映射. 特别地, $\mathrm{Res}(C,\boldsymbol{c})$ 是长为 $n-w$ 的线性码. 显然, 同态核 $\mathrm{Ker}(\beta)$ 包含 $\boldsymbol{c}$, 从而 1 维子空间 $\mathbb{F}\boldsymbol{c}\subseteq\mathrm{Ker}(\beta)$. 根据上述结论, C 的任何不在 $\mathbb{F}\boldsymbol{c}$ 中的 $\boldsymbol{x}$ 也不在 $\mathrm{Ker}(\beta)$ 之中 (因 $w(\boldsymbol{x}'')>0$, 即 $\boldsymbol{x}''\neq\boldsymbol{0}$). 所以 $\mathrm{Ker}(\beta)=\mathbb{F}\boldsymbol{c}$, 其维数等于 1. 由同态基本定理, $\dim\mathrm{Res}(C,\boldsymbol{c})=\dim C-\dim\mathrm{Ker}(\beta)=k-1$. 若 $\boldsymbol{x}=(\boldsymbol{x}'\,|\,\boldsymbol{x}'')\in C$ 使得 $\beta(\boldsymbol{x})=\boldsymbol{x}''\neq\boldsymbol{0}$, 则 $\boldsymbol{x}\notin\mathrm{Ker}(\beta)=\mathbb{F}\boldsymbol{c}$, 仍根据上述结论, $w(\boldsymbol{x}'')\geqslant d-w+\left\lceil\frac{w}{q}\right\rceil$. 因此 $\mathrm{Res}(C,\boldsymbol{c})$ 的极小重量 $d'\geqslant d-w+\left\lceil\frac{w}{q}\right\rceil$. □

推论 2.4.10 设 C 是 $\mathbb{F}$ 上的一个 $[n,k,d]$-线性码, 并设 $\boldsymbol{c}$ 是 C 中重量为 d 的码字. 则 $\mathrm{Res}(C,\boldsymbol{c})$ 是一个 $[n-d,k-1,d']$-线性码, 这里 $d'\geqslant\left\lceil\frac{d}{q}\right\rceil$. □

定理 2.4.11 (Griesmer 界) 记号同上. 设 C 是 $\mathbb{F}$ 上的 $[n,k,d]$-线性码, 满足 $k\geqslant 1$. 则 $n\geqslant\sum_{i=0}^{k-1}\left\lceil\frac{d}{q^i}\right\rceil$.

证 我们对维数 k 进行归纳来证明这个定理. 如果 $k=1$, 则结论显然成立. 现假设 $k>1$, 并设 $\boldsymbol{c}$ 是 C 中重量为 d 的码字. 由上述推论, $\mathrm{Res}(C,\boldsymbol{c})$ 是一

个 $[n-d,k-1,d']$-线性码, 这里 $d' \geqslant \left\lceil \frac{d}{q} \right\rceil$. 由归纳假设, 得

$$n-d \geqslant \sum_{i=0}^{k-2} \left\lceil \frac{d'}{q^i} \right\rceil \geqslant \sum_{i=0}^{k-2} \left\lceil \frac{d}{q^{i+1}} \right\rceil = \sum_{i=1}^{k-1} \left\lceil \frac{d}{q^i} \right\rceil.$$

因此, $n \geqslant \sum_{i=1}^{k-1} \left\lceil \frac{d}{q^i} \right\rceil + \left\lceil \frac{d}{q^0} \right\rceil = \sum_{i=0}^{k-1} \left\lceil \frac{d}{q^i} \right\rceil$. □

注 2.4.12 (1) 显然, 由 Griesmer 界, 可得

$$n \geqslant \sum_{i=0}^{k-1} \left\lceil \frac{d}{q^i} \right\rceil = \frac{d}{q^0} + \sum_{i=1}^{k-1} \left\lceil \frac{d}{q^i} \right\rceil \geqslant d+k-1,$$

故其是单字界的推广.

(2) 参数为 $\left[\frac{q^s-1}{q-1},\ s,\ q^{s-1}\right]$ 的极大投射码达到 Griesmer 界. 极大投射码是等重码, 即它的非零重量的值只有一个. 现有研究表明, 一些具有较少非零重量的值的线性码也可以达到 Griesmer 界.

5. Gilbert-Varshamov 界

在表达式 (1.4.2) 中, 定义了下述量 (这里把 1.4 节的字母表 $\mathbb{A}$ 换成了有限域 $\mathbb{F}$):

$$A_q(n,d_0) = \max\left\{ |C| \,\middle|\, C \text{ 为字母表 } \mathbb{F} \text{ 上长为 } n \text{ 的极小距离} \geqslant d_0 \text{ 的码} \right\}. \tag{2.4.7}$$

并在定理 1.4.11 中证明了 $A_q(n,d_0) \geqslant \frac{q^n}{V_q(n,d_0-1)}$; 写为 q 的指数形式就是 (参看注 1.4.13)

$$A_q(n,d) \geqslant q^{n-\log_q V_q(n,d_0-1)}. \tag{2.4.8}$$

这是一般码的 Gilbert-Varshamov 界.

这里, 对线性码再定义一个量 (其中 d_0 是确定 $B_q(n,d_0)$ 的参数, $0<d_0 \leqslant n$):

$$B_q(n,d_0) = \max\left\{ |C| \,\middle|\, C \text{ 为 } \mathbb{F} \text{ 上长为 } n \text{ 极小距离} \geqslant d_0 \text{ 的线性码} \right\}. \tag{2.4.9}$$

因 $\{\mathbb{F}$ 上长为 n 极小距离 $\geqslant d_0$ 的码$\} \supseteq \{\mathbb{F}$ 上长为 n 极小距离 $\geqslant d_0$ 的线性码$\}$, 故

$$A_q(n,d_0) \geqslant B_q(n,d_0).$$

因此, 从逻辑上来说, 不能断言不等式(2.4.8) 中的 $A_q(n,d_0)$ 的下界也是 $B_q(n,d_0)$ 的下界. 下面将用概率方法证明它确实也是 $B_q(n,d_0)$ 的下界.

引理 2.4.13 设 $0 \leqslant k \leqslant n$. 设 $\mathbf{0} \neq \boldsymbol{b} \in \mathbb{F}^k$, $\mathbf{0} \neq \boldsymbol{a} \in \mathbb{F}^n$. 则

(1) 使得 $f(\boldsymbol{b}) = \boldsymbol{a}$ 的线性映射 $f: \mathbb{F}^k \to \mathbb{F}^n$ 的个数为 $q^{n(k-1)}$.

(2) 使得 $f(\boldsymbol{b}) = \boldsymbol{a}$ 的单线性映射 $f: \mathbb{F}^k \to \mathbb{F}^n$ 的个数为 $\prod_{i=1}^{k-1}(q^n - q^i)$.

证 取定 $\mathbb{F}^k$ 的基底 $\boldsymbol{b}_1, \boldsymbol{b}_2, \cdots, \boldsymbol{b}_k$, 其中 $\boldsymbol{b}_1 = \boldsymbol{b}$.

(1) 令 $\boldsymbol{a}_1 = \boldsymbol{a}$, 再任取 $\boldsymbol{a}_2, \cdots, \boldsymbol{a}_k \in \mathbb{F}^n$. 则存在唯一线性映射 $f: \mathbb{F}^k \to \mathbb{F}^n$ 使得 $f(\boldsymbol{b}_i) = \boldsymbol{a}_i$, $i = 1, \cdots, k$. 选取 $\boldsymbol{a}_2, \cdots, \boldsymbol{a}_k \in \mathbb{F}^n$ 的个数为 $(q^n)^{k-1}$, 故这样构造的线性映射 f 共有 $(q^n)^{k-1} = q^{n(k-1)}$ 个.

(2) 仍令 $\boldsymbol{a}_1 = \boldsymbol{a}$, 再取 $\boldsymbol{a}_2, \cdots, \boldsymbol{a}_k \in \mathbb{F}^n$ 使得 $\boldsymbol{a}_1, \boldsymbol{a}_2, \cdots, \boldsymbol{a}_k$ 线性无关, 则存在唯一的单线性映射 $f: \mathbb{F}^k \to \mathbb{F}^n$ 使得 $f(\boldsymbol{b}_i) = \boldsymbol{a}_i$, $i = 1, \cdots, k$. 这样的 $\boldsymbol{a}_2, \cdots, \boldsymbol{a}_k \in \mathbb{F}^n$ 的选取个数计算如下:

(i) $\boldsymbol{a}_1, \boldsymbol{a}_2$ 线性无关, 故 $\boldsymbol{a}_2$ 取自差集 $\mathbb{F}^n \setminus \mathbb{F}\boldsymbol{a}_1$, 有 $q^n - q$ 种取法;

(ii) $\boldsymbol{a}_1, \boldsymbol{a}_2, \boldsymbol{a}_3$ 线性无关, 故 $\boldsymbol{a}_3$ 取自 $\mathbb{F}^n \setminus (\mathbb{F}\boldsymbol{a}_1 + \mathbb{F}\boldsymbol{a}_2)$, 有 $q^n - q^2$ 种取法;

(iii) 类似地计算下去, 直至 $\boldsymbol{a}_k$ 取自 $\mathbb{F}^n \setminus (\mathbb{F}\boldsymbol{a}_1 + \cdots + \mathbb{F}\boldsymbol{a}_{k-1})$, 有 $q^n - q^{k-1}$ 种取法.

因此这样构造的单线性映射 f 共有 $\prod_{i=1}^{k-1}(q^n - q^i)$ 个. □

推论 2.4.14 设 $0 \leqslant k \leqslant n$. 设 $\mathbf{0} \neq \boldsymbol{b} \in \mathbb{F}^k$, $\mathbf{0} \neq \boldsymbol{a} \in \mathbb{F}^n$. 则

(1) 使得 $\boldsymbol{bG} = \boldsymbol{a}$ 的 $k \times n$ 矩阵 $\boldsymbol{G}$ 的个数为 $q^{n(k-1)}$.

(2) 使得 $\boldsymbol{bG} = \boldsymbol{a}$ 的行满秩 $k \times n$ 矩阵 $\boldsymbol{G}$ 的个数为 $\prod_{i=1}^{k-1}(q^n - q^i)$.

下面是 Varshamov 的概率方法. 事件 A 的概率记作 $\Pr(A)$.

定理 2.4.15 (Gilbert-Varshamov 界) $B_q(n, d_0) \geqslant q^{n - \left\lceil \log_q V_q(n, d_0 - 1) \right\rceil}$.

证 等概率地随机选取秩为 k 的 $k \times n$ 矩阵 $\boldsymbol{G}$, 作为生成矩阵得到随机线性码:

$$C = \left\{ \boldsymbol{bG} \;\middle|\; \boldsymbol{b} \in \mathbb{F}^k \right\}.$$

那么 $|C| = |\mathbb{F}^k| = q^k$. 由事件之和的概率的不等式

$$\Pr\left(d(C) < d_0\right) = \Pr\left(\bigcup_{\mathbf{0} \neq \boldsymbol{b} \in \mathbb{F}^k} (w(\boldsymbol{bG}) < d_0) \right) \leqslant \sum_{\mathbf{0} \neq \boldsymbol{b} \in \mathbb{F}^k} \Pr\left(w(\boldsymbol{bG}) < d_0\right).$$

任给定非零 $\boldsymbol{b} \in \mathbb{F}^k$. 推论 2.4.14 (2) 说明: 使得 $\boldsymbol{bG} = \boldsymbol{a}$ 的矩阵 $\boldsymbol{G}$ 的个数与 $\boldsymbol{a} \in \mathbb{F} \backslash \{\mathbf{0}\}$ 的选取无关; 换言之, $\boldsymbol{bG}$ 以等概率跑遍 $\mathbb{F}^n \backslash \{\mathbf{0}\}$. 而重量 $w(\boldsymbol{bG}) < d_0$ 当且仅当 $\boldsymbol{bG}$ 落在以 $\mathbf{0}$ 为球心, 以 $d_0 - 1$ 为半径的球之中. 故

$$\Pr\left(w(\boldsymbol{bG}) < d_0\right) = \frac{V_q(n, d_0 - 1) - 1}{q^n - 1} < \frac{V_q(n, d_0 - 1)}{q^n}, \tag{2.4.10}$$

这里后一不等式用到了本节习题 9. 代入上面的不等式中, 得

$$\Pr\big(d(C)<d_0\big)<(q^k-1)\frac{V_q(n,d_0-1)}{q^n}<q^k\cdot\frac{V_q(n,d_0-1)}{q^n}. \tag{2.4.11}$$

只要 $q^k\cdot\dfrac{V_q(n,d_0-1)}{q^n}\leqslant 1$, 也就是说 $q^k\leqslant\dfrac{q^n}{V_q(n,d_0-1)}$, 那么就有 $\Pr\big(d(C)<d_0\big)<1$, 从而存在 k 维线性码 C 使得 $d(C)\geqslant d_0$. 注意到不等式 $q^k\leqslant\dfrac{q^n}{V_q(n,d_0-1)}$ 等价于不等式 $k\leqslant n-\log_q V_q(n,d_0-1)$, 满足此不等式的最大整数 k 为 $n-\lceil\log_q V_q(n,d_0-1)\rceil$. 所以存在维数为 $n-\lceil\log_q V_q(n,d_0-1)\rceil$ 的长为 n 的线性码, 其极小距离 $\geqslant d_0$. 按 $B_q(n,d_0)$ 的定义式(2.4.9), 得 $B_q(n,d_0)\geqslant q^{n-\lceil\log_q V_q(n,d_0-1)\rceil}$. □

也可以用构造性的 Greedy 算法计算 $B_q(n,d_0)$ 的下界.

定理 2.4.16 (Gilbert-Varshamov 界) $B_q(n,d_0)\geqslant q^{n-\left\lceil\log_q\left(1+V_q(n-1,d_0-2)\right)\right\rceil}$.

证 用 Greedy 算法构造一个 $s\times n$ 的检验矩阵 $\boldsymbol{H}=(\boldsymbol{H}_1,\cdots,\boldsymbol{H}_n)$ (其中 $\boldsymbol{H}_j$ 都表示列向量) 使其任意的 d_0-1 列线性无关. 令 k 表示将要构造的线性码的维数, 即 $s=n-k$. 注意, 由 Singleton 界, $d_0-1\leqslant n-k=s$. 所以下述第一步是可行的.

(1) 取 $\boldsymbol{H}_1,\cdots,\boldsymbol{H}_{d_0-1}\in\mathbb{F}^s$ 使得 $\boldsymbol{H}_1,\cdots,\boldsymbol{H}_{d_0-1}$ 线性无关.

(2) $\boldsymbol{H}_{d_0}\in\mathbb{F}^s$ 使得 $(\boldsymbol{H}_1,\cdots,\boldsymbol{H}_{d_0-1},\boldsymbol{H}_{d_0})$ 中任意的 d_0-1 列线性无关当且仅当 $\boldsymbol{H}_{d_0}$ 非零且不是 $\boldsymbol{H}_1,\cdots,\boldsymbol{H}_{d_0-1}$ 中任意 d_0-2 列的线性组合. 而

(i) $\boldsymbol{H}_1,\cdots,\boldsymbol{H}_{d_0-1}$ 中恰好 1 个向量的系数非零的线性组合个数为 $\begin{pmatrix}d_0-1\\1\end{pmatrix}\cdot(q-1)$;

(ii) $\boldsymbol{H}_1,\cdots,\boldsymbol{H}_{d_0-1}$ 中恰好 2 个向量的系数全非零的线性组合个数为 $\begin{pmatrix}d_0-1\\2\end{pmatrix}\cdot(q-1)^2$;

······

(iii) $-\boldsymbol{H}_1,\cdots,\boldsymbol{H}_{d_0-1}$ 中恰好 d_0-2 个向量的系数全非零的线性组合个数为 $\begin{pmatrix}d_0-1\\d_0-2\end{pmatrix}(q-1)^{d_0-2}$.

故除了 0 和上述向量 $\left(\text{这些向量至多有 }\sum_{i=0}^{d_0-2}\begin{pmatrix}d_0-1\\i\end{pmatrix}(q-1)^i=V_q(d_0-1,d_0-2)\text{ 个}\right)$, 取任一向量作为 $\boldsymbol{H}_{d_0}$ 就使得 $(\boldsymbol{H}_1,\cdots,\boldsymbol{H}_{d_0-1},\boldsymbol{H}_{d_0})$ 的任意 d_0-

1 列线性无关.

(3) 设已得到 $(\boldsymbol{H}_1,\cdots,\boldsymbol{H}_d,\cdots,\boldsymbol{H}_m)$, 其任意 d_0-1 列线性无关; 如果除了 0 和 $\boldsymbol{H}_1,\cdots,\boldsymbol{H}_m$ 的任意 d_0-2 列的非零线性组合(同上条论证, 这些向量至多有 $V_q(m,d_0-2)$ 个), $\mathbb{F}^s$ 还有向量 (即 $1+V_q(m,d_0-2)<\mathbb{F}^s$), 就可取 $\boldsymbol{H}_{m+1}$ 使得 $(\boldsymbol{H}_1,\cdots,\boldsymbol{H}_m,\boldsymbol{H}_{m+1})$ 的任意 d_0-1 列线性无关.

(4) 上述递归过程终止于 $V_q(m-1,d_0-2)<|\mathbb{F}^s|=q^s\leqslant V_q(m,d_0-2)$.

只要取 s 满足 $V_q(n-1,d_0-2)<|\mathbb{F}^s|=q^s$, 利用上述 Greedy 算法就可构造出任意 d_0-1 列线性无关的 $s\times n$ 矩阵 $\boldsymbol{H}$. 令 s 是使得 $1+V_q(n-1,d_0-2)\leqslant q^s$ 成立的最小整数, 即

$$s=\left\lceil \log_q\left(1+V_q(n-1,d_0-2)\right)\right\rceil.$$

就存在 $[n,n-s,d]$-线性码使得其中的极小距离 $d\geqslant d_0$, 即得

$$B_q(n,d_0)\geqslant q^{n-\left\lceil \log_q\left(1+V_q(n-1,d_0-2)\right)\right\rceil}.$$ □

习 题 2.4

1. 证明一个线性完全码 C 的陪集仍是完全码 (除 C 外其他陪集 $\boldsymbol{r}+C$ 都不是线性码).
2. 证明: 如果 C 是 $\mathbb{F}$ 上的一个线性码且 $|C|=B_q(n,d)$, 则 C 的覆盖半径至多为 $d-1$.
3. 如果 $V_q(n,d-1)<q^{n-k+1}$, 证明存在 $[n,k,d]$-线性码.
4. 利用检验矩阵或标准形式的生成矩阵直接证明线性码的单字界.
5. 证明: 如果线性码 C 是 MDS 码, 则 C 的对偶码 $C^{\perp}$ 也是 MDS 码.
6. 设 C 是线性码. 证明: C 是等重码当且仅当 C 是等距码.
7. 设 $\boldsymbol{G}$ 是式 (2.4.6) 中的 $s\times n$ 矩阵. 把 $\boldsymbol{G}$ 重复拼接 m 次, 得 $s\times mn$ 矩阵

$$\boldsymbol{G}^m=(\overbrace{\boldsymbol{G},\cdots,\boldsymbol{G}}^{m}).$$

   证明: 以 $\boldsymbol{G}^m$ 为生成矩阵的线性码是等重码, 参数为 $\left[m\dfrac{q^s-1}{q-1},\ s,\ mq^{s-1}\right]$.

   它的参数使得 Plotkin 界的等号成立.
8. 设 $\boldsymbol{0}\neq(a_1,\cdots,a_n)\in\mathbb{F}^n$, $1\leqslant k\leqslant n$.

   (1) 第 1 行为 $(a_1,\cdots,a_n)$ 的 $k\times n$ 矩阵的个数为 $q^{n(k-1)}$.

   (2) 第 1 行为 $(a_1,\cdots,a_n)$ 的秩为 k 的 $k\times n$ 矩阵的个数为 $\prod_{i=1}^{k-1}(q^n-q^i)$.
9. 设 $a>b>0$. 证明: $\dfrac{b}{a}<\dfrac{b+1}{a+1}$, $\dfrac{a}{b}>\dfrac{a+1}{b+1}$.
10. 设 $\alpha_1,\cdots,\alpha_n$ 是域 $\mathbb{F}$ 中 n 个互不相同的元素. 则 n 阶矩阵

$$V(\alpha_1,\cdots,\alpha_n)=\begin{pmatrix}1 & 1 & \cdots & 1\\ \alpha_1 & \alpha_2 & \cdots & \alpha_n\\ \alpha_1^2 & \alpha_2^2 & \cdots & \alpha_n^2\\ \vdots & \vdots & & \vdots\\ \alpha_1^{n-1} & \alpha_2^{n-1} & \cdots & \alpha_n^{n-1}\end{pmatrix}$$

称为由 $\alpha_1,\cdots,\alpha_n$ 确定的范德蒙德矩阵. 设 $\boldsymbol{G}$ 是由 $V(\alpha_1,\cdots,\alpha_n)$ 的前 k $(k\leqslant n)$ 行构成的子矩阵, 参看表达式 (2.4.3) 的右端 $k\times n$ 矩阵. 那么

(1) $\det V(\alpha_1,\cdots,\alpha_n)=\prod_{1\leqslant i<j\leqslant n}(\alpha_j-\alpha_i)$. 特别地, $V(\alpha_1,\cdots,\alpha_n)$ 是可逆矩阵.

(2) 对任意 $1\leqslant j_1<\cdots<j_k\leqslant n$, $k\times n$ 矩阵 $\boldsymbol{G}$ 的第 j_1 列, $\cdots$, 第 j_k 列构成的子矩阵是一个 k 阶范德蒙德矩阵 $V(\alpha_{j_1},\cdots,\alpha_{j_k})$. 特别地, $\boldsymbol{G}$ 的任意 k 列线性无关.

(3) 表达式 (2.4.4) 中的 $k\times(n+1)$ 矩阵 $\widehat{G}$ 的任意 k 列线性无关.

第 3 章 循 环 码

3.1 准备知识

3.1.1 域

复习一般域 $\mathbb{F}$ (不一定是有限域) 的基本知识. 以下内容已在 2.1.1 节中列出.

(1) 域的定义: 有单位元的且每个非零元可逆的交换环 $\mathbb{F}$ 称为域.

(2) 域的特征: $\mathbb{F}$ 的加群的每个非零元的阶都相同, 如果这个相同的阶是有限的, 则它必是一个素数 p, 就称域 $\mathbb{F}$ 的特征是 p, 记作 $\operatorname{char}\mathbb{F}=p$. 否则就称域 $\mathbb{F}$ 的特征是 0, 记作 $\operatorname{char}\mathbb{F}=0$.

(3) 当 $\operatorname{char}\mathbb{F}=p\neq 0$ 时, 对任意的非负整数 ℓ, 下述公式成立

$$(a\pm b)^{p^\ell}=a^{p^\ell}\pm b^{p^\ell},\quad \forall\, a,\, b\in\mathbb{F}.$$

(4) $\mathbb{F}$ 的任意一些子域之交仍为子域. 因此 $\mathbb{F}$ 有唯一极小子域 $\mathbb{P}$, 称为 $\mathbb{F}$ 的素子域, 且

$$\mathbb{P}\cong\begin{cases}\mathbb{Q}, & \operatorname{char}\mathbb{F}=0,\\ \mathbb{Z}_p, & \operatorname{char}\mathbb{F}=p.\end{cases}$$

(5) 设域 $\mathbb{F}$ 是域 $\mathbb{K}$ 的子域, 那么称域 $\mathbb{K}$ 为域 $\mathbb{F}$ 的扩域 (或扩张), 记作 $\mathbb{F}\leqslant\mathbb{K}$. 此时 $\mathbb{K}$ 为 $\mathbb{F}$ 上的向量空间, 其维数称为 $\mathbb{K}$ 对 $\mathbb{F}$ 的次数, 记作 $|\mathbb{K}:\mathbb{F}|$. 有维数公式如下

$$|\mathbb{E}:\mathbb{F}|=|\mathbb{E}:\mathbb{K}|\cdot|\mathbb{K}:\mathbb{F}|,\qquad \text{这里}\quad \mathbb{F}\leqslant\mathbb{K}\leqslant\mathbb{E}.$$

(6) $\mathbb{F}$ 的所有非零元构成乘法群, 称为域 $\mathbb{F}$ 的乘群, 记作 $\mathbb{F}^\times$. 乘群 $\mathbb{F}^\times$ 的任何有限子群是循环群. 特别地, 有限域的非零元构成的乘法群 (简称乘群) 是循环群.

定义 3.1.1 设 $\alpha_1,\cdots,\alpha_n\in\mathbb{K}$. 称 $\mathbb{K}$ 中包含 $\mathbb{F}$ 以及 $\alpha_1,\cdots,\alpha_n$ 的最小子域为 $\alpha_1,\cdots,\alpha_n$ 在 $\mathbb{F}$ 上生成的子域, 记作 $\mathbb{F}(\alpha_1,\cdots,\alpha_n)$. 特别地, 当 $n=1$ 时, $\mathbb{F}(\alpha_1)$ 称为 $\mathbb{F}$ 的单扩张.

引理 3.1.2 域 $\mathbb{F}$ 上的不定元 x 的多项式环 $\mathbb{F}[x]$ 是主理想整环.

证 设 I 是 $\mathbb{F}[x]$ 的一个理想. 如果 $I=0$, 则 $I=0\cdot\mathbb{F}[x]$ 为主理想. 下设 $I\neq 0$, 取 $g(x)$ 是 I 中次数最小的非零多项式. 用 $\langle g(x)\rangle$ 记由 $g(x)$ 生成的理想. 首先

$$\langle g(x)\rangle = \{g(x)f(x) \mid f(x) \in \mathbb{F}[x]\} \subseteq I.$$

反过来, 对任意的 $f(x) \in I$, 作欧氏除法

$$f(x) = g(x)q(x) + r(x), \qquad \deg r(x) < \deg g(x).$$

若 $r(x) \neq 0$, 则 $r(x) = f(x) - g(x)q(x) \in I$, 这与 $g(x)$ 是 I 中次数最小的非零多项式相矛盾. 所以 $r(x) = 0$, 从而 $f(x) = g(x)q(x) \in \langle g(x)\rangle$. 故得 $I = \langle g(x)\rangle$ 是主理想. I 中任何次数最小的非零多项式是 I 的生成元. □

注　设 $g(x) \in \mathbb{F}[x]$, 设 $d = \deg g(x) > 0$. 那么模主理想 $\langle g(x)\rangle$ 的剩余类环 $\mathbb{F}[x]/\langle g(x)\rangle$ 的每个剩余类中有唯一一个多项式其次数 $< d$. 这是因为属于同一剩余类的两个多项式之差在理想 $\langle g(x)\rangle$ 之中. 于是, 可以用

$$\{f(x) \mid f(x) \in \mathbb{F}[x],\ \deg f(x) < d\}$$

作为剩余类环 $\mathbb{F}[x]/\langle g(x)\rangle$ 的所有剩余类的代表元系.

定义 3.1.3　设 $\mathbb{F} \leqslant \mathbb{K}$, $\alpha \in \mathbb{K}$. 令

$$\mathrm{Ann}_{\mathbb{F}[x]}(\alpha) = \{f(x) \in \mathbb{F}[x] \mid f(\alpha) = 0\},$$

则 $\mathrm{Ann}_{\mathbb{F}[x]}(\alpha)$ 是多项式环 $\mathbb{F}[x]$ 的理想, 称为 α 的零化理想, $\mathrm{Ann}_{\mathbb{F}[x]}(\alpha)$ 中的多项式称为 α 的零化多项式. 如果零化理想 $\mathrm{Ann}_{\mathbb{F}[x]}(\alpha) = 0$, 则称 α 为 $\mathbb{F}$ 上的超越元. 否则零化理想 $\mathrm{Ann}_{\mathbb{F}[x]}(\alpha) \neq 0$, 称 α 为 $\mathbb{F}$ 上的代数元; 而且称零化理想 $\mathrm{Ann}_{\mathbb{F}[x]}(\alpha)$ 的生成元 $m(x)$ 为 α 在 $\mathbb{F}$ 上的极小多项式.

引理 3.1.4　设 $m(x) \in \mathbb{F}[x]$ 是素多项式, 则剩余环 $\mathbb{K} = \mathbb{F}[x]/\langle m(x)\rangle$ 是域. 令 $\alpha = \bar{x}$ (x 所在的剩余类), 再通过映射 $\mathbb{F} \to \mathbb{K}$, $a \mapsto \bar{a}$ (a 作为 $\mathbb{F}[x]$ 的元素为常数多项式而 $\bar{a}$ 为 a 所在剩余类), 将 $\mathbb{F}$ 嵌入 $\mathbb{K}$. 则 $\mathbb{K}$ 是 $\mathbb{F}$ 的扩域且 $\mathbb{K} = \mathbb{F}(\alpha)$, 而 $m(x)$ 是 α 在 $\mathbb{F}$ 上的极小多项式.

证　容易证明 $\mathbb{F}[x]/\langle m(x)\rangle$ 是交换幺环. 故只需证明 $\mathbb{F}[x]/\langle m(x)\rangle$ 中的每一个非零剩余类都可逆.

对 $\mathbb{F}[x]/\langle m(x)\rangle$ 的任何非零剩余类, 可取代表元 $f(x)$ 使得 $-\infty < \deg f(x) < \deg m(x)$. 由于 $m(x)$ 不可约, $f(x)$ 与 $m(x)$ 互素, 故有 $u(x), v(x)$ 使得 $f(x)u(x) + m(x)v(x) = 1$. 那么

$$f(x)u(x) \equiv 1 \qquad (\mathrm{mod}\ m(x)),$$

即在 $\mathbb{F}[x]/\langle m(x)\rangle$ 中剩余类 $\overline{f(x)}$ 可逆. 所以 $\mathbb{F}[x]/\langle m(x)\rangle$ 是域.

设 $g(x) = \sum_{i=0}^{k} a_i x^i$ 是 $\alpha = \bar{x}$ 的零化多项式, 即在 $\mathbb{F}[x]/\langle m(x)\rangle$ 中有

$$0 = g(\bar{x}) = \sum_{i=0}^{k} a_i \bar{x}^i = \overline{\sum_{i=0}^{k} a_i x^i} = \overline{g(x)};$$

此式成立的充要条件是 $m(x) \mid g(x)$, 所以 $m(x)$ 是 α 在 $\mathbb{F}$ 上的极小多项式. □

从同构意义来说, 所有单扩张都形如上述引理所描述.

定理 3.1.5 (代数单扩张结构定理) 设 α 是 $\mathbb{F}$ 上的代数元, 设 $m(x)$ 是 α 在 $\mathbb{F}$ 上的极小多项式, 则有同构

$$\mathbb{F}[x]/\langle m(x)\rangle \xrightarrow{\cong} \mathbb{F}(\alpha), \quad f(x) \longmapsto f(\alpha).$$

特别是, $|\mathbb{F}(\alpha):\mathbb{F}| = \deg m(x)$, 而且

$$\mathbb{F}(\alpha) = \left\{ f(\alpha) \;\middle|\; f(x) \in \mathbb{F}[x],\ \deg f(x) < \deg m(x) \right\}.$$

证 记 $d = \deg m(x)$. 我们有环同态

$$\varphi : \mathbb{F}[x] \longrightarrow \mathbb{F}(\alpha), \quad f(x) \longmapsto f(\alpha).$$

同态核是 $\mathrm{Ker}(\varphi) = \mathrm{Ann}_{\mathbb{F}[x]}(\alpha) = \langle m(x)\rangle$; 由同态基本定理, 得单同态

$$\bar{\varphi} : \mathbb{F}[x]/\langle m(x)\rangle \longrightarrow \mathbb{F}(\alpha), \quad \overline{f(x)} = f(x) + \langle m(x)\rangle \longmapsto f(\alpha).$$

但 $\mathbb{F}[x]/\langle m(x)\rangle$ 是域, 所以它嵌入 $\mathbb{F}(\alpha)$ 的像 $\mathrm{Im}(\bar{\varphi}) \subseteq \mathbb{F}(\alpha)$ 也是域, 它的像 $\mathrm{Im}(\bar{\varphi})$ 显然包含 $\mathbb{F}$ 和 α, 因此 $\mathrm{Im}(\bar{\varphi})$ 包含 $\mathbb{F}(\alpha)$. 即 $\mathrm{Im}(\bar{\varphi}) \supseteq \mathbb{F}(\alpha)$. 综上有 $\mathrm{Im}(\bar{\varphi}) = \mathbb{F}(\alpha)$. 定理得证. □

推论 3.1.6 α 是 $\mathbb{F}$ 上的代数元当且仅当 $|\mathbb{F}(\alpha):\mathbb{F}| < \infty$.

设 $\varphi : \mathbb{F} \to \mathbb{F}'$ 是域同构. 那么 φ 诱导环同构

$$\widetilde{\varphi}: \ \mathbb{F}[x] \to \mathbb{F}'[x], \quad f(x) \mapsto \varphi f(x),$$

其中 $f(x) = \sum_{i=0}^{k} a_i x^i$, $\varphi f(x) = \sum_{i=0}^{k} \varphi(a_i)\cdot x^i$. 那么对 $g(x) \in \mathbb{F}[x]$, φ 也诱导剩余类环同构

$$\mathbb{F}[x]/\langle g(x)\rangle \xrightarrow{\cong} \mathbb{F}'[x]/\langle \varphi g(x)\rangle, \quad \overline{f(x)} \longmapsto \overline{\varphi f(x)}.$$

推论 3.1.7 设 $\varphi : \mathbb{F} \to \mathbb{F}'$ 是域同构. 设 $\mathbb{K} = \mathbb{F}(\alpha)$, $\mathbb{K}' = \mathbb{F}'(\alpha')$, 设 $m(x)$ 是 α 在 $\mathbb{F}$ 上的极小多项式, 且 $\varphi m(x)$ 是 α' 在 $\mathbb{F}'$ 上的极小多项式, 则有域同构 $\varphi_\alpha : \mathbb{K} \to \mathbb{K}'$ 使得 $\varphi_\alpha(\alpha) = \alpha'$ 且 $\varphi_\alpha|_{\mathbb{F}} = \varphi$.

证 取下述交换图 (图 3.1) 中上面一行同构的合成同构即可.

$$\begin{array}{ccccccc}
\mathbb{F}(\alpha) & \cong & \mathbb{F}[x]/\langle m(x)\rangle & \cong & \mathbb{F}'[x]/\langle \varphi m(x)\rangle & \cong & \mathbb{F}'(\alpha') \\
\uparrow & & \uparrow & & \uparrow & & \uparrow \\
\mathbb{F} & = & \mathbb{F} & \cong & \mathbb{F}' & = & \mathbb{F}'
\end{array}$$

图 3.1

下一概念对我们有基本的重要性.

定义 3.1.8　设 $\mathbb{F}$ 是域, $f(x) \in \mathbb{F}[x]$, $\deg f(x) = n > 0$. 称 $\mathbb{F}$ 的扩张 $\mathbb{K}$ 是 $f(x)$ 在 $\mathbb{F}$ 上的分裂域, 如果以下两条成立:

(1) 在 $\mathbb{K}[x]$ 中 $f(x) = a_0(x-\alpha_1)\cdots(x-\alpha_n)$, 即在 $\mathbb{K}$ 中 $f(x)$ 恰有 n 个根;

(2) $\mathbb{K} = \mathbb{F}(\alpha_1, \cdots, \alpha_n)$.

注　多项式 $f(x)$ 在 $\mathbb{F}$ 上的分裂域就是使得 $f(x)$ 可以分裂的"最小"扩域.

定理 3.1.9 (分裂域存在与唯一性定理)　记号如上. $f(x)$ 在 $\mathbb{F}$ 上的分裂域 $\mathbb{K}$ 存在. 又若 $\mathbb{K}'$ 也是 $f(x)$ 在 $\mathbb{F}$ 上的分裂域, 则有域同构 $\tau: \mathbb{K} \to \mathbb{K}'$ 使得 $\tau(a) = a$, $\forall a \in \mathbb{F}$.

由于技术上的原因, 对于唯一性我们证明下述更广的形式.

命题 3.1.10　设 $\varphi: \mathbb{F} \to \mathbb{F}'$ 是域同构. 如果 $\mathbb{K}$ 是 $f(x)$ 在 $\mathbb{F}$ 上的分裂域, 而 $\mathbb{K}'$ 是 $\varphi f(x)$ 在 $\mathbb{F}'$ 上的分裂域, 则 φ 可扩张为域同构 $\tau: \mathbb{K} \to \mathbb{K}'$.

证　我们先证明定理 3.1.9 中多项式 $f(x)$ 的分裂域的存在性.

对 $n = \deg f(x)$ 进行归纳. 当 $n = 1$ 时显然成立. 此时只能是 $\mathbb{K} = \mathbb{K}' = \mathbb{F}$.

下设 $n > 1$. 令 $p(x) \in \mathbb{F}[x]$ 是 $f(x)$ 的一个素因式, $f(x) = p(x)q(x)$. 那么 $\mathbb{E} = \mathbb{F}[x]/\langle p(x)\rangle = \mathbb{F}(\alpha_1)$ 是 $\mathbb{F}$ 的扩域, 其中 $\alpha_1 = \bar{x} \in E$ 是 $f(x)$ 的一个根. 故在 $\mathbb{E}[x]$ 中有

$$f(x) = (x-\alpha_1)\cdot f_1(x), \qquad \deg f_1(x) = n-1.$$

由归纳法, $f_1(x)$ 在 $\mathbb{E}$ 上的分裂域 $\mathbb{K}$ 存在, 它使得

(1) 在 $\mathbb{K}[x]$ 中, $f(x) = a_0(x-\alpha_1)\cdots(x-\alpha_n)$;

(2) $\mathbb{K} = \mathbb{E}(\alpha_2, \cdots, \alpha_n) = \mathbb{F}(\alpha_1)(\alpha_2, \cdots, \alpha_n) = \mathbb{F}(\alpha_1, \alpha_2, \cdots, \alpha_n)$.

即 $\mathbb{K}$ 是 $f(x)$ 在 $\mathbb{F}$ 上的分裂域.

再证明命题成立. 由于 $\mathbb{K}'$ 是 $\varphi f(x)$ 在 $\mathbb{F}'$ 上的分裂域, 有

(1) 在 $\mathbb{K}'[x]$ 中, $\varphi f(x) = a_0'(x-\alpha_1')\cdots(x-\alpha_n')$;

(2) $\mathbb{K}' = \mathbb{F}'(\alpha_1', \alpha_2', \cdots, \alpha_n')$.

而 $\varphi f(x) = \varphi p(x)\cdot\varphi q(x)$, 故 $\alpha_1', \cdots, \alpha_n'$ 中有 $\varphi p(x)$ 的根, 不妨设 α_1' 是 $\varphi p(x)$ 的根. 那么

(1) $p(x)$ 是 α_1 在 $\mathbb{F}$ 上的极小多项式;

(2) $\varphi p(x)$ 是 α_1' 在 $\mathbb{F}'$ 上的极小多项式.

由推论 3.1.7, φ 可扩张成域同构 $\varphi_{\alpha_1}: E = \mathbb{F}(\alpha_1) \to \mathbb{F}'(\alpha_1') = E'$. 那么, 根据分裂域的定义, 可得 $\mathbb{K}$ 是 $f_1(x)$ 在 $E = \mathbb{F}(\alpha_1)$ 上的分裂域, 而且类似地, $\mathbb{K}'$ 是 $\varphi f_1(x)$ 在 $E' = \mathbb{F}'(\alpha_1')$ 上的分裂域, 按归纳法, φ_{α_1} 可扩张为域同构 $\tau: \mathbb{K} \to \mathbb{K}'$. □

注 3.1.11 在上面的命题中取 $\mathbb{F}=\mathbb{F}'$, $\varphi=\mathrm{id}_{\mathbb{F}}$ 为 $\mathbb{F}$ 上的恒等自同构就得到定理 3.1.9 中多项式 $f(x)$ 的分裂域的唯一性.

3.1.2 有限域

现在可以证明关于有限域的最基本结果. 本节 $\mathbb{F}$ 是有限域.

定理 3.1.12 设 $|\mathbb{F}|=q=p^\ell$. 则对任意正整数 n, 域 $\mathbb{F}$ 的 n 次扩域存在并且在同构意义下唯一, 它就是多项式 $x^{q^n}-x$ 在 $\mathbb{F}$ 上的分裂域, 它的 q^n 个元恰为此多项式的全部根.

证 先证明定理中的唯一性. 若 $\mathbb{K}$ 是 $\mathbb{F}$ 的 n 次扩域, 则 $|\mathbb{K}|=q^n$, 于是 $\mathbb{K}^\times$ 是 q^n-1 阶的循环群. 由 Lagrange 定理, $\mathbb{K}^\times$ 的所有元满足方程 $x^{q^n-1}-1=0$. 因为多项式 $f(x)=x^{q^n}-x$ 与其导出多项式 $f'(x)=-1$ 互素, 所以此多项式无重根, 因而 $\mathbb{K}$ 的所有 q^n 个元恰为多项式 $x^{q^n}-x$ 的全部根. 由分裂域的定义, 首先, 在 $\mathbb{K}[x]$ 中, 有 $f(x)=a_0(x-\alpha_1)\cdots(x-\alpha_{q^n})$, 这里 $\alpha_1,\cdots,\alpha_{q^n}$ 是 $f(x)$ 的全部根. 其次, 显然有 $\mathbb{F}(\alpha_1,\cdots,\alpha_{q^n})\subseteq\mathbb{K}$, 反过来的包含关系也是显然的, 故 $\mathbb{K}=\mathbb{F}(\alpha_1,\cdots,\alpha_{q^n})$, 即 $\mathbb{K}$ 是 $x^{q^n}-x$ 在 $\mathbb{F}$ 上的分裂域. 由分裂域的唯一性定理, 本定理的唯一性获证.

对存在性, 由分裂域的存在性定理, $x^{q^n}-x$ 在 $\mathbb{F}$ 上的分裂域 $\mathbb{K}$ 存在. 因为 $x^{q^n}-x$ 与其导出多项式互素, 所以此多项式无重根. 由分裂域的定义, $\mathbb{K}$ 包含此多项式的全部根, 这些根构成 $\mathbb{K}$ 的子集 R 含 q^n 个元. 显然, $0,1\in R$. 对 $\alpha,\alpha'\in R$, 有

(1) $(\alpha-\alpha')^{q^n}=\alpha^{q^n}-\alpha'^{q^n}=\alpha-\alpha'$, 即 $\alpha-\alpha'\in R$;

(2) $(\alpha\cdot\alpha')^{q^n}=\alpha^{q^n}\cdot\alpha'^{q^n}=\alpha\cdot\alpha'$, 即 $\alpha\cdot\alpha'\in R$.

又若 $\alpha\neq 0$, 则 $(\alpha^{-1})^{q^n}=(\alpha^{q^n})^{-1}=\alpha^{-1}$, 即 $\alpha^{-1}\in R$. 所以 R 是 $\mathbb{K}$ 的子域. 再由上推理, $\mathbb{F}$ 的所有元恰为 x^q-x 的全部根, 而 $(x^q-x)\big|(x^{q^n}-x)$; 故 $\mathbb{F}\subseteq R$. 那么按分裂域的定义, R 是 $x^{q^n}-x$ 在 $\mathbb{F}$ 上的分裂域. 由分裂域的定义, 得 $R=\mathbb{K}$. 特别地, $|\mathbb{K}|=q^n$, 即 $\mathbb{K}$ 是 $\mathbb{F}$ 的 n 次扩域. □

推论 3.1.13 (有限域存在与唯一性定理) 设 p 为素数, n 为正整数, 则 p^n 阶的有限域存在并且在同构意义下唯一, 它是多项式 $x^{p^n}-x$ 在 p 阶素域 $\mathbb{Z}_p$ 上的分裂域, 它的 p^n 个元恰为此多项式的全部根.

证 在上述定理中取 $\ell=1$, 令 $\mathbb{F}=\mathbb{Z}_p$ 即得. □

注 我们用 $\mathbb{F}_q$ 记阶为 $q=p^\ell$ 的有限域. 特别地, $\mathbb{F}_p=\mathbb{Z}_p=\{0,1,\cdots,p-1\}$. 一般的有限域 $\mathbb{F}_{p^\ell}$ 的元素可有两种写法.

写法一 $\mathbb{F}_{p^\ell}^\times$ 是 $p^\ell-1$ 阶的循环群, 有生成元 β, 它是 $p^\ell-1$ 次本原单位根. 那么 $\mathbb{F}_{p^\ell}=\big\{0,1=\beta^0,\beta,\beta^2,\cdots,\beta^{p^\ell-2}\big\}$.

写法二　令 β 如上. 容易得到 β 在 $\mathbb{F}_p$ 上的极小多项式必为 ℓ 次多项式:

$$a_0+a_1x+\cdots+a_{\ell-1}x^{\ell-1}+x^{\ell}\ ;$$

那么 $1,\beta,\cdots,\beta^{\ell-1}$ 构成 $\mathbb{F}_{p^\ell}$ 作为 $\mathbb{F}_p$ 上的向量空间的基底. 于是, $\mathbb{F}_{p^\ell}=\mathbb{F}_p(\beta)$ 的任意元唯一地写成 $1,\beta,\cdots,\beta^{\ell-1}$ 的以 $\mathbb{F}_p$ 为系数的线性组合:

$$\mathbb{F}_{p^\ell}=\left\{b_0+b_1\beta+\cdots+b_{\ell-1}\beta^{\ell-1}\mid b_i\in\{0,1,\cdots,p-1\}\right\},$$

组合系数为长为 ℓ 的 $\mathbb{F}_p$-序列 $(b_0,b_1,\cdots,b_{\ell-1})$, 这便于计算机处理.

命题 3.1.14　(1) $\mathbb{F}_{p^\ell}\subseteq\mathbb{F}_{p^m}$ 当且仅当 $\ell\mid m$, 当且仅当 $(p^\ell-1)\mid(p^m-1)$.

(2) 元素 $\alpha\in\mathbb{F}_{p^\ell}$ 当且仅当 $\alpha^{p^\ell}=\alpha$.

证　(1) $\mathbb{F}_{p^\ell}\subseteq\mathbb{F}_{p^m}\Longrightarrow\mathbb{F}_{p^m}$ 是 $\mathbb{F}_{p^\ell}$ 上的向量空间, 设 $|\mathbb{F}_{p^m}:\mathbb{F}_{p^\ell}|=k$, 则 $p^m=(p^\ell)^k\Longrightarrow m=\ell k\Longrightarrow(p^\ell-1)\mid(p^m-1)\Longrightarrow p^\ell-1$ 阶循环群是 p^m-1 阶循环群的子群 $\Longrightarrow$ 注意到 $p^\ell-1$ 阶循环群的所有元素是 $x^{p^\ell-1}-1$ 的根, 故有 $(x^{p^\ell}-x)\mid(x^{p^m}-x)\Longrightarrow\mathbb{F}_{p^\ell}\subseteq\mathbb{F}_{p^m}$.

(2) 因为 $\mathbb{F}_{p^\ell}$ 的元素正好是方程 $X^{p^\ell}-X$ 的全部根. □

按照上述推论, 所有特征 p 的有限域在包含关系之下构成偏序系列. 下述例子给出了两个具体有限域来说明它们之间的包含关系.

例 3.1.15　考虑有限域 $\mathbb{F}_{2^4}=\mathbb{F}_{16}$ 以及有限域 $\mathbb{F}_{2^{12}}$. 根据命题 3.1.14, 有限域 $\mathbb{F}_{2^4}$ 的子域有 $\mathbb{F}_2,\mathbb{F}_{2^2},\mathbb{F}_{2^3}$ 以及 $\mathbb{F}_{2^4}$, 有限域 $\mathbb{F}_{2^{12}}$ 的子域有 $\mathbb{F}_2,\mathbb{F}_{2^2},\mathbb{F}_{2^3},\mathbb{F}_{2^4},\mathbb{F}_{2^6}$ 以及 $\mathbb{F}_{2^{12}}$. 它们之间的关系可以通过如图 3.2 来表达 (其中每个箭头上的数字表示大域作为子域上的向量空间的维数, 亦即扩张次数).

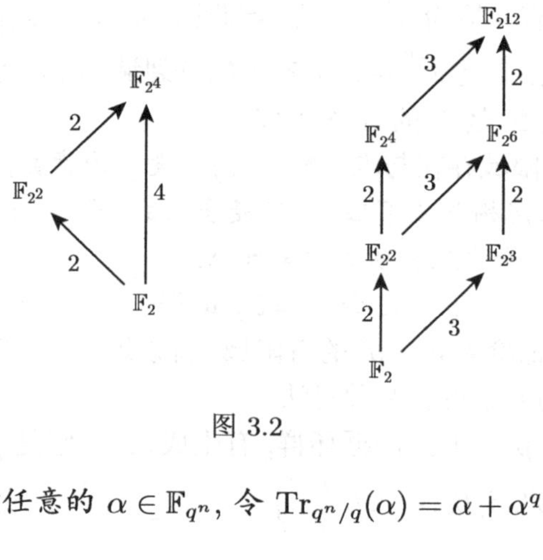

图 3.2

命题 3.1.16　对任意的 $\alpha\in\mathbb{F}_{q^n}$, 令 $\mathrm{Tr}_{q^n/q}(\alpha)=\alpha+\alpha^q+\cdots+\alpha^{q^{n-1}}$. 证明: $\mathbb{F}_q\subseteq\mathbb{F}_{q^n}$.

(1) $\mathrm{Tr}_{q^n/q}(\alpha)\in\mathbb{F}_q$, $\forall\alpha\in\mathbb{F}_{q^n}$.

(2) $\mathrm{Tr}_{q^n/q}:\mathbb{F}_{q^n}\to\mathbb{F}_q$ 是满的 $\mathbb{F}_q$-线性映射 ($\mathrm{Tr}_{q^n/q}$ 称为迹映射).

(3) $\mathrm{Ker}(\mathrm{Tr}_{q^n/q})=\{\beta^q-\beta\,|\,\beta\in\mathbb{F}_{q^n}\}$.

证 (1) 注意到 $\mathrm{Tr}_{q^n/q}(\alpha)\in\mathbb{F}_q$ 当且仅当 $(\mathrm{Tr}_{q^n/q}(\alpha))^q=\mathrm{Tr}_{q^n/q}(\alpha)$. 因为 $\alpha\in\mathbb{F}_{q^n}$, 所以 $\alpha^{q^n}=\alpha$. 那么

$$(\alpha+\alpha^q+\cdots+\alpha^{q^{n-2}}+\alpha^{q^{n-1}})^q=\alpha^q+\alpha^{q^2}+\cdots+\alpha^{q^{n-1}}+\alpha^{q^n}=\alpha+\alpha^q+\cdots+\alpha^{q^{n-1}},$$

即 $\alpha+\alpha^q+\cdots+\alpha^{q^{n-1}}\in\mathbb{F}_q$.

(2) 对任意的 $\alpha,\beta\in\mathbb{F}_{q^n}$, $a,b\in\mathbb{F}_q$,

$$\mathrm{Tr}_{q^n/q}(a\alpha+b\beta)=\sum_{i=0}^{n-1}(a\alpha+b\beta)^{q^i}=\sum_{i=0}^{n-1}(a^{q^i}\alpha^{q^i}+b^{q^i}\beta^{q^i});$$

但是, $a,b\in\mathbb{F}_q$, 故 $a^{q^i}=a$, $b^{q^i}=b$. 所以

$$\mathrm{Tr}_{q^n/q}(a\alpha+b\beta)=a\sum_{i=0}^{n-1}(\alpha^{q^i})+b\sum_{i=0}^{n-1}(\beta^{q^i})=a\mathrm{Tr}_{q^n/q}(\alpha)+b\mathrm{Tr}_{q^n/q}(\beta),$$

即 $\mathrm{Tr}_{q^n/q}$ 是 $\mathbb{F}_q$-线性映射. 又 $\mathrm{Tr}_{q^n/q}(\alpha)=0$ 当且仅当 $\alpha+\alpha^q+\cdots+\alpha^{q^{n-1}}=0$. 方程 $X+X^q+\cdots+X^{q^{n-1}}$ 在 $\mathbb{F}_{q^n}$ 中至多 q^{n-1} 个解, 所以 $\mathrm{Tr}_{q^n/q}$ 不是零映射. 那么 $\mathrm{Tr}_{q^n/q}$ 的像空间至少是 $\mathbb{F}_q$ 的一维子空间, 即得 $\mathrm{Tr}_{q^n/q}$ 的像空间是 $\mathbb{F}_q$.

(3) 对任意的 $\beta\in\mathbb{F}_{q^n}$, 有

$$\mathrm{Tr}_{q^n/q}(\beta^q-\beta)=\sum_{i=0}^{n-1}(\beta^q-\beta)^{q^i}=\sum_{i=0}^{n-1}\beta^{q^{i+1}}-\sum_{i=0}^{n-1}\beta^{q^i}=0.$$

因此, $\beta^q-\beta\in\mathrm{Ker}(\mathrm{Tr}_{q^n/q})$, 即有 $\{\beta^q-\beta\,|\,\beta\in\mathbb{F}_{q^n}\}\subseteq\mathrm{Ker}(\mathrm{Tr}_{q^n/q})$. 设 $\beta,\gamma\in\mathbb{F}_{q^n}$. 则 $\beta^q-\beta=\gamma^q-\gamma$ 当且仅当 $(\beta-\gamma)^q=\beta-\gamma$ 当且仅当 $\beta-\gamma\in\mathbb{F}_q$ 当且仅当 β,γ 在 $\mathbb{F}_{q^n}$ 关于 $\mathbb{F}_q$ 的同一个陪集中. 因此

$$\left|\{\beta^q-\beta\,|\,\beta\in\mathbb{F}_{q^n}\}\right|=\frac{q^n}{q}=q^{n-1}.$$

由 (2), $\mathrm{Tr}_{q^n/q}$ 是满同态映射, 故

$$\left|\mathrm{Ker}(\mathrm{Tr}_{q^n/q})\right|=\left|\mathbb{F}_{q^n}/\mathbb{F}_q\right|=\frac{q^n}{q}=q^{n-1}.$$

故 (3) 得证. □

下面介绍一些小阶的有限域的例子.

例 3.1.17　令 $\mathbb{F}_2=\mathbb{Z}_2$ 表示二元有限域. 多项式 $m(x)=x^2+x+1$ 是 $\mathbb{F}_2$ 上的不可约 (素) 多项式. 由引理 3.1.4 知, $\mathbb{F}_2[x]/\langle m(x)\rangle\cong\mathbb{F}_2(\omega)$, 这里 $m(\omega)=0$, 即 $\omega^2+w+1=0$. 故

$$\mathbb{F}_2(\omega)=\{a+b\omega\,|\,a,b\in\mathbb{F}_2\}=\{0,1,\omega,\omega^2\}$$

是阶为 4 的有限域. $\mathbb{F}_2(\omega)$ 中的加法和乘法运算分别见表 3.1 和表 3.2.

表 3.1　$\mathbb{F}_2(\omega)$ 中的加法运算

$+$	0	1	ω	ω^2
0	0	1	ω	ω^2
1	1	0	ω^2	ω
ω	ω	ω^2	0	1
ω^2	ω^2	ω	1	0

表 3.2　$\mathbb{F}_2(\omega)$ 中的乘法运算

$\times$	0	1	ω	ω^2
0	0	0	0	0
1	0	1	ω	ω^2
ω	0	ω	ω^2	1
ω^2	0	ω^2	1	ω

例 3.1.18　令 $\mathbb{F}_3=\mathbb{Z}_3$ 表示三元有限域. 多项式 $\bar{m}(x)=x^2+1$ 是 $\mathbb{F}_3$ 上的不可约 (素) 多项式. 由引理 3.1.4 知, $\mathbb{F}_3[x]/\langle\bar{m}(x)\rangle\cong\mathbb{F}_3(\gamma)$, 这里 $\bar{m}(\gamma)=0$, 即 $\gamma^2+1=0$. 故

$$\mathbb{F}_3(\gamma)=\{\,a+b\gamma\,|\,a,b\in\mathbb{F}_3\,\}=\{\,0,1,2,\gamma,1+\gamma,2+\gamma,2\gamma,1+2\gamma,2+2\gamma\,\}$$

是阶为 9 的有限域. 其运算为表 3.3 和表 3.4.

表 3.3　$\mathbb{F}_3(\gamma)$ 中的加法运算

$+$	0	1	2	γ	$1+\gamma$	$2+\gamma$	2γ	$1+2\gamma$	$2+2\gamma$
0	0	1	2	γ	$1+\gamma$	$2+\gamma$	2γ	$1+2\gamma$	$2+2\gamma$
1	1	2	0	$1+\gamma$	$2+\gamma$	γ	$1+2\gamma$	$2+2\gamma$	2γ
2	2	0	1	$2+\gamma$	γ	$1+\gamma$	$2+2\gamma$	2γ	$1+2\gamma$
γ	γ	$1+\gamma$	$2+\gamma$	2γ	$1+2\gamma$	$2+2\gamma$	0	1	2
$1+\gamma$	$1+\gamma$	$2+\gamma$	γ	$1+2\gamma$	$2+2\gamma$	2γ	1	2	0
$2+\gamma$	$2+\gamma$	γ	$1+\gamma$	$2+2\gamma$	2γ	$1+2\gamma$	2	0	1
2γ	2γ	$1+2\gamma$	$2+2\gamma$	0	1	2	γ	$1+\gamma$	$2+\gamma$
$1+2\gamma$	$1+2\gamma$	$2+2\gamma$	2γ	1	2	0	$1+\gamma$	$2+\gamma$	γ
$2+2\gamma$	$2+2\gamma$	2γ	$1+2\gamma$	2	0	1	$2+\gamma$	γ	$1+\gamma$

表 3.4 $\mathbb{F}_3(\gamma)$ 中的乘法运算

$\times$	0	1	2	γ	$1+\gamma$	$2+\gamma$	2γ	$1+2\gamma$	$2+2\gamma$
0	0	0	0	0	0	0	0	0	0
1	0	1	2	γ	$1+\gamma$	$2+\gamma$	2γ	$1+2\gamma$	$2+2\gamma$
2	0	2	1	2γ	$2+2\gamma$	$1+2\gamma$	γ	$2+\gamma$	$1+\gamma$
γ	0	γ	2γ	2	$2+\gamma$	$2+2\gamma$	1	$1+\gamma$	$1+2\gamma$
$1+\gamma$	0	$1+\gamma$	$2+2\gamma$	$2+\gamma$	2γ	1	$1+2\gamma$	2	γ
$2+\gamma$	0	$2+\gamma$	$1+2\gamma$	$2+2\gamma$	1	γ	$1+\gamma$	2γ	2
2γ	0	2γ	γ	1	$1+2\gamma$	$1+\gamma$	2	$2+2\gamma$	$2+\gamma$
$1+2\gamma$	0	$1+2\gamma$	$2+\gamma$	$1+\gamma$	2	2γ	$2+2\gamma$	γ	1
$2+2\gamma$	0	$2+2\gamma$	$1+\gamma$	$1+2\gamma$	γ	2	$2+\gamma$	1	2γ

习 题 3.1

1. 证明: $\mathrm{Ann}_{\mathbb{F}[x]}(\alpha)$ 是多项式环 $\mathbb{F}[x]$ 的理想.
2. 证明: 代数元的极小多项式是素多项式.
3. 证明: 多项式 $f(x) \in \mathbb{F}[x]$ 无重根当且仅当 $f(x)$ 与其导出多项式 $f'(x)$ 互素.
4. 设 $q = p^\ell$. 证明: $\mathbb{F}_{q^m} \subseteq \mathbb{F}_{q^n}$ 当且仅当 $m|n$, 当且仅当 $(q^m-1)\,\big|\,(q^n-1)$.
5. 设 β 是 $\mathbb{F}_q^\times$ 的一个生成元, q 是奇数. 证明:
   (1) $x^2 = 1$ 只有两个解: 1 和 -1.
   (2) $\beta^{(q-1)/2} = -1$.
6. 如果 $q \neq 2$, 证明: $\sum\limits_{\alpha\in\mathbb{F}_q} \alpha = 0$.
7. 证明:
   (1) 方程 $X + X^q + \cdots + X^{q^{n-1}}$ 在 $\mathbb{F}_{q^n}$ 中恰好有 q^{n-1} 个解, 这些解的集合构成 $\mathbb{F}_{q^n}$ 的 $n-1$ 维 $\mathbb{F}_q$-向量子空间.
   (2) 当 α 跑遍 $\mathbb{F}_{q^n}$ 时, $\mathrm{Tr}_{q^n/q}(\alpha)$ 跑遍 $\mathbb{F}_q$ 且 $\mathrm{Tr}_{q^n/q}(\alpha)$ 取 $\mathbb{F}_q$ 的每个元素都重复 q^{n-1} 次.

3.2 循环码的代数结构

始终设 $\mathbb{F}$ 是一个阶为 $q = p^\ell$ 的有限域, 这里 p 是一个素数. 设 n 是一个与 p 互素的正整数.

设 $\boldsymbol{P} = \begin{pmatrix} 0 & 1 & 0 & \cdots & 0 \\ 0 & 0 & 1 & \cdots & 0 \\ \vdots & \vdots & \vdots & & \vdots \\ 0 & 0 & 0 & \cdots & 1 \\ 1 & 0 & 0 & \cdots & 0 \end{pmatrix}_{n\times n}$ 是对应于循环置换 $(1\ 2\ \cdots\ n)$ 的置换矩阵.

那么对任意 $\boldsymbol{a}=(a_1,a_2,\cdots,a_n)\in\mathbb{F}^n$, $\boldsymbol{aP}$ 就是对向量 $\boldsymbol{a}$ 的分量作循环置换 $(1\,2\,\cdots\,n)$ 后得到的向量, 即

$$\boldsymbol{aP}=(a_1,\,a_2,\,\cdots,\,a_{n-1},\,a_n)\boldsymbol{P}=(a_n,\,a_1,\,a_2,\,\cdots,\,a_{n-1}).$$

定义 3.2.1　如果 $\mathbb{F}$ 上的长 n 的线性码 $C\leqslant\mathbb{F}^n$ 在置换 $\boldsymbol{P}$ 下不变, 即

$$(c_1,\cdots,c_n)\boldsymbol{P}\in C,\quad\forall\,(c_1,\cdots,c_n)\in C,$$

就称 C 为*循环码* (cyclic code).

注意多项式环 $\mathbb{F}[x]$ 模理想 $\langle x^n-1\rangle=(x^n-1)\mathbb{F}[x]$ 的剩余类环

$$\overline{\mathbb{F}[x]}=\mathbb{F}[x]/\langle x^n-1\rangle=\{\,a_0+a_1\bar{x}+\cdots+a_{n-1}\bar{x}^{n-1}\mid a_i\in\mathbb{F}\,\}.$$

为简单起见, 也把 $a_0+a_1\bar{x}+\cdots+a_{n-1}\bar{x}^{n-1}$ 写作多项式 $a_0+a_1x+\cdots+a_{n-1}x^{n-1}$. 作为 $\mathbb{F}$-向量空间

$$\mathbb{F}^n\xrightarrow{\cong}\overline{\mathbb{F}[x]},\quad(a_0,\,a_1,\,\cdots,\,a_{n-1})\longmapsto a_0+a_1x+\cdots+a_{n-1}x^{n-1}.$$

因此线性码 $C\leqslant\mathbb{F}^n$ 对应于子空间 $C\leqslant\overline{\mathbb{F}[x]}$, 每个码字 $\boldsymbol{c}=(c_0,\,c_1,\,\cdots,\,c_{n-1})$ 写成一个 “多项式”

$$c(x)=c_0+c_1\bar{x}+\cdots+c_{n-1}\bar{x}^{n-1}.$$

命题 3.2.2　*子空间 $C\leqslant\overline{\mathbb{F}[x]}$ 是循环码当且仅当 C 是 $\overline{\mathbb{F}[x]}$ 的理想.*

证　在对应 $\boldsymbol{c}=(c_0,\,c_1,\,\cdots,\,c_{n-1})\longmapsto c(x)=c_0+c_1x+\cdots+c_{n-1}x^{n-1}$ 之下,

$$\boldsymbol{cP}=(c_{n-1},\,c_0,\,\cdots,\,c_{n-2})$$

对应于

$$c_{n-1}+c_0x+\cdots+c_{n-2}x^{n-1}\equiv c_0x+\cdots+c_{n-2}x^{n-1}+c_{n-1}x^n=xc(x)\pmod{x^n-1},$$

故 $\boldsymbol{cP}\in C,\,\forall\,\boldsymbol{c}\in C$ 就是在 $\overline{\mathbb{F}[x]}$ 中 $xC\subseteq C$.

如果子空间 $C\leqslant\overline{\mathbb{F}[x]}$ 是理想, 那么对任意的 $c(x)\in C$, 当然有 $xc(x)\in C$, 即 C 是循环码.

反过来, 如果子空间 $C\leqslant\overline{\mathbb{F}[x]}$ 是循环码, 即对任意的 $c(x)\in C$ 都有 $xc(x)\in C$, 那么对任意的 $f(x)\in\overline{\mathbb{F}[x]}$, 易见 $f(x)c(x)\in C$, 即 C 是理想. □

注　以下说 C 是 $\mathbb{F}$ 上长 n 的循环码就是说 C 是剩余类环 $\overline{\mathbb{F}[x]}=\mathbb{F}[x]/\langle x^n-1\rangle$ 的理想. 注意: 对 $f(x)\in\mathbb{F}[x]$, 若 $\deg f(x)<n$, 则 $f(x)$ 也可视为 $\overline{\mathbb{F}[x]}$ 中的元. 反过来, 当我们说 $f(x)\in\overline{\mathbb{F}[x]}$ 时, 一般就是指 $\deg f(x)<n$.

定理 3.2.3 设 $C \leqslant \overline{\mathbb{F}[x]}$ 是循环码. 则存在多项式 $g(x), h(x) \in \mathbb{F}[x]$ 使得 $g(x)h(x) = x^n - 1$, 而且对 $a(x) \in \overline{\mathbb{F}[x]}$ 以下三条彼此等价:

(1) $a(x) \in C$, 即作为多项式 $\deg a(x) < n$;

(2) 存在 $f(x) \in \mathbb{F}[X]$ 使得 $a(x) = f(x)g(x)$ (特别有 $\deg f(x) < n$);

(3) $a(x)h(x) \equiv 0 \pmod{x^n - 1}$.

注 分别称 $g(x)$ 与 $h(x)$ 为循环码 C 的生成多项式与检验多项式.

循环码 C 的首 1 的生成多项式与检验多项式都是唯一的.

证 自然同态 $\mathbb{F}[x] \to \overline{\mathbb{F}[x]}$ 是满同态, 理想 C 的原像 $\widetilde{C}$ 是 $\mathbb{F}[x]$ 的一个包含 $x^n - 1$ 的理想. 而 $\mathbb{F}[x]$ 是主理想整环, 故 $\widetilde{C} = g(x)\mathbb{F}[x]$ 由一个元 $g(x)$ 生成. 又因为 $g(x) \mid (x^n - 1)$, 所以有 $h(x) \in \mathbb{F}[x]$ 使得 $g(x)h(x) = x^n - 1$. 这样的首一的 $g(x)$ 和 $h(x)$ 是唯一的, 因为理想 $\widetilde{C}$ 的首一的生成元是唯一的.

(1) $\Longrightarrow$ (2) $a(x) \in C$, 故作为 $\mathbb{F}[x]$ 的元, $a(x) \in \widetilde{C}$, 因而存在 $f(x) \in \mathbb{F}[x]$ 使得 $a(x) = f(x)g(x)$, 那么在 $\overline{\mathbb{F}[x]}$ 中也有 $a(x) = f(x)g(x)$.

(2) $\Longrightarrow$ (3) 从 $a(x) = f(x)g(x)$, 可得 $a(x)h(x) = f(x)g(x)h(x) = f(x)(x^n - 1)$. 于是在 $\overline{\mathbb{F}[x]}$ 中有 $a(x)h(x) = 0$.

(3) $\Longrightarrow$ (1) 因为 $(x^n - 1) \mid a(x)h(x)$, 所以有 $f(x) \in \mathbb{F}[x]$ 使得 $a(x)h(x) = f(x)(x^n - 1) = f(x)g(x)h(x)$. 因而 $a(x) = f(x)g(x)$. 但 $g(x) \in C$, 且 C 是 $\overline{\mathbb{F}[x]}$ 的理想, 故得 $a(x) \in C$. □

循环码也是线性码, 循环码的生成多项式与检验多项式分别对应于生成矩阵与检验矩阵.

设 $h(x)$ 和 $g(x)$ 分别是循环码 $C \leqslant \overline{\mathbb{F}[x]}$ 的检验多项式和生成多项式; 注意到

$$h(x)g(x) = x^n - 1.$$

我们可设 $\deg h(x) = k < n$, 令

$$h(x) = h_0 + h_1 x + \cdots + h_k x^k, \qquad h_k \neq 0;$$

$$g(x) = g_0 + g_1 x + \cdots + g_{n-k} x^{n-k}, \qquad g_{n-k} \neq 0.$$

由此可作矩阵

$$\boldsymbol{H} = \begin{pmatrix} h_k & h_{k-1} & \cdots & h_0 & & & \\ & h_k & h_{k-1} & \cdots & h_0 & & \\ & & \ddots & \ddots & & \ddots & \\ & & & h_k & h_{k-1} & \cdots & h_0 \end{pmatrix}_{(n-k)\times n}, \qquad \operatorname{rank} \boldsymbol{H} = n - k;$$

$$G=\begin{pmatrix} g_0 & g_1 & \cdots & g_{n-k} & & & \\ & g_0 & g_1 & \cdots & g_{n-k} & & \\ & & \ddots & \ddots & & \ddots & \\ & & & g_0 & g_1 & \cdots & g_{n-k} \end{pmatrix}_{k\times n}, \qquad \operatorname{rank} G = k\,.$$

推论 3.2.4　设 $C \leqslant \overline{\mathbb{F}[x]}$ 是循环码，并设 $\boldsymbol{H}$, $\boldsymbol{G}$ 如上. 则 $\boldsymbol{H}$ 是 C 的检验矩阵, $\boldsymbol{G}$ 是 C 的生成矩阵.

证　如果 $a(x)=a_0+a_1x+\cdots+a_{n-1}x^{n-1}$ 满足

$$a(x)h(x)\equiv 0 \pmod{x^n-1}, \tag{3.2.1}$$

就有 $b(x)\in\mathbb{F}[x]$ 使得 $a(x)h(x)=b(x)(x^n-1)$. 比较两边次数可知 $\deg b(x)<k$, 故可设 $b(x)=b_0+b_1x+\cdots+b_{k-1}x^{k-1}$, 即

$$\sum_{i=0}^{n-1}a_ix^i\cdot\sum_{j=0}^{k}h_jx^j=(x^n-1)\cdot\sum_{s=0}^{k-1}b_sx^s.$$

右端 $x^k,x^{k+1},\cdots,x^{n-1}$ 的系数为 0, 计算左端相应项的系数得

$$\sum_{i+j=s}a_ih_j=0\,, \qquad s=k,k+1,\cdots,n-1\,.$$

这就是

$$\begin{pmatrix} h_k & h_{k-1} & \cdots & h_0 & & & \\ & h_k & h_{k-1} & \cdots & h_0 & & \\ & & \ddots & \ddots & & \ddots & \\ & & & h_k & h_{k-1} & \cdots & h_0 \end{pmatrix}\begin{pmatrix} a_0\\ a_1\\ \vdots\\ a_{n-1}\end{pmatrix}=\boldsymbol{H}\begin{pmatrix} a_0\\ a_1\\ \vdots\\ a_{n-1}\end{pmatrix}=0\,. \tag{3.2.2}$$

特别地, C 包含在线性方程组 $\boldsymbol{H}\boldsymbol{x}^{\mathrm{T}}=\boldsymbol{0}$ 的解空间之中, 即 $C\subseteq\{\boldsymbol{x}\mid \boldsymbol{H}\boldsymbol{x}^{\mathrm{T}}=\boldsymbol{0}\}$.

按假设, $g(x),xg(x),\cdots,x^{k-1}g(x)\in C$. 注意: 作为码字它们分别就是矩阵 $\boldsymbol{G}$ 的行向量, 是线性无关的. 由于

$$x^sg(x)h(x)\equiv 0 \pmod{x^n-1}, \qquad s=0,1,\cdots,k-1,$$

由 (3.2.2) 式,

$$\boldsymbol{H}\boldsymbol{G}^{\mathrm{T}}=\boldsymbol{0}.$$

而 $\operatorname{rank}\boldsymbol{H}=n-k$, 所以 $\dim(\{\boldsymbol{x}\mid \boldsymbol{H}\boldsymbol{x}^{\mathrm{T}}=\boldsymbol{0}\})=n-(n-k)=k$. 因此 $\boldsymbol{G}$ 的行向量是线性方程组 $\boldsymbol{H}\boldsymbol{x}^{\mathrm{T}}=\boldsymbol{0}$ 的解空间的基底. 但 $\boldsymbol{G}$ 的行向量张成的子空间

在 C 中, 故 C 就是线性方程组 $\boldsymbol{H}\boldsymbol{x}^{\mathrm{T}}=\mathbf{0}$ 的解空间, 也就是 $\boldsymbol{G}$ 的行向量张成的子空间. 亦即 $C=\{\boldsymbol{x}\,|\,\boldsymbol{H}\boldsymbol{x}^{\mathrm{T}}=\mathbf{0}\}$. 所以 $\boldsymbol{H}$ 是 C 的检验矩阵, $\boldsymbol{G}$ 是 C 的生成矩阵. □

注 (1) 上述推论表明, 如果知道循环码的生成多项式和检验多项式, 则循环码的生成矩阵和检验矩阵很容易得到.

(2) 由定理 3.2.3, 在 $\gcd(n,q)=1$ 的情况下, 有限域 $\mathbb{F}$ 上的长为 n 的循环码的个数由 x^n-1 在 $\mathbb{F}$ 上的不可约分解完全确定. 事实上, 设

$$x^n-1=p_1(x)p_2(x)\cdots p_s(x)$$

为 x^n-1 在 $\mathbb{F}$ 上的不可约分解, 这里 $p_j(x)$ 是 $\mathbb{F}$ 上的不可约多项式, 且它们两两互素, 则对 $\mathbb{F}$ 上的任意长 n 的循环码 C, 其生成多项式必为形如 $g(x)=p_1^{a_1}(x)p_2^{a_2}(x)\cdots p_s^{a_s}(x)$ 的多项式, 这里 $a_j\in\{0,1\},1\leqslant j\leqslant s$. 因此 $\mathbb{F}$ 上长为 n 的循环码共有 2^s 个.

而在 $\gcd(n,q)=p^\ell,\ell\geqslant 1$ 的情况下, 可设 $n=p^\ell n'$, 这里 $\gcd(n',q)=1$, 此时 $x^n-1=(x^{n'}-1)^{p^\ell}$, 如果 $x^{n'}-1$ 在 $\mathbb{F}$ 上有分解式 $x^{n'}-1=q_1(x)q_2(x)\cdots q_t(x)$, 这里 $q_j(x)$ 是两两互素的不可约多项式, 那么 $\mathbb{F}$ 上长 n 的循环码有 $(p^\ell+1)^t$ 个.

(3) 由于循环码是线性码, 一个自然的问题是循环码作为线性码它的对偶码是否是循环码? 请读者们自己思考.

下面我们以一个例子来结束本节.

例 3.2.5 取 $q=2$, $n=7$. 则 $\mathbb{F}_2$ 上的长 7 的循环码由 x^7-1 在 $\mathbb{F}_2[x]$ 中的因子全部确定. 据有限域存在与唯一性定理, $\mathbb{F}_2$ 上的多项式 x^7-1 的全部根正好是 $\mathbb{F}_8^*=\langle\xi\rangle$ 的全部元. 故除 1 外 x^7-1 的每个根 $\omega=\xi^i,1\leqslant i<7$ 都是 $\mathbb{F}_8^*$ 的生成元, 即 $\mathbb{F}_2(\omega)=\mathbb{F}_8$. 而 $|\mathbb{F}_8:\mathbb{F}_2|=3$, 由此知道 x^7-1 的素因式除 $x-1$ 外都是 3 次的. 所以 x^7-1 的素因式分解如下:

$$x^7-1=(x-1)(x^3+x^2+1)(x^3+x+1).$$

因此全部长为 7 的二元循环码 (共有 $2^3=8$ 个) 如下:

C_0: 生成多项式 x^7-1, 零码 (只含零向量, 对应于零理想).

C_1: 生成多项式 1, 单位码 (即所有字都是码字, 对应单位理想).

C_2: 生成多项式 $x-1$, 一个 $[7,6,2]$-码, 是方程 $x_0+x_1+\cdots+x_6=0$ 的解空间.

C_3: 生成多项式 x^3+x^2+1, 一个 $[7,4,3]$-Hamming 码.

C_3': 生成多项式 x^3+x+1, 实际上与上面的 C_3 同构.

C_4: 生成多项式 $x^6+x^5+x^4+x^3+x^2+x+1$, 一个 $[7,1,7]$-码, 即全 1 码.

C_5: 生成多项式 x^4+x^2+x+1, 一个 $[7,3,4]$-码, C_3 的对偶码, 是极大投射码.

C_5': 生成多项式 $x^4+x^3+x^2+1$, 一个 $[7,3,4]$-码, 实际上与上面的 C_5 同构.

习　题　3.2

1. 在 $\mathbb{F}_2$ 上, $(1+x)\mid(x^n-1)$. 设 $C\subseteq\mathbb{F}_2^n$ 是一个由 $1+x$ 生成的循环码, $C_1\subseteq\mathbb{F}_2^n$ 是一个由 $g_1(x)$ 生成的循环码.
   (1) C 的维数是多少?
   (2) 证明: C 是 $\mathbb{F}_2^n$ 中所有重量为偶数的向量的集合.
   (3) 如果 C_1 中所有码字的重量为偶数, 则 $1+x$ 和 $g_1(x)$ 的关系怎样?
   (4) 如果 C_1 中有重量为奇数的码字, 则 $1+x$ 和 $g_1(x)$ 的关系怎样?
2. 证明: 循环码的对偶码也是循环码.
3. 设 C 是 $\mathbb{F}_q$ 上一个长为 n 的循环码. 它的生成多项式为 $g(x)$. 通过对 $g(x)$ 的系数进行移位可以得到 C 的一个生成矩阵 $\boldsymbol{G}$. 证明: 将信息字 $\boldsymbol{m}\in\mathbb{F}_q^k$ 编码为 $\boldsymbol{c}=\boldsymbol{mG}$ 等价为在 $\mathbb{F}_q[x]$ 中作乘积 $c(x)=m(x)g(x)$, 其中 $c(x)$ 和 $m(x)$ 是 $\boldsymbol{m}$ 和 $\boldsymbol{c}$ 在 $\mathbb{F}_q[x]$ 中对应的多项式.
4. 设 C 是 $\mathbb{F}_q$ 上长 n 的循环码, 它的生成多项式为 $g(x)$. 并设 $\gcd(n,q)=1$.
   (1) 证明: 存在 $e(x)\in C$ 使得 $e(x)^2=e(x)$, 且 C 可以由 $e(x)$ 生成, 这里 $e(x)$ 称为码 C 的幂等生成多项式.
   (2) 设 C_1,C_2 是 $\mathbb{F}_q$ 上两个长 n 的循环码, $e_1(x),e_2(x)$ 分别是 C_1,C_2 的幂等生成多项式. 证明:
   (i) $C_1\subseteq C_2$ 当且仅当 $e_1(x)e_2(x)=e_1(x)$;
   (ii) C_1+C_2 也是循环码, 它的幂等生成多项式是 $e_1(x)+e_2(x)-e_1(x)e_2(x)$;
   (iii) $C_1\cap C_2$ 是循环码, 其幂等生成多项式是 $e_1(x)e_2(x)$.
5. 求出所有长为 3 的二元循环码, 写出它们的生成矩阵、检验矩阵和幂等生成多项式.
6. 证明参数为 $[4,2,3]$ 的三元 Hamming 码不是循环码.
7. 设 x^n-1 在 $\mathbb{F}_q[x]$ 中分解为 $x^n-1=g(x)h(x)$, 其中 $g(x)$ 和 $h(x)$ 为 $\mathbb{F}_q[x]$ 中的首一多项式, $\deg(h(x))=k$. 用 $g(x)$ 除 $x^l\ (n-k\leqslant l\leqslant n-1)$ 得到余式 $r_l(x)$. $\deg(r_l(x))<n-k=\deg(g(x))$, 即

$$x^l\equiv r_l(x)=a_{0,l}+a_{1,l}x+\cdots+a_{n-k-1,l}x^{n-k-1}\pmod{g(x)}.$$

   证明由 $g(x)$ 生成的码长为 n 的 q 元循环码 C 有检验矩阵

$$\boldsymbol{H}=(\boldsymbol{I}_{n-k}\mid\boldsymbol{P}),\quad 其中\ \boldsymbol{P}=\begin{pmatrix}a_{0,n-k} & a_{0,n-k+1} & \cdots & a_{0,n-1}\\ a_{1,n-k} & a_{1,n-k+1} & \cdots & a_{1,n-1}\\ \vdots & \vdots & & \vdots\\ a_{n-k-1,n-k} & a_{n-k-1,n-k+1} & \cdots & a_{n-k-1,n-1}\end{pmatrix}.$$

3.3 循环码的零点、BCH 码

始终设 $\mathbb{F}$ 是一个阶为 $q = p^\ell$ 的有限域, 这里 p 是一个素数. 设 n 是一个与 p 互素的正整数.

恒记多项式环 $\mathbb{F}[x]$ 模理想 $\langle x^n - 1\rangle = (x^n - 1)\mathbb{F}[x]$ 的剩余类环

$$\overline{\mathbb{F}[x]} = \mathbb{F}[x]/\langle x^n - 1\rangle = \{\, a_0 + a_1 x + \cdots + a_{n-1}x^{n-1} \mid a_i \in \mathbb{F}\,\}.$$

通过下述 $\mathbb{F}$-向量空间同构

$$\mathbb{F}^n \xrightarrow{\cong} \overline{\mathbb{F}[x]}, \quad (a_0, a_1, \cdots, a_{n-1}) \longmapsto a_0 + a_1 x + \cdots + a_{n-1}x^{n-1}.$$

把任意的线性码 $C \leqslant \mathbb{F}^n$ 对应于子空间 $C \leqslant \overline{\mathbb{F}[x]}$, 每个码字 $c = (c_0, c_1, \cdots, c_{n-1})$ 对应一个多项式 $c(x) = c_0 + c_1\bar{x} + \cdots + c_{n-1}\bar{x}^{n-1}$, 则 C 是循环码就是说在 $\overline{\mathbb{F}[x]}$ 中 C 是理想.

在模 n 剩余环 $\mathbb{Z}_n = \mathbb{Z}/n\mathbb{Z}$ 中, 因 $\gcd(n, q) = 1$, 剩余类 $[q]$ 是可逆元, 即 q 是可逆元乘群 $\mathbb{Z}_n^\times$ 中的元, 设在乘群 $\mathbb{Z}_n^\times$ 中 q 的阶为 m, 记作 $|q|_n = m$, 即

$$n \mid (q^m - 1), \qquad \text{但}\ n \nmid (q^k - 1),\ \forall\, 0 < k < m.$$

按照有限域存在和唯一性定理, 阶为 $q^m = p^{m\ell}$ 的有限域 $\mathbb{F}_{q^m}$ 唯一存在, 它就是 $\mathbb{F}$ 的 m 次扩张.

引理 3.3.1 记号同上. $\mathbb{F}_{q^m}$ 是 $x^n - 1$ 的分裂域; 特别地, 在 $\mathbb{F}_{q^m}$ 中存在本原 n 次单位根 ω, 它在 $\mathbb{F}$ 上的极小多项式为 m 次.

证 因为 $\gcd(n, q) = 1$, 多项式 $x^n - 1$ 没有重根, 所以如果在扩张 $\mathbb{F}_{q^k}$ 中 $x^n - 1$ 可分裂, 它就恰有 n 个根, 构成 n 阶循环群. 这个 n 阶循环群的生成元就是 n 次本原单位根. 那么 $n \mid (q^k - 1)$.

反之, 如果 $n \mid (q^k - 1)$, 因为乘群 $\mathbb{F}_{q^k}^\times$ 阶为 $q^k - 1$, $\mathbb{F}_{q^k}^\times$ 中就有 n 阶元 ω, 所以 $1, \omega, \cdots, \omega^{n-1}$ 就恰是 $x^n - 1$ 的全部根, 即在 $\mathbb{F}_{q^k}$ 中 $x^n - 1$ 可以分裂.

综上, 在 $\mathbb{F}_{q^k}$ 中 $x^n - 1$ 可以分裂当且仅当 $n \mid (q^k - 1)$. 按照 $m = |q|_n$ 的定义, $\mathbb{F}_{q^m}$ 是 $x^n - 1$ 的分裂域. 特别, 在 $\mathbb{F}_{q^m}$ 中有本原 n 次单位根 ω, 而且

$$\mathbb{F}(\omega) = \mathbb{F}_{q^m}.$$

所以 ω 在 $\mathbb{F}$ 上的极小多项式为 m 次. □

注 (1) 那么 $1, \omega, \cdots, \omega^{m-1}$ 在 $\mathbb{F}$ 上线性无关, 而且

$$\mathbb{F}_{q^m} = \{\, a_0 + a_1\omega + \cdots + a_{m-1}\omega^{m-1} \mid a_i \in \mathbb{F},\ 0 \leqslant i \leqslant m-1\,\}.$$

(2) 在 $\mathbb{F}_{q^m}$ 中有分解

$$x^n-1=(x-1)(x-\omega)\cdots(x-\omega^{n-1})\,.$$

(3) 但在 $\mathbb{F}$ 中

$$x^n-1=p_1(x)\cdots p_r(x),$$

其中, 每个 $p_i(x)$ 都是 $\mathbb{F}[x]$ 中的不可约多项式; 如果 $\alpha\in\{1,\omega,\cdots,\omega^{n-1}\}$ 是 $p_i(x)$ 的根, 那么 $p_i(x)$ 就是 α 的极小多项式.

设 $C\leqslant\overline{\mathbb{F}[x]}$ 是循环码, 设 $g(x)$ 是 C 的生成多项式, $\deg g(x)=h<n$. 那么 $x^n-1=g(x)h(x)$. 所以 $g(x)$ 的根都是 x^n-1 的根, 即存在 $\alpha_1,\cdots,\alpha_h\in\{1,\omega,\cdots,\omega^{n-1}\}$ 使得 $g(x)=(x-\alpha_1)\cdots(x-\alpha_h)$. 对 $a(x)\in\overline{\mathbb{F}[x]}$, 我们知道 $a(x)\in C$ 当且仅当 $g(x)\,|\,a(x)$, 也就是当且仅当 $a(\alpha_i)=0$, $\forall i=1,\cdots,h$. 所以

$$C=\left\{a(x)\in\overline{\mathbb{F}[x]}\;\middle|\;a(\alpha_i)=0,\ \forall\, i=1,\cdots,h\right\}.$$

定义 3.3.2 循环码 C 的生成多项式的根 (零点), 也就是上式中的 $\alpha_1,\cdots,\alpha_h$ 称为循环码 C 的零点.

实际上, 要判断 $a(x)$ 是否属于 C, 并不需要生成多项式 $g(x)$ 的所有零点.

引理 3.3.3 设在 $\mathbb{F}$ 中循环码 C 的生成多项式 $g(x)=p_1(x)\cdots p_t(x)$, 其中 $p_i(x)(i=1,\cdots,t)$ 是 $\mathbb{F}[x]$ 中的不可约多项式, 对每个 $p_i(x)$ 取一个零点 $\beta_i\in\{1,\omega,\cdots,\omega^{n-1}\}$, 那么对 $a(x)\in\overline{\mathbb{F}[x]}$, $a(x)\in C$ 当且仅当

$$a(\beta_i)=0,\quad\forall i=1,\cdots,t.$$

证 $a(x)\in C$ 当且仅当 $g(x)\,|\,a(x)$ 当且仅当 $a(\alpha_i)=0$, $\forall\, i=1,\cdots,h$.

显然 $a(\alpha_i)=0,\forall\, i=1,\cdots,h\Rightarrow a(\beta_i)=0\,,\forall\ i=1,\cdots,t$.

现假设 $a(\beta_i)=0$, 由于 β_i 是 $p_i(x)$ 的根, $p_i(\beta_i)=0$. 因为 $p_i(x)\in\mathbb{F}[x]$ 是不可约多项式, 所以 $p_i(x)\,|\,a(x)$. 注意到对任意的 $1\leqslant i\neq j\leqslant t$, $p_i(x),p_j(x)$ 两两互素. 因此

$$p_1(x)\cdots p_t(x)\,|\,a(x),$$

即 $g(x)\,|\,a(x)$. 故 $a(\alpha_i)=0$, $\forall\, i=1,\cdots,h$. □

注 令 $a(x)=a_0+a_1x+\cdots+a_{n-1}x^{n-1}$, 那么 $a(\beta_i)=0$ 也就是

$$a_0+a_1\beta_i+\cdots+a_{n-1}\beta_i^{n-1}=0,\quad i=1,\cdots,t.$$

也就是

$$\begin{pmatrix}1&\beta_1&\cdots&\beta_1^{n-1}\\1&\beta_2&\cdots&\beta_2^{n-1}\\\vdots&\vdots&&\vdots\\1&\beta_t&\cdots&\beta_t^{n-1}\end{pmatrix}\begin{pmatrix}a_0\\a_1\\\vdots\\a_{n-1}\end{pmatrix}=\mathbf{0},$$

所以 C 就是关于未知元 $\xi_0,\xi_1,\cdots,\xi_{n-1}$ 的线性方程组

$$\begin{pmatrix}1 & \beta_1 & \cdots & \beta_1^{n-1}\\ 1 & \beta_2 & \cdots & \beta_2^{n-1}\\ \vdots & \vdots & & \vdots\\ 1 & \beta_t & \cdots & \beta_t^{n-1}\end{pmatrix}\begin{pmatrix}\xi_0\\ \xi_1\\ \vdots\\ \xi_{n-1}\end{pmatrix}=\mathbf{0}$$

在 $\mathbb{F}$ 中的解子空间. (注意: 不是在 $\mathbb{F}_{q^m}$ 中!)

反过来, 我们有

定理 3.3.4 设 $\beta_1,\cdots,\beta_t\in\{1,\omega,\cdots,\omega^{n-1}\}$, 设 $p_i(x)$ 是 β_i 的在 $\mathbb{F}$ 上的极小多项式, 令 $g(x)=\mathrm{lcm}(p_1(x),\cdots,p_t(x))$ (最小公倍式). 则

$$C=\left\{a(x)\in\overline{\mathbb{F}[x]}\;\middle|\;a(\beta_i)=0,\ \forall\, i=1,\cdots,t\right\}$$

是以 $g(x)$ 为生成多项式的循环码, 称为以 $\beta_1,\cdots,\beta_t$ 为零点的循环码.

证 对所有 $i=1,\cdots,t$, $a(\beta_i)=0$ 当且仅当 $p_i(x)|a(x)$, 当且仅当 $g(x)|a(x)$. □

注 同上注解可知, 定理 3.3.4 中的 C 是关于未知元 $\xi_0,\xi_1,\cdots,\xi_{n-1}$ 的线性方程组

$$\begin{pmatrix}1 & \beta_1 & \cdots & \beta_1^{n-1}\\ \vdots & \vdots & & \vdots\\ 1 & \beta_t & \cdots & \beta_t^{n-1}\end{pmatrix}\begin{pmatrix}\xi_0\\ \xi_1\\ \vdots\\ \xi_{n-1}\end{pmatrix}=\mathbf{0} \tag{$*$}$$

在 $\mathbb{F}$ 中的解子空间. (注意: 不是在 $\mathbb{F}_{q^m}$ 中!)

可以把上面的系数矩阵改造成一个 $\mathbb{F}$ 上的矩阵. $\mathbb{F}_{q^m}$ 是 $\mathbb{F}$ 上的 m 维向量空间, 有基底 $\gamma_1,\cdots,\gamma_m$. 任意 $\beta_i^j\in\mathbb{F}_{q^m}$, 可写为 $\beta_i^j=\sum_{k=1}^m b_{ik}^{(j)}\gamma_k=b_{i1}^{(j)}\gamma_1+\cdots+b_{im}^{(j)}\gamma_m$, 即

$$\beta_i^j=\begin{pmatrix}\gamma_1 & \cdots & \gamma_m\end{pmatrix}\begin{pmatrix}b_{i1}^{(j)}\\ \vdots\\ b_{im}^{(j)}\end{pmatrix}.$$

而 $\sum_{j=0}^{n-1}\xi_j\beta_i^j=0$, 就是

$$0=\sum_{j=0}^{n-1}\xi_j\beta_i^j=\sum_{j=0}^{n-1}\xi_j\sum_{k=1}^{m}b_{ik}^{(j)}\gamma_k=\sum_{k=1}^{m}\gamma_k\left(\sum_{j=0}^{n-1}\xi_j b_{ik}^{(j)}\right),$$

即

$$\begin{pmatrix}\gamma_1 & \cdots & \gamma_m\end{pmatrix}\begin{pmatrix} b_{i1}^{(0)} & b_{i1}^{(1)} & \cdots & b_{i1}^{(n-1)} \\ b_{i2}^{(0)} & b_{i2}^{(1)} & \cdots & b_{i2}^{(n-1)} \\ \vdots & \vdots & & \vdots \\ b_{im}^{(0)} & b_{im}^{(1)} & \cdots & b_{im}^{(n-1)} \end{pmatrix}\begin{pmatrix}\xi_0 \\ \xi_1 \\ \vdots \\ \xi_{n-1}\end{pmatrix} = 0.$$

所以对 $\xi_i \in \mathbb{F}$, $i = 0, \cdots, n-1$, $\sum_{j=0}^{n-1} \xi_j \beta^j = 0$ 等价于

$$\begin{pmatrix} b_{i1}^{(0)} & b_{i1}^{(1)} & \cdots & b_{i1}^{(n-1)} \\ \vdots & \vdots & & \vdots \\ b_{im}^{(0)} & b_{im}^{(1)} & \cdots & b_{im}^{(n-1)} \end{pmatrix}\begin{pmatrix}\xi_0 \\ \xi_1 \\ \vdots \\ \xi_{n-1}\end{pmatrix} = \mathbf{0}.$$

那么, 求线性方程组 $(*)$ 在 $\mathbb{F}$ 中的解, 等价于求 $\mathbb{F}$ 上的线性方程组的解:

$$\begin{pmatrix} b_{11}^{(0)} & b_{11}^{(1)} & \cdots & b_{11}^{(n-1)} \\ \vdots & \vdots & & \vdots \\ b_{1m}^{(0)} & b_{1m}^{(1)} & \cdots & b_{1m}^{(n-1)} \\ \vdots & \vdots & & \vdots \\ b_{t1}^{(0)} & b_{t1}^{(1)} & \cdots & b_{t1}^{(n-1)} \\ \vdots & \vdots & & \vdots \\ b_{tm}^{(0)} & b_{tm}^{(1)} & \cdots & b_{tm}^{(n-1)} \end{pmatrix}\begin{pmatrix}\xi_0 \\ \xi_1 \\ \vdots \\ \xi_{n-1}\end{pmatrix} = \mathbf{0}. \qquad (**)$$

定理 3.3.5　*二元 Hamming 码是循环码.*

证　记 $\mathbb{F}_2 = \mathbb{Z}_2$ 是二元域. 矩阵

$$\boldsymbol{H} = (\boldsymbol{H}_0 \quad \boldsymbol{H}_1 \quad \cdots \quad \boldsymbol{H}_{n-1})$$

的列向量 $\boldsymbol{H}_j$ 恰是 $\mathbb{F}_2^k$ 的全部非零向量, 特别, $n = 2^k - 1$. 参数 $[n, n-k, 3]$ 的二元 Hamming 码 $\mathcal{C}$ 就是 $\boldsymbol{HX} = \mathbf{0}$ 的解子空间.

阶为 2^k 的域 $\mathbb{F}_{2^k}$ 是 $\mathbb{F}_2$ 的 k 次扩张, 作为 $\mathbb{F}_2$ 的向量空间有基底 $\gamma_1, \cdots, \gamma_k$, $\mathbb{F}_{2^k}$ 的每元写为 $\gamma_1, \cdots, \gamma_k$ 的线性组合, 对应于 $\mathbb{F}_2^k$ 的向量. $\mathbb{F}_{2^k}^\times$ 恰对应于 $\mathbb{F}_2^k$ 的所有非零向量. $\mathbb{F}_{2^k}^\times$ 是阶为 $n = 2^k - 1$ 的循环群, 有生成元 ω, 而

$$\mathbb{F}_{2^k}^\times = \{1, \omega, \omega^2, \cdots, \omega^{n-1}\}.$$

它们恰对应于 $\boldsymbol{H}$ 的所有列向量. 由上述定理的注解知

$$\mathcal{C} = \left\{ a(x) \in \overline{\mathbb{F}_2[x]} \;\middle|\; a(\omega) = 0 \right\}.$$

所以 $\mathcal{C}$ 是以 ω 的极小多项式 $g(x)$ 为生成多项式的循环码. □

更一般地, 有结果

定理 3.3.6 设 $\mathbb{F}=\mathbb{F}_q$ 是 q 阶有限域. $\boldsymbol{H}$ 的列向量恰为 $\mathrm{PG}^1(\mathbb{F}^k)$ 的取自所有一维子空间的代表向量, C 是以 $\boldsymbol{H}$ 为检验矩阵的 Hamming 码. 如果 $\gcd(k,q-1)=1$, 则 C 是循环码.

证明参见文献 (Roman S, 1992).

回到最开始的假设.

定义 3.3.7 设 $\mathbb{F}=\mathbb{F}_q$ 是 q 阶有限域, 设 ω 是扩域 $\mathbb{F}_{q^m}$ 中的 n 次本原单位根, 这里 $\gcd(n,q)=1$, $m=|q|_n$. 设 $b\geqslant 0$, $d\geqslant 2$ 且 $b+d-2<n$. 称以 $\omega^b,\omega^{b+1},\cdots,\omega^{b+d-2}$ 为零点的循环码 C 为设计距离为 d 的 BCH 码.

特别地, 当 $b=1$ 时, 称为狭义的 BCH 码; 当 $n=q^m-1$ 时, 称为本原的 BCH 码.

注 3.3.8 根据上述定义, 设 $p_j(x)$ 是 ω^j 的在 $\mathbb{F}$ 上的极小多项式, 这里 $b\leqslant j\leqslant b+d-2$. 令

$$g(x)=\mathrm{lcm}(p_b(x),\cdots,p_{b+d-2}(x)).$$

则由定理 3.3.4, BCH 码

$$C=\left\{a(x)\in\overline{\mathbb{F}[x]}\;\middle|\;a(\omega^j)=0,\;\;\forall\, b\leqslant j\leqslant b+d-2\right\}$$

就是以 $g(x)$ 为生成多项式的循环码.

定理 3.3.9 设计距离为 d 的 BCH 码的极小距离不小于 d.

证 设计距离为 d 的 BCH 码 C 是线性方程组

$$\begin{pmatrix} 1 & \omega^b & \omega^{2b} & \cdots & \omega^{(n-1)b} \\ 1 & \omega^{b+1} & \omega^{2(b+1)} & \cdots & \omega^{(n-1)(b+1)} \\ \vdots & \vdots & \vdots & & \vdots \\ 1 & \omega^{b+d-2} & \omega^{2(b+d-2)} & \cdots & \omega^{(n-1)(b+d-2)} \end{pmatrix}\begin{pmatrix} \xi_0 \\ \xi_1 \\ \vdots \\ \xi_{n-1}\end{pmatrix}=\mathbf{0}$$

在 $\mathbb{F}$ 中的解的集合. 因此, 只需要证明 C 的任意非零码字的重量大于等于 d. 等价地, 只需要证明上述系数矩阵的任意 $d-1$ 列线性无关.

任取系数矩阵的 $d-1$ 列: 第 $j_1,j_2,\cdots,j_{d-1}$ 列, 其中 $0\leqslant j_1<j_2<\cdots<j_{d-1}\leqslant n-1$, 这 $d-1$ 列构成 $d-1$ 阶方阵, 其行列式为

$$
\begin{aligned}
&\det\begin{pmatrix}
\omega^{j_1 b} & \omega^{j_2 b} & \cdots & \omega^{j_{d-1} b}\\
\omega^{j_1(b+1)} & \omega^{j_2(b+1)} & \cdots & \omega^{j_{d-1}(b+1)}\\
\vdots & \vdots & & \vdots\\
\omega^{j_1(b+d-2)} & \omega^{j_2(b+d-2)} & \cdots & \omega^{j_{d-1}(b+d-2)}
\end{pmatrix}\\
&=\omega^{j_1 b}\omega^{j_2 b}\cdots\omega^{j_{d-1} b}\cdot\det\begin{pmatrix}
1 & 1 & \cdots & 1\\
\omega^{j_1} & \omega^{j_2} & \cdots & \omega^{j_{d-1}}\\
\vdots & \vdots & & \vdots\\
\omega^{j_1(d-2)} & \omega^{j_2(d-2)} & \cdots & \omega^{j_{d-1}(d-2)}
\end{pmatrix}\\
&=\omega^{j_1 b}\omega^{j_2 b}\cdots\omega^{j_{d-1} b}\prod_{1\leqslant r<s\leqslant d-1}(\omega^{j_s}-\omega^{j_r}).
\end{aligned}
$$

因 $0\leqslant j_r<j_s\leqslant n-1$, 故上述行列式不等于零, 因此, $\boldsymbol{H}$ 的任意 $d-1$ 列线性无关, 从而码的极小距离 $\geqslant d$. □

注 (1) 设计距离为 d 的 BCH 码的极小距离可真大于 d. 如定理 3.3.9 说二元 Hamming 码是设计距离 2 的 BCH 码, 但 Hamming 码的极小距离为 3.

(2) 一般地确定 BCH 码的维数以及其极小距离是至今未完全解决的问题.

(3) 研究一个 BCH 码的对偶码在什么情况下仍然是一个 BCH 码也是一个有意义的研究课题.

习 题 3.3

1. 设 C 是 $\mathbb{F}_q$ 上的一个循环码. 它的零点的集合是 T, 生成多项式为 $g(x)$. 设 C_e 是 C 的一个子码. 它包含了 C 中所有重量为偶数的码字. 证明:
   (1) C_e 是循环码, C_e 的零点的集合为 $T\cup\{1\}$.
   (2) $C=C_e$ 当且仅当 $1\in T$ 当且仅当 $g(1)=0$.
   (3) 如果 $C\neq C_e$, 则 C_e 的生成多项式为 $(x-1)g(x)$.
   (4) 如果 $q=2$ 且 n 是奇数, 则 C 包含全 1 向量当且仅当 $1\notin T$.
2. 设 C_i 是 $\mathbb{F}_q$ 上长 n 的循环码, 它的零点的集合是 T_i, $i=1, 2$. 证明:
   (1) $C_1\subseteq C_2$ 当且仅当 $T_2\subseteq T_1$.
   (2) C_1+C_2 的零点的集合为 $T_1\cap T_2$.
   (3) $C_1\cap C_2$ 的零点的集合为 $T_1\cup T_2$.
3. 设 $n=ab$, 证明码长为 n, 设计距离为 a 的二元狭义 BCH 码 C 的极小距离为 a.
4. 设 $x^n-1=g(x)h(x)$, 其中 $g(x)$ 和 $h(x)$ 为 $\mathbb{F}_q[x]$ 中的首一多项式, $\gcd(n,q)=1$. 令 C 是以 $g(x)$ 为生成式的码长为 n 的 q 元循环码. 证明: C 是自正交码当且仅当对于 $h(x)$ 的每个根 α,α^{-1} 均为 $g(x)$ 的根.

3.4 BCH 码的译码算法

为方便, 我们在本节只考虑狭义 BCH 码, 即 $b=1$ 的情形. 以下假设 $b=1$, 设计距离 $d=2t+1$, 即码 C 由单位根 $\omega,\omega^2,\cdots,\omega^{2t}$ 决定.

设 $c(z)\in C$, 发送出去, 接收到的是 $r(z)=r_0+r_1z+\cdots+r_{n-1}z^{n-1}$, 那么错码是 $e(z)=r(z)-c(z)$. 设 $e(z)=e_0+e_1z+\cdots+e_{n-1}z^{n-1}$. 注意到接收者只知道 $r(z)$, 我们的目的由 $r(z)$ 求出 $c(z)$ (实际上只需求出 $e(z)$). 其给定的条件是 $e(\omega^i)=r(\omega^i)$, 这是由于 $c(\omega^i)=0$.

为了准确地叙述算法, 我们先给出几个概念.

令 $M=\{0\leqslant i\leqslant n-1\mid e_i\neq 0\}$ 称为错误发生的位置, $f=|M|$ 称为错误的个数, 并恒设 $f\leqslant t$. 构造两个多项式如下:

$$\begin{cases}\sigma(z)=\prod\limits_{i\in M}(1-\omega^i z), & \text{称为错误探测多项式},\\ \tau(z)=\sum\limits_{i\in M}e_i\omega^i z\prod\limits_{j\in M-\{i\}}(1-\omega^j z). \end{cases}\tag{3.4.1}$$

显然有

$$\begin{cases}\deg(\sigma(z))=f,\\ \deg(\tau(z))\leqslant f.\end{cases}\tag{3.4.2}$$

而且容易得到

$$\begin{cases}k\in M\Longleftrightarrow \sigma(\omega^{-k})=0,\\ k\in M\Longrightarrow e_k=\dfrac{-\tau(\omega^{-k})\omega^k}{\sigma'(\omega^{-k})},\end{cases}\tag{3.4.3}$$

其中 $\sigma'(z)$ 是 $\sigma(z)$ 的导出多项式, 且

$$\sigma'(z)=\sum_{i\in M}-\omega^i\prod_{j\in M-\{i\}}(1-\omega^j z).$$

因此译码归结为

1. 由 $r(z)$ 求出 $\sigma(z)$ 与 $\tau(z)$

现在计算 $\tau(z)$ 如下

$$\begin{aligned}\tau(z)&=\sigma(z)\sum_{i\in M}e_i\frac{\omega^i z}{1-\omega^i z}\\ &=\sigma(z)\sum_{i\in M}e_i\omega^i z\sum_{l=0}^{\infty}(\omega^i z)^l\\ &=\sigma(z)\sum_{i\in M}e_i\sum_{l=1}^{\infty}(\omega^i z)^l\\ &=\sigma(z)\sum_{l=1}^{\infty}\left(\sum_{i\in M}e_i\omega^{il}\right)z^l.\end{aligned}$$

注意到 $i \notin M$ 时, $e_i = 0$,

$$\sum_{i\in M} e_i\omega^{il} = \sum_{i=0}^{n-1} e_i(\omega^l)^i = e(\omega^l).$$

故

$$\tau(z) = \sigma(z) \cdot \sum_{l=1}^{\infty} e(\omega^l)z^l.$$

设 $\sigma(z) = \sigma_0 + \sigma_1 z + \cdots + \sigma_t z^t \ (\sigma_0 = 1)$, 则

$$\begin{aligned}\tau(z) &= \sigma(z) \sum_{l=1}^{\infty} e(\omega^l)z^l \\ &= \sum_{j=0}^{t} \sigma_j z^j \sum_{l=1}^{\infty} e(\omega^l)z^l \\ &= \sum_{k=1}^{\infty} \left(\sum_{j+l=k} \sigma_j e(\omega^l) \right) z^k.\end{aligned}$$

比较等式两边 z^k 的系数, 由于 $\deg(\tau(z)) \leqslant f \leqslant t$, 故当 $k = t+1, t+2, \cdots, 2t$ 时, 右边 z^k 的系数为零, 由此我们得出 t 个等式

$$\sum_{j+l=k} \sigma_j e(\omega^l) = 0, \quad 0 \leqslant j \leqslant t, \quad k = t+1, t+2, \cdots, 2t,$$

由于 $t \leqslant l \leqslant 2t$, 故 $e(\omega^l) = e(\omega^l)$. 于是译码可进一步简化为

2. 由 $r(x)$ 求出 $\sigma(z)$.

由上面 t 个等式可得

$$\sum_{j=0}^{t} \sigma_j r(\omega^{k-j}) = 0, \quad k = t+1, t+2, \cdots, 2t. \tag{3.4.4}$$

换言说, $(\sigma_0, \sigma_1, \cdots, \sigma_t)$ 是下述齐次线性方程组

$$\sum_{i=0}^{t} r(\omega^{k-i})\xi_i = 0, \quad k = t+1, t+2, \cdots, 2t \tag{3.4.5}$$

的解.

反之, 任取 (3.4.5) 的一个解 $(\tilde{\sigma}_0, \tilde{\sigma}_1, \cdots, \tilde{\sigma}_t)$, 其使得 $\tilde{\sigma}_0 = 1$, 令 $\tilde{\sigma}(z) = \sum_{i=0}^{t} \tilde{\sigma}_i z^i$, 则对 $k = t+1, t+2, \cdots, 2t$, 注意到 $1 \leqslant k-i \leqslant 2t$ 和 $r(\omega^{k-i}) = e(\omega^{k-i})$, 则

$$0 = \sum_{i=0}^{t} r(\omega^{k-i})\tilde{\sigma}_i = \sum_{i=0}^{t} e(\omega^{k-i})\tilde{\sigma}_i$$

$$= \sum_{i=0}^{t}\left(\sum_{j=0}^{n-1} e_j\omega^{(k-i)j}\right)\tilde{\sigma}_i = \sum_{i=0}^{t}\left(\sum_{j\in M} e_j\omega^{(k-i)j}\right)\tilde{\sigma}_i$$
$$= \sum_{j\in M}\left(\sum_{i=0}^{t}\tilde{\sigma}_i(\omega^{-j})^i\right)e_j\omega^{kj} = \sum_{j\in M}\tilde{\sigma}(\omega^{-j})e_j\omega^{kj}.$$

将 M 适当地加上指标使 M 扩充成 $M'=\{j_1,j_2,\cdots,j_t\}$, 而 $e_{j_\alpha}=0,\alpha=f+1,\cdots,t$, 从而上面等式

$$0=\sum_{j\in M'}\tilde{\sigma}(\omega^{-j})e_j\omega^{kj},\quad k=t+1,\cdots,2t.$$

设 $0\leqslant j_1<j_2<\cdots<j_t\leqslant n-1$, 则 $\tilde{\sigma}(\omega^{-j_1})e_{j_1},\cdots,\tilde{\sigma}(\omega^{-j_t})e_{j_t}$ 就是

$$\sum_{\alpha=1}^{t}\omega^{kj_\alpha}\xi_{j_\alpha}=0$$

的解, 这里 $k=t+1,\cdots,2t$. 其系数行列式为

$$\det\begin{pmatrix}\omega^{(t+1)j_1} & \omega^{(t+1)j_2} & \cdots & \omega^{(t+1)j_t}\\ \omega^{(t+2)j_1} & \omega^{(t+2)j_2} & \cdots & \omega^{(t+2)j_t}\\ \vdots & \vdots & & \vdots\\ \omega^{2tj_1} & \omega^{2tj_2} & \cdots & \omega^{2tj_t}\end{pmatrix}$$

$$=\omega^{(t+1)(j_1+j_2+\cdots+j_t)}\cdot\det\begin{pmatrix}1 & 1 & \cdots & 1\\ \omega^{j_1} & \omega^{j_2} & \cdots & \omega^{j_t}\\ \vdots & \vdots & & \vdots\\ \omega^{(t-1)j_1} & \omega^{(t-1)j_2} & \cdots & \omega^{(t-1)j_t}\end{pmatrix}$$

$$=\omega^{(t+1)(j_1+j_2+\cdots+j_t)}\prod_{1\leqslant\alpha<\beta\leqslant t}(\omega^{j_\beta}-\omega^{j_\alpha})\neq 0.$$

故上述方程组只有零解. 则

$$\tilde{\sigma}(\omega^{-j_1})e_{j_1}=0,\cdots,\tilde{\sigma}(\omega^{-j_t})e_{j_t}=0.$$

所以 $\tilde{\sigma}(\omega^{-j})=0,j\in M$, 而 $\{\omega^{-j},j\in M\}$ 是 $\sigma(z)$ 的全部根, 故

$$\sigma(z)\,\big|\,\tilde{\sigma}(z).$$

据 (3.4.5), 我们可得

3. BCH 码的译码算法原理 (Berlekamp 译码算法)

记号同上. 取方程组 (3.4.5) 的解 $(\tilde{\sigma}_0, \tilde{\sigma}_1, \cdots, \tilde{\sigma}_t)$, t 已知, 使 $\tilde{\sigma}_0 = 1$, 其中使 $\tilde{\sigma}(z) = \tilde{\sigma}_0 + \tilde{\sigma}_1 z + \cdots + \tilde{\sigma}_t z^t$ 次数最低, 此时的多项式即为 $\sigma(z)$.

下面我们通过一个具体的例子来结束本节.

例 3.4.1　设 ω 是由 $\omega^4 + \omega + 1 = 0$ 定义的 $\mathbb{F}_{2^4}$ 中的本原域元素, $\omega^{15} = 1, \omega^i \neq 1, 1 \leqslant i \leqslant 14$, 设此时我们采用的是码长为 15, 设计距离为 $d = 5$ 的狭义 BCH 码, 且接收向量为

$$r(z) = 1 + z^2 + z^4 + z^7 + z^9 + z^{11} + z^{12} + z^{13} + z^{14}.$$

试采用 Berlekamp 译码算法原理译出这个向量.

解　此时 $t = 2$, 考虑方程组 $\sum\limits_{i=0}^{2} r(\omega^{k-i})\xi_i = 0, k = 3, 4$ 的解, 由于

$$r(\omega) = \omega, \quad r(\omega^2) = \omega^2, \quad r(\omega^3) = 0, \quad r(\omega^4) = \omega^4,$$

故此方程组为

$$\begin{cases} r(\omega^3)\xi_0 + r(\omega^2)\xi_1 + r(\omega)\xi_2 = 0, \\ r(\omega^4)\xi_0 + r(\omega^3)\xi_1 + r(\omega^2)\xi_2 = 0. \end{cases}$$

亦即

$$\begin{cases} \omega^2\xi_1 + \omega\xi_2 = 0, \\ \omega^4\xi_0 + \omega^2\xi_2 = 0 \end{cases} \iff \begin{cases} \omega^2\xi_1 + \omega\xi_2 = 0, \\ \omega^4 + \omega^2\xi_2 = 0. \end{cases}$$

由此即得

$$\xi_2 = \omega^2, \quad \xi_1 = \omega, \quad \xi_0 = 1.$$

将其写成

$$\sigma(z) = \prod_{j \in M} (1 - \omega^j z) = (1 - \omega^6 z)(1 - \omega^{11} z).$$

因此 $r(z)$ 在第 6 个和第 11 个位置出错, 由于其是二元码, 只需将出错位置对应的 0 变为 1, 1 变为 0 即可. 故将 $r(z)$ 译为

$$c(z) = 1 + z^2 + z^4 + z^6 + z^7 + z^9 + z^{12} + z^{13} + z^{14}.$$

习　题　3.4

1. 设 C 是 例中的 BCH 码, 用 Berlekamp 译码算法译出下面向量 $r_1(x) = 1 + x + x^4 + x^5 + x^6 + x^7 + x^{10} + x^{11} + x^{13}$.

第 4 章　MacWilliams 的两个定理

4.1　Fourier 变换和 MacWilliams 恒等式

MacWilliams 恒等式本质上是 Fourier 变换中的泊松求和公式在编码中的展示. 所以我们先简介 $\mathbb{F}_q^n$ 上的特征标和 Fourier 变换.

4.1.1　$\mathbb{F}_q^n$ 的特征标

本节沿用 3.2 节的记号, 设 $\mathbb{F}_q = \mathbb{F}_{p^\ell}$ 是含 $q = p^\ell$ 个元的有限域, 其中 p 是一个素数. 特别地, $\mathbb{F}_p = \mathbb{Z}_p$ 是整数模 p 剩余系.

用 $\mathbb{C}$ 记复数域, $\mathbb{C}^\times$ 是复数域的非零元乘群. 以 c^* 记复数 c 的共轭复数.

令 $\mathbb{C}^{\mathbb{F}_q^n}$ 是定义在 $\mathbb{F}_q^n$ 上的所有复函数的集合. 那么 $\mathbb{C}^{\mathbb{F}_q^n}$ 是复向量空间而且可做函数乘法: 对 $f, g \in \mathbb{C}^{\mathbb{F}_q^n}$, 函数乘积 $fg \in \mathbb{C}^{\mathbb{F}_q^n}$ 定义为

$$(fg)(\boldsymbol{a}) = f(\boldsymbol{a})g(\boldsymbol{a}), \quad \forall\, \boldsymbol{a} \in \mathbb{F}_q^n .$$

函数乘法满足交换律、结合律. 常值函数 $1 : \mathbb{F}_q^n \to \mathbb{C}$, $\boldsymbol{a} \mapsto 1$ 是单位元.

回想: 命题 3.1.16 中定义了迹映射 (它是 $\mathbb{F}_p$-线性满同态)

$$\mathrm{Tr}_{p^\ell/p}: \ \mathbb{F}_{p^\ell} \to \mathbb{F}_p, \ \ \alpha \mapsto \mathrm{Tr}_{p^\ell/p}(\alpha) = \sum_{i=0}^{\ell-1} \alpha^{p^i}.$$

特别地, $\mathrm{Tr}_{p^\ell/p}(\alpha)$ 可以看作是整数模 p 剩余系.

设 $\omega \in \mathbb{C}^\times$ 是一个本原 p 次单位根. 例如, 若 $p = 3$, 可取 $\omega = \dfrac{-1+\sqrt{-3}}{2}$. 则

$$\mathbb{Z}_p \to \mathbb{C}^\times, \quad a \mapsto \omega^a \tag{4.1.1}$$

是从加法群 $\mathbb{Z}_p$ 到乘法群 $\mathbb{C}^\times$ 的一个单同态.

回想, $\mathbb{F}_q^n$ 有一个满秩的对称双线性型:

$$\langle \boldsymbol{a}, \boldsymbol{b} \rangle = a_1b_1 + \cdots + a_nb_n, \quad \boldsymbol{a} = (a_1, \cdots, a_n), \quad \boldsymbol{b} = (b_1, \cdots, b_n) \in \mathbb{F}_q^n. \tag{4.1.2}$$

那么对任意的 $\boldsymbol{a} \in \mathbb{F}_q^n$ 可以构造出从加法群 $\mathbb{F}_q^n$ 到乘法群 $\mathbb{C}^\times$ 的一个同态

$$\chi_{\boldsymbol{a}}: \ \mathbb{F}_q^n \to \mathbb{C}^\times, \ \ \boldsymbol{b} \mapsto \omega^{\mathrm{Tr}_{p^\ell/p}(\langle \boldsymbol{a}, \boldsymbol{b} \rangle)}. \tag{4.1.3}$$

引理 4.1.1 (1) 式 (4.1.3) 中的映射 $\chi_{\boldsymbol{a}}$ 是从加法群 $\mathbb{F}_q^n$ 到乘法群 $\mathbb{C}^\times$ 的一个群同态.

(2) 如果 $\boldsymbol{a} \neq \boldsymbol{a}'$, 那么 $\chi_{\boldsymbol{a}} \neq \chi_{\boldsymbol{a}'}$.

(3) $\chi_{\boldsymbol{a}+\boldsymbol{a}'} = \chi_{\boldsymbol{a}}\chi_{\boldsymbol{a}'}$, 即对任意的 $\boldsymbol{b} \in \mathbb{F}_q^n$, $\chi_{\boldsymbol{a}+\boldsymbol{a}'}(\boldsymbol{b}) = \chi_{\boldsymbol{a}}(\boldsymbol{b})\chi_{\boldsymbol{a}'}(\boldsymbol{b})$.

(4) $\chi_{\boldsymbol{0}} = 1$, 即对任意的 $\boldsymbol{b} \in \mathbb{F}_q^n$, $\chi_{\boldsymbol{0}}(\boldsymbol{b}) = 1$.

证 请参见本节习题 2 的证明. □

定义 4.1.2 设 $\boldsymbol{G}$ 是任意有限交换群. 从群 $\boldsymbol{G}$ 到 $\mathbb{C}^\times$ 的任意群同态 $\chi: \boldsymbol{G} \to \mathbb{C}^\times$ 称为群 $\boldsymbol{G}$ 的一个特征标. 群 $\boldsymbol{G}$ 的特征标的集合记为 $\widehat{\boldsymbol{G}}$.

可以证明: 在函数乘法运算之下 $\widehat{\boldsymbol{G}}$ 也是一个交换群. 对任意的有限交换群 $\boldsymbol{G}$, 有 $\boldsymbol{G} \cong \widehat{\boldsymbol{G}}$. 特别地, 上述引理中的 $\chi_{\boldsymbol{a}}$ 称为加群 $\mathbb{F}_q^n$ 的一个特征标. 而且容易得到 $\widehat{\mathbb{F}_q^n} = \{\chi_{\boldsymbol{a}} \mid \boldsymbol{a} \in \mathbb{F}_q^n\}$.

当 $n = 1$ 时, $\mathbb{F}$ 上的特征标为 $\widehat{\mathbb{F}_q} = \{\chi_a \mid a \in \mathbb{F}_q\}$, 这里 $\chi_a(b) = \omega^{\mathrm{Tr}_{p^\ell/p}(ab)}$, $\forall\, b \in \mathbb{F}$.

定理 4.1.3 第一正交关系: $\sum_{\boldsymbol{b}\in\mathbb{F}_q^n} \chi_{\boldsymbol{a}}(\boldsymbol{b})\chi_{\boldsymbol{a}'}(\boldsymbol{b})^* = \begin{cases} |\mathbb{F}_q^n|, & \boldsymbol{a} = \boldsymbol{a}', \\ 0, & \boldsymbol{a} \neq \boldsymbol{a}'. \end{cases}$

第二正交关系: $\sum_{\boldsymbol{a}\in\mathbb{F}_q^n} \chi_{\boldsymbol{a}}(\boldsymbol{b})\chi_{\boldsymbol{a}}(\boldsymbol{b}')^* = \begin{cases} |\mathbb{F}_q^n|, & \boldsymbol{b} = \boldsymbol{b}', \\ 0, & \boldsymbol{b} \neq \boldsymbol{b}'. \end{cases}$

证 因 $\mathrm{Tr}_{p^\ell/p}$ 是 $\mathbb{F}_p$-线性同态, $\langle -, - \rangle$ 是双线性, 易作以下计算 (注意 $\omega^* = \omega^{-1}$):

$$\begin{aligned}
\chi_{\boldsymbol{a}}(\boldsymbol{b})\chi_{\boldsymbol{a}'}(\boldsymbol{b})^* &= \omega^{\mathrm{Tr}_{p^\ell/p}(\langle \boldsymbol{a},\boldsymbol{b}\rangle)}\omega^{-\mathrm{Tr}_{p^\ell/p}(\langle \boldsymbol{a}',\boldsymbol{b}\rangle)} \\
&= \omega^{\mathrm{Tr}_{p^\ell/p}(\langle \boldsymbol{a},\boldsymbol{b}\rangle)-\mathrm{Tr}_{p^\ell/p}(\langle \boldsymbol{a}',\boldsymbol{b}\rangle)} \\
&= \omega^{\mathrm{Tr}_{p^\ell/p}(\langle \boldsymbol{a},\boldsymbol{b}\rangle-\langle \boldsymbol{a}',\boldsymbol{b}\rangle)} \\
&= \omega^{\mathrm{Tr}_{p^\ell/p}(\langle \boldsymbol{a}-\boldsymbol{a}',\boldsymbol{b}\rangle)}.
\end{aligned}$$

如果 $\boldsymbol{a} = \boldsymbol{a}'$, 即 $\boldsymbol{a} - \boldsymbol{a}' = \boldsymbol{0}$, 那么对任意的 $\boldsymbol{b} \in \mathbb{F}_q^n$, $\mathrm{Tr}_{p^\ell/p}(\langle \boldsymbol{a} - \boldsymbol{a}', \boldsymbol{b}\rangle) = 0$. 所以

$$\sum_{\boldsymbol{b}\in\mathbb{F}_q^n} \chi_{\boldsymbol{a}}(\boldsymbol{b})\chi_{\boldsymbol{a}'}(\boldsymbol{b})^* = |\mathbb{F}_q^n|.$$

否则, $\boldsymbol{a} - \boldsymbol{a}' \neq \boldsymbol{0}$, 由本节习题 3, 在 $\boldsymbol{b}$ 跑遍 $\mathbb{F}_q^n$ 时, $\mathrm{Tr}_{p^\ell/p}(\langle \boldsymbol{a} - \boldsymbol{a}', \boldsymbol{b}\rangle)$ 取值 $\mathbb{Z}_p = \{0, 1, \cdots, p-1\}$ 每个元素 $p^{\ell n-1}$ 次. 因 $(1-\omega)(1+\omega+\cdots+\omega^{p-1}) = 1 - \omega^p = 0$

而 $1-\omega\neq 0$, 故 $1+\omega+\cdots+\omega^{p-1}=0$. 所以

$$\sum_{\boldsymbol{b}\in\mathbb{F}_q^n}\chi_{\boldsymbol{a}}(\boldsymbol{b})\chi_{\boldsymbol{a}'}(\boldsymbol{b})^*=p^{\ell n-1}(1+\omega+\cdots+\omega^{p-1})=0.$$

这就证明了第一正交关系.

完全类似地证明第二正交关系. □

推论 4.1.4
$$\sum_{\boldsymbol{b}\in\mathbb{F}_q^n}\chi_{\boldsymbol{a}}(\boldsymbol{b})=\begin{cases}|\mathbb{F}_q^n|, & \boldsymbol{a}=\boldsymbol{0},\\ 0, & \boldsymbol{a}\neq\boldsymbol{0};\end{cases}$$

$$\sum_{\boldsymbol{a}\in\mathbb{F}_q^n}\chi_{\boldsymbol{a}}(\boldsymbol{b})=\begin{cases}|\mathbb{F}_q^n|, & \boldsymbol{b}=\boldsymbol{0},\\ 0, & \boldsymbol{b}\neq\boldsymbol{0}.\end{cases}$$

证 因为对任意的 $\boldsymbol{b}\in\mathbb{F}_q^n$ 有 $\chi_{\boldsymbol{0}}(\boldsymbol{b})=1$, 由第一正交关系, 得

$$\sum_{\boldsymbol{b}\in\mathbb{F}_q^n}\chi_{\boldsymbol{a}}(\boldsymbol{b})=\sum_{\boldsymbol{b}\in\mathbb{F}_q^n}\chi_{\boldsymbol{a}}(\boldsymbol{b})\chi_{\boldsymbol{0}}(\boldsymbol{b})^*=\begin{cases}|\mathbb{F}_q^n|, & \boldsymbol{a}=\boldsymbol{0},\\ 0, & \boldsymbol{a}\neq\boldsymbol{0}.\end{cases}$$

因为对任意的 $\boldsymbol{a}\in\mathbb{F}_q^n$ 有 $\chi_{\boldsymbol{a}}(\boldsymbol{0})=1$, 由第二正交关系, 类似地得出第二个结论. □

上述定理和推论可以容易地推广到 $\mathbb{F}_q^n$ 的子空间, 论证要点实质上都已在上面出现, 所以不仅习题 4, 下面的定理和推论的证明也都作为习题.

定理 4.1.5 设 C 是 $\mathbb{F}_q^n$ 的线性子空间.

第一正交关系:
$$\sum_{\boldsymbol{b}\in C}\chi_{\boldsymbol{a}}(\boldsymbol{b})\chi_{\boldsymbol{a}'}(\boldsymbol{b})^*=\begin{cases}|C|, & \boldsymbol{a}-\boldsymbol{a}'\in C^{\perp},\\ 0, & \boldsymbol{a}-\boldsymbol{a}'\notin C^{\perp}.\end{cases}$$

第二正交关系:
$$\sum_{\boldsymbol{a}\in C}\chi_{\boldsymbol{a}}(\boldsymbol{b})\chi_{\boldsymbol{a}}(\boldsymbol{b}')^*=\begin{cases}|C|, & \boldsymbol{b}-\boldsymbol{b}'\in C^{\perp},\\ 0, & \boldsymbol{b}-\boldsymbol{b}'\notin C^{\perp}.\end{cases}$$

推论 4.1.6 设 C 是 $\mathbb{F}_q^n$ 的线性子空间.

$$\sum_{\boldsymbol{b}\in C}\chi_{\boldsymbol{a}}(\boldsymbol{b})=\begin{cases}|C|, & \boldsymbol{a}\in C^{\perp},\\ 0, & \boldsymbol{a}\notin C^{\perp};\end{cases}$$

$$\sum_{\boldsymbol{a}\in C}\chi_{\boldsymbol{a}}(\boldsymbol{b})=\begin{cases}|C|, & \boldsymbol{b}\in C^{\perp},\\ 0, & \boldsymbol{b}\notin C^{\perp}.\end{cases}$$

4.1.2 $\mathbb{F}_q^n$ 上的 Fourier 变换

本小节始终设 V 是一个复向量空间. 令 $V^{\mathbb{F}_q^n} = \{f : \mathbb{F}_q^n \to V\}$ 是所有从 $\mathbb{F}_q^n$ 到 V 的函数 (映射) 的集合. 易验证 $V^{\mathbb{F}_q^n}$ 是复向量空间.

定义 4.1.7 对 $f \in V^{\mathbb{F}_q^n}$, 定义 $\Phi f \in V^{\mathbb{F}_q^n}$ 为: 对任意的 $\boldsymbol{a} \in \mathbb{F}_q^n$,

$$\Phi f(\boldsymbol{a}) = \sum_{\boldsymbol{b}\in\mathbb{F}_q^n} \chi_{\boldsymbol{a}}(\boldsymbol{b}) f(\boldsymbol{b}) = \sum_{\boldsymbol{b}\in\mathbb{F}_q^n} \omega^{\mathrm{Tr}_{p^\ell/p}(\langle \boldsymbol{a},\boldsymbol{b}\rangle)} f(\boldsymbol{b}).$$

称 Φf 为 f 的 Fourier 变换 (Fourier transform). 称映射

$$\Phi:\ V^{\mathbb{F}_q^n} \to V^{\mathbb{F}_q^n},\ \ f \mapsto \Phi f$$

为函数空间 $V^{\mathbb{F}_q^n}$ 的 Fourier 变换. 另一方面, 称映射

$$\Psi:\ V^{\mathbb{F}_q^n} \to V^{\mathbb{F}_q^n},\ \ g \mapsto \Psi g$$

为函数空间 $V^{\mathbb{F}_q^n}$ 的 Fourier 逆变换. 其中 $\Psi g \in V^{\mathbb{F}_q^n}$ 定义为: 对任意的 $\boldsymbol{b} \in \mathbb{F}_q^n$,

$$\Psi g(\boldsymbol{b}) = \frac{1}{|\mathbb{F}_q^n|} \sum_{\boldsymbol{a}\in\mathbb{F}_q^n} \chi_{\boldsymbol{a}}(\boldsymbol{b})^* g(\boldsymbol{a}).$$

下述引理表明: Φ 与 Ψ 确实为彼此互逆的变换.

引理 4.1.8 $\Psi\Phi f = f, \forall f \in V^{\mathbb{F}_q^n}$.

$$\Phi\Psi g = g,\ \ \forall g \in V^{\mathbb{F}_q^n}.$$

证 我们有如下计算:

$$\begin{aligned}
(\Psi\Phi f)(\boldsymbol{b}) &= \frac{1}{|\mathbb{F}_q^n|} \sum_{\boldsymbol{a}\in\mathbb{F}_q^n} \chi_{\boldsymbol{a}}(\boldsymbol{b})^* \cdot \Phi f(\boldsymbol{a}) \\
&= \frac{1}{|\mathbb{F}_q^n|} \sum_{\boldsymbol{a}\in\mathbb{F}_q^n} \chi_{\boldsymbol{a}}(\boldsymbol{b})^* \sum_{\boldsymbol{b}'\in\mathbb{F}_q^n} \chi_{\boldsymbol{a}}(\boldsymbol{b}') f(\boldsymbol{b}') \\
&= \sum_{\boldsymbol{b}'\in\mathbb{F}_q^n} \left(\frac{1}{|\mathbb{F}_q^n|} \sum_{\boldsymbol{a}\in\mathbb{F}_q^n} \chi_{\boldsymbol{a}}(\boldsymbol{b})^* \chi_{\boldsymbol{a}}(\boldsymbol{b}') \right) f(\boldsymbol{b}').
\end{aligned}$$

由第二正交关系,

$$\frac{1}{|\mathbb{F}_q^n|} \sum_{\boldsymbol{a}\in\mathbb{F}_q^n} \chi_{\boldsymbol{a}}(\boldsymbol{b})^* \chi_{\boldsymbol{a}}(\boldsymbol{b}') = \begin{cases} 0, & \boldsymbol{b} \neq \boldsymbol{b}', \\ 1, & \boldsymbol{b} = \boldsymbol{b}'. \end{cases}$$

所以 $(\Psi\Phi f)(\boldsymbol{b}) = f(\boldsymbol{b}), \forall\, \boldsymbol{b} \in \mathbb{F}_q^n$, 即 $\Psi\Phi f = f$.

类似地, 利用第一正交关系, 计算得

$$\begin{aligned}(\Phi\Psi g)(\boldsymbol{a}) &= \sum_{\boldsymbol{b}\in\mathbb{F}_q^n} \chi_{\boldsymbol{a}}(\boldsymbol{b}) \cdot \Psi g(\boldsymbol{b}) \\ &= \sum_{\boldsymbol{b}\in\mathbb{F}_q^n} \chi_{\boldsymbol{a}}(\boldsymbol{b}) \frac{1}{q^n} \sum_{\boldsymbol{a}'\in\mathbb{F}_q^n} \chi_{\boldsymbol{a}'}(\boldsymbol{b})^* g(\boldsymbol{a}') \\ &= \sum_{\boldsymbol{a}'\in\mathbb{F}_q^n} \left(\frac{1}{q^n} \sum_{\boldsymbol{b}\in\mathbb{F}_q^n} \chi_{\boldsymbol{b}}(\boldsymbol{a})\chi_{\boldsymbol{b}}(\boldsymbol{a}')^* \right) g(\boldsymbol{a}') \\ &= g(\boldsymbol{a}),\end{aligned}$$

即 $\Phi\Psi g = g$. □

泊松求和公式 (Poisson summation formula) 设 $C \leqslant \mathbb{F}_q^n$, $f \in V^{\mathbb{F}_q^n}$. 则

$$\sum_{\boldsymbol{b}\in C} f(\boldsymbol{b}) = \frac{1}{|\mathbb{F}_q^n/C|} \sum_{\boldsymbol{a}\in C^\perp} \Phi f(\boldsymbol{a}).$$

证 计算上述等式右端如下:

$$\begin{aligned}\sum_{\boldsymbol{a}\in C^\perp} \Phi f(\boldsymbol{a}) &= \sum_{\boldsymbol{a}\in C^\perp} \sum_{\boldsymbol{b}\in\mathbb{F}_q^n} \chi_{\boldsymbol{a}}(\boldsymbol{b}) f(\boldsymbol{b}) = \sum_{\boldsymbol{b}\in\mathbb{F}_q^n} \sum_{\boldsymbol{a}\in C^\perp} \chi_{\boldsymbol{a}}(\boldsymbol{b}) f(\boldsymbol{b}) \\ &= \sum_{\boldsymbol{b}\in\mathbb{F}_q^n} f(\boldsymbol{b}) \sum_{\boldsymbol{a}\in C^\perp} \chi_{\boldsymbol{a}}(\boldsymbol{b}).\end{aligned}$$

所得的最后一个和式很容易计算 (见推论 4.1.6 或本节习题 4 (4))

$$\sum_{\boldsymbol{a}\in C^\perp} \chi_{\boldsymbol{a}}(\boldsymbol{b}) = \begin{cases} 0, & \boldsymbol{b} \notin C, \\ |C^\perp|, & \boldsymbol{b} \in C. \end{cases}$$

故

$$\sum_{\boldsymbol{a}\in C^\perp} \Phi f(\boldsymbol{a}) = \sum_{\boldsymbol{b}\in C} f(\boldsymbol{b}) \cdot |C^\perp| = |C^\perp| \sum_{\boldsymbol{b}\in C} f(\boldsymbol{b}).$$

因 $|C||C^\perp| = |\mathbb{F}_q^n|$, 故我们就得到了所求证的公式. □

4.1.3 MacWilliams 恒等式

给定 $\mathbb{F}^n$ 的一个 k 维线性子空间 C, 即 C 为 $\mathbb{F}$ 上的一个长为 n 的线性码.

令 $A_j = \big|\{\boldsymbol{c} \in C \mid w(\boldsymbol{c}) = j\}\big|$. 序列 $(A_0, A_1, \cdots, A_n)$ 称为码 C 的重量分布. 多项式

$$W_C(X,Y) = \sum_{\boldsymbol{c}\in C} X^{n-w(\boldsymbol{c})}Y^{w(\boldsymbol{c})} = \sum_{j=0}^{n} A_j X^{n-j}Y^j \tag{4.1.4}$$

称为码 C 的重量计数子 (weight enumerator).

回想: $\mathbb{F}_q^n$ 有非退化对称双线性型 $\langle \boldsymbol{a}, \boldsymbol{b}\rangle$, 子空间 C 的正交子空间 $C^{\perp}$ 称为线性码 C 的对偶码. 下述定理给出了对偶码 $C^{\perp}$ 的重量计数子与 C 的重量计数子之间的关系.

定理 4.1.9 (MacWilliams 恒等式)

$$W_{C^{\perp}}(X,Y) = \frac{1}{|C|} W_C\big(X+(q-1)Y,\ X-Y\big).$$

证　令 $V = \mathbb{C}[X,Y]$ 是二元复多项式环, 它也是复向量空间 (这样的一个代数结构称为一个复代数). 定义一个函数 $f \in V^{\mathbb{F}_q^n}$ 为

$$f(\boldsymbol{b}) = X^{n-w(\boldsymbol{b})}Y^{w(\boldsymbol{b})}, \quad \boldsymbol{b} \in \mathbb{F}_q^n.$$

那么 $W_C(X,Y) = \sum_{\boldsymbol{c}\in C} f(\boldsymbol{c})$. 因为 $(C^{\perp})^{\perp} = C$, 所以由泊松求和公式就得

$$W_{C^{\perp}}(X,Y) = \sum_{\boldsymbol{c}'\in C^{\perp}} f(\boldsymbol{c}') = \frac{1}{|C|}\sum_{\boldsymbol{c}\in C} \Phi f(\boldsymbol{c}). \tag{4.1.5}$$

计算 $\Phi f(\boldsymbol{c})$ 如下:

$$\Phi f(\boldsymbol{c}) = \sum_{\boldsymbol{b}\in\mathbb{F}_q^n} \chi_{\boldsymbol{c}}(\boldsymbol{b}) f(\boldsymbol{b}) = \sum_{\boldsymbol{b}\in\mathbb{F}_q^n} \omega^{\mathrm{Tr}_{p^\ell/p}(\langle \boldsymbol{c},\boldsymbol{b}\rangle)} f(\boldsymbol{b}).$$

我们写 $\boldsymbol{c} = (c_1, \cdots, c_n)$, $\boldsymbol{b} = (b_1, \cdots, b_n)$. 那么

$$\omega^{\mathrm{Tr}_{p^\ell/p}(\langle \boldsymbol{c},\boldsymbol{b}\rangle)} = \omega^{\mathrm{Tr}_{p^\ell/p}(c_1b_1)+\cdots+\mathrm{Tr}_{p^\ell/p}(c_nb_n)} = \omega^{\mathrm{Tr}_{p^\ell/p}(c_1b_1)}\cdots\omega^{\mathrm{Tr}_{p^\ell/p}(c_nb_n)}.$$

令函数 $g: \mathbb{F}_q \to V$ 为 $g(0) = X$, 而 $g(b) = Y, \forall\, b \neq 0$ (其实这个函数就是 $n=1$ 时的函数 f). 那么

$$f(\boldsymbol{b}) = g(b_1)\cdots g(b_n).$$

于是可计算 $\Phi f(\boldsymbol{c})$ 如下:

$$\Phi f(\boldsymbol{c}) = \sum_{(b_1,\cdots,b_n)\in\mathbb{F}_q^n} \prod_{i=1}^{n} \omega^{\mathrm{Tr}_{p^\ell/p}(c_ib_i)} g(b_i) = \prod_{i=1}^{n} \sum_{b_i\in\mathbb{F}_q} \omega^{\mathrm{Tr}_{p^\ell/p}(c_ib_i)} g(b_i).$$

因为 $g(b_i)$ 几乎是常值 Y, 仅 $b(0)=X$ 取值不同, 而 $\omega^{\mathrm{Tr}_{p^\ell/p}(c_i0)}=1$, 所以

$$\sum_{b_i\in\mathbb{F}_q} \omega^{\mathrm{Tr}_{p^\ell/p}(c_ib_i)} g(b_i) = X + Y \sum_{0\neq b_i\in\mathbb{F}_q} \omega^{\mathrm{Tr}_{p^\ell/p}(c_ib_i)}.$$

但是 $\sum_{b_i\in\mathbb{F}_q} \omega^{\mathrm{Tr}_{p^\ell/p}(c_ib_i)} = \begin{cases} q, & c_i=0, \\ 0, & c_i\neq 0. \end{cases}$ 见本节习题 4(4) 或推论 4.1.6. 故

$$\sum_{0\neq b_i\in\mathbb{F}_q} \omega^{\mathrm{Tr}_{p^\ell/p}(c_ib_i)} = -1 + \sum_{b_i\in\mathbb{F}_q} \omega^{\mathrm{Tr}_{p^\ell/p}(c_ib_i)} = \begin{cases} q-1, & c_i=0, \\ -1, & c_i\neq 0. \end{cases}$$

因此

$$\sum_{b_i\in\mathbb{F}_q} \omega^{\mathrm{Tr}_{p^\ell/p}(c_ib_i)} g(b_i) = \begin{cases} X+(q-1)Y, & c_i=0, \\ X-Y, & c_i\neq 0. \end{cases}$$

记住 $\boldsymbol{c}=(c_1,\cdots,c_n)$, 非零的分量 c_i 的个数就是 $w(\boldsymbol{c})$. 所以

$$\Phi f(\boldsymbol{c}) = \prod_{i=1}^{n} \sum_{b_i\in\mathbb{F}_q} \omega^{\mathrm{Tr}_{p^\ell/p}(c_ib_i)} g(b_i) = \big(X+(q-1)Y\big)^{n-w(\boldsymbol{c})}\big(X-Y\big)^{w(\boldsymbol{c})},$$

代入式 (4.1.5), 并与式 (4.1.4) 比较, 就得

$$\begin{aligned} W_{C^\perp}(X,Y) &= \frac{1}{|C|}\sum_{\boldsymbol{c}\in C}\big(X+(q-1)Y\big)^{n-w(\boldsymbol{c})}\big(X-Y\big)^{w(\boldsymbol{c})} \\ &= \frac{1}{|C|}W_C\big(X+(q-1)Y,\, X-Y\big). \end{aligned}$$ □

注 MacWilliams 恒等式还有可以用一个变量表示的表达形式. 符号同上, 设

$$A_C(z)=\sum_{j=0}^{n}A_jz^j,\quad B_{C^\perp}(z)=\sum_{j=0}^{n}B_jz^j$$

分别表示线性码 C 和其对偶码 $C^\perp$ 的重量计数子. 则容易验证 MacWilliams 恒等式可以表示为如下形式:

$$B_{C^\perp}(z)=\frac{1}{|C|}\big(1+(q-1)z\big)^nA_C\left(\frac{1-z}{1+(q-1)z}\right).$$

习 题 4.1

1. 证明: $\mathbb{Z}_p \to \mathbb{C}^\times$, $a \mapsto \omega^a$, 是单同态.
2. 证明:
   (1) 式 (4.1.3) 中的映射 $\chi_{\boldsymbol{a}}$ 是从加法群 $\mathbb{F}_q^n$ 到乘法群 $\mathbb{C}^\times$ 的一个群同态.
   (2) 如果 $\boldsymbol{a} \neq \boldsymbol{a}'$, 那么 $\chi_{\boldsymbol{a}} \neq \chi_{\boldsymbol{a}'}$.
   (3) $\chi_{\boldsymbol{a}+\boldsymbol{a}'} = \chi_{\boldsymbol{a}}\chi_{\boldsymbol{a}'}$, 即对任意的 $\boldsymbol{b} \in \mathbb{F}_q^n$, $\chi_{\boldsymbol{a}+\boldsymbol{a}'}(\boldsymbol{b}) = \chi_{\boldsymbol{a}}(\boldsymbol{b})\chi_{\boldsymbol{a}'}(\boldsymbol{b})$.
   (4) $\chi_{\boldsymbol{0}} = 1$, 即: 对任意的 $\boldsymbol{b} \in \mathbb{F}_q^n$, $\chi_{\boldsymbol{0}}(\boldsymbol{b}) = 1$.
3. 证明:
   (1) 固定 $\boldsymbol{0} \neq \boldsymbol{a} \in \mathbb{F}_q^n$, 让 $\boldsymbol{b} \in \mathbb{F}_q^n$ 跑动. 那么 $\boldsymbol{b} \mapsto \langle \boldsymbol{a}, \boldsymbol{b} \rangle$ 是从 $\mathbb{F}_q^n$ 到 $\mathbb{F}_q$ 的满的线性同态. 因而, 当 $\boldsymbol{b}$ 跑遍 $\mathbb{F}_q^n$ 时, $\langle \boldsymbol{a}, \boldsymbol{b} \rangle$ 跑遍 $\mathbb{F}_q$ 且 $\langle \boldsymbol{a}, \boldsymbol{b} \rangle$ 取值 $\mathbb{F}_q$ 的每个元素都重复 q^{n-1} 次.
   (2) 固定 $\boldsymbol{0} \neq \boldsymbol{a} \in \mathbb{F}_q^n$, 让 $\boldsymbol{b}$ 跑遍 $\mathbb{F}_q^n$. 那么 $\mathrm{Tr}_{p^\ell/p}(\langle \boldsymbol{a}, \boldsymbol{b} \rangle)$ 跑遍 $\mathbb{F}_p = \mathbb{Z}_p = \{0, 1, \cdots, p-1\}$, 且 $\mathrm{Tr}_{p^\ell/p}(\langle \boldsymbol{a}, \boldsymbol{b} \rangle)$ 取值 $\mathbb{Z}_p$ 的每个元素都是重复 $p^{\ell n-1}$ 次.
4. 设 $C \leqslant \mathbb{F}_q^n$ 是一个子空间, $k = \dim C$. 令 $C^\perp$ 是 C 的正交子空间. 证明:
   (1) 固定 $\boldsymbol{a} \in \mathbb{F}_q^n$, 让 $\boldsymbol{b}$ 在 C 中跑动. 那么 $\chi_{\boldsymbol{a}}|_C: C \to \mathbb{F}_q$, $\boldsymbol{b} \mapsto \langle \boldsymbol{a}, \boldsymbol{b} \rangle$, 是从 C 到 $\mathbb{F}_q$ 的线性同态, 且 $\chi_{\boldsymbol{a}}|_C = 0$ (零同态) 当且仅当 $\boldsymbol{a} \in C^\perp$.
   (2) 固定 $\boldsymbol{a} \notin C^\perp$. 当 $\boldsymbol{b}$ 跑遍 C 时, $\langle \boldsymbol{a}, \boldsymbol{b} \rangle$ 跑遍 $\mathbb{F}_q$, 且 $\langle \boldsymbol{a}, \boldsymbol{b} \rangle$ 取值 $\mathbb{F}_q$ 的每个元素都重复 q^{k-1} 次.
   (3) 固定 $\boldsymbol{a} \notin C^\perp$, 让 $\boldsymbol{b}$ 跑遍 C. 那么 $\mathrm{Tr}_{p^\ell/p}(\langle \boldsymbol{a}, \boldsymbol{b} \rangle)$ 跑遍 $\mathbb{F}_p = \mathbb{Z}_p = \{0, 1, \cdots, p-1\}$, 且 $\mathrm{Tr}_{p^\ell/p}(\langle \boldsymbol{a}, \boldsymbol{b} \rangle)$ 取值 $\mathbb{Z}_p$ 的每个元素都是重复 $p^{\ell k-1}$ 次.
   (4) $\sum_{\boldsymbol{b} \in C} \omega^{\mathrm{Tr}_{p^\ell/p}(\langle \boldsymbol{a}, \boldsymbol{b} \rangle)} = \begin{cases} |C|, & \boldsymbol{a} \in C^\perp, \\ 0, & \boldsymbol{a} \notin C^\perp. \end{cases}$
5. 设 C 是生成矩阵为 $\boldsymbol{G} = \begin{pmatrix} 1 & 1 & 0 & 0 & 0 & 0 \\ 0 & 0 & 1 & 1 & 0 & 0 \\ 0 & 0 & 0 & 0 & 1 & 1 \end{pmatrix}$ 的线性码.
   (1) 如果 C 是二元码, 求 C 的重量分布.
   (2) 如果 C 是三元码, 求 C 的重量分布.
6. 设 C 是 $\mathbb{F}_q$ 上的一个 $[n, k]$ 线性码, M 是一个 $q^k \times n$ 的矩阵, 它的行向量是 C 的所有码字. $A_1^\perp$ 是 $C^\perp$ 中重量为 1 的码字的个数. 证明:
   (1) M 的列或者为全零列或者 $\mathbb{F}_q$ 中每个元素出现相同次.
   (2) M 有 $A_1^\perp/(q-1)$ 个全零列.
7. 设 $C \subseteq \mathbb{F}^n$ 是一个码, $\boldsymbol{x} \in \mathbb{F}^n$. 令 $C' = C + \boldsymbol{x} = \{\boldsymbol{c} + \boldsymbol{x} \mid \boldsymbol{c} \in C\}$. 证明: C 与 C' 的距离分布完全相同.

(码 C 的距离分布是 $\{B_0,\cdots,B_n\}$, $B_i=\dfrac{1}{|C|}\sum_{c\in C}|\{\boldsymbol{v}\in C\,|\,\mathrm{d}(\boldsymbol{v},\boldsymbol{c})=i\}|$.)

4.2 MacWilliams 等价定理

设 $\mathbb{F}=\mathbb{F}_q$ 是 $q=p^l$ 阶有限域. 用 $\mathbb{Q}$ 记有理数域.

设 U 是 k 维 $\mathbb{F}$-向量空间. 令

(1) $\mathrm{PG}^t(U)$ 是 U 的所有 t 维子空间的集合, $0<t<k$.

特别, $B:=\mathrm{PG}^1(U)$ 是 U 的所有 1 维子空间 (1 维子空间也可称 "直线") 的集合.

(2) $\mathbb{Q}B$ 是以 B 为基底的有理向量空间, 即 $\mathbb{Q}B=\left\{\sum_{L\in B}a_L\cdot L\,\middle|\,a_L\in\mathbb{Q}\right\}$.

对 U 的任意的 t 维子空间 V (也可写成 $V\in\mathrm{PG}^t(U)$), 显然 $\mathrm{PG}^1(V)\subseteq B=\mathrm{PG}^1(U)$, 所以在向量空间 $\mathbb{Q}B$ 中, 我们有以下向量:

$$\widehat{V}=\sum_{L\in\mathrm{PG}^1(V)}L.$$

又任意一个定义在 $\mathrm{PG}^1(U)$ 上的有理函数

$$m:\ \mathrm{PG}^1(U)\longrightarrow\mathbb{Q},\quad L\longmapsto m(L),$$

对 $t=1,\cdots,k-1$ 诱导一组有理函数 (其中 m^1 就是 m):

$$m^t:\ \mathrm{PG}^t(U)\to\mathbb{Q},\quad V\longmapsto m^t(V)=\sum_{L\in\mathrm{PG}^1(V)}m(L).\tag{4.2.1}$$

引理 4.2.1 记号如上. 如果有一个整数 t_0, $0<t_0<k$, 使得 $m^{t_0}=0$ 是零函数, 那么对任意整数 t, $0<t<k$, 都有 $m^t=0$ 是零函数.

证 设 $m^{t_0}=0$. 由 m^t 的定义式 (4.2.1), 只需证明 $m=m^1$ 是零函数. 函数 m 决定 $\mathbb{Q}B$ 上的一个线性函数, 我们把它记作 $\bar{m}$:

$$\bar{m}\left(\sum_{L\in B}a_L\cdot L\right)=\sum_{L\in B}a_L\cdot m(L),\quad\forall\sum_{L\in B}a_L\cdot L\in\mathbb{Q}B.$$

只需证明 $\bar{m}=0$.

先设 $t_0=k-1$. 条件 $m^{k-1}=0$ 就是说这个线性函数 $\bar{m}$ 在 $\mathbb{Q}B$ 的这些向量 $\widehat{V}$, $V\in\mathrm{PG}^{k-1}(U)$ 上都取值零. 因此只要证明这些向量 $\widehat{V}$, $V\in\mathrm{PG}^{k-1}(U)$,

构成向量空间 $\mathbb{Q}B$ 的基底. 由后面的习题 1, $|\mathrm{PG}^{k-1}(U)| = \dfrac{q^k-1}{q-1} = |\mathrm{PG}^1(U)| = |B|$. 为此只要证明这些向量 $\widehat{V}$, $V \in \mathrm{PG}^{k-1}(U)$, 线性无关.

向量空间 $\mathbb{Q}B$ 有一个关于基底 B 的典型内积 $\langle -,\ -\rangle$, 即

$$\langle L,\ L'\rangle = \begin{cases} 1, & L = L', \\ 0, & L \neq L', \end{cases} \qquad \forall L, L' \in B.$$

线性扩张的计算公式:

$$\left\langle \sum_{L\in B} a_L \cdot L,\ \sum_{L'\in B} b_{L'} \cdot L' \right\rangle = \sum_{L,L'\in B} a_L b_{L'} \big\langle L,\ L'\big\rangle = \sum_{L\in B} a_L b_L\,. \tag{4.2.2}$$

向量组 $\widehat{V}$, $V \in \mathrm{PG}^{k-1}(U)$, 关于此内积的 Gram 矩阵是

$$\left(\langle \widehat{V},\ \widehat{V}'\rangle\right)_{V,\ V' \in \mathrm{PG}^{k-1}(U)}.$$

因为 $\widehat{V} = \sum_{L\in\mathrm{PG}^1(V)} L$, 由公式(4.2.2)计算得 $\langle \widehat{V},\ \widehat{V}'\rangle = |\mathrm{PG}^1(V) \cap \mathrm{PG}^1(V')|$. 所以

$$\langle \widehat{V},\ \widehat{V}'\rangle = \begin{cases} \dfrac{q^{k-2}-1}{q-1}, & V \neq V', \\[2ex] \dfrac{q^{k-1}-1}{q-1} = q^{k-2} + \dfrac{q^{k-2}-1}{q-1}, & V = V'. \end{cases}$$

记 $s_{k-2} = \dfrac{q^{k-2}-1}{q-1}$, 就是

$$\left(\langle \widehat{V},\ \widehat{V}'\rangle\right)_{V,\ V' \in \mathrm{PG}^{k-1}(U)} = \begin{pmatrix} s_{k-2}+q^{k-2} & s_{k-2} & \cdots & s_{k-2} \\ s_{k-2} & s_{k-2}+q^{k-2} & \cdots & s_{k-2} \\ \vdots & \vdots & & \vdots \\ s_{k-2} & s_{k-2} & \cdots & s_{k-2}+q^{k-2} \end{pmatrix}.$$

它的行列式是 (参看后面习题 2)

$$\begin{aligned} &\det\left(\langle \widehat{V},\ \widehat{V}'\rangle\right)_{V,\ V' \in \mathrm{PG}^{k-1}(U)} \\ =&\left(\frac{q^k-1}{q-1}\cdot\frac{q^{k-2}-1}{q-1} + q^{k-2}\right) q^{(k-2)(q^k-q)/(q-1)} \neq 0. \end{aligned}$$

因此向量 $\widehat{V}$, $V \in \mathrm{PG}^{k-1}(U)$, 线性无关.

设 $t_0 < k-1$. 对任意的 $L \in \mathrm{PG}^1(U)$, 存在一个 (t_0+1) 维的子空间 U_0 包含 L, 由上面的结论, 限制映射 $m|_{\mathrm{PG}^1(U_0)}: \mathrm{PG}^1(U_0) \to \mathbb{Q}$ 是零函数, 所以 $m(L)=0$. 这里 L 可跑遍 B, 所以 $m=0$. □

推论 4.2.2 如果有一个整数 t_0, $0 < t_0 < k$, 使得 m^{t_0} 是常值函数, 那么对任意整数 t, $0<t<k$, m^t 都是常值函数.

证 设 $m^{t_0}=c$ 是常数, 即对任何 $V \in \mathrm{PG}^{t_0}(U)$ 都有 $m^{t_0}(\widehat{V})=c$. 令 $s_{t_0} = |\mathrm{PG}^1(V)|$, 再令函数

$$\widetilde{m} = m - \frac{c}{s_{t_0}}: \quad \mathrm{PG}^1(U) \longrightarrow \mathbb{Q}.$$

那么

$$\widetilde{m}^{t_0} = m^{t_0} - \left(\frac{c}{s_{t_0}}\right)^{t_0} = 0$$

是零函数; 所以 $m - \dfrac{c}{s_{t_0}} = \widetilde{m} = 0$ 是零函数, 即 $m = \dfrac{c}{s_{t_0}}$ 是常值函数. □

现在设 $C \leqslant \mathbb{F}^n$ 是一个 $[n,k]$ 线性码, 设 $\boldsymbol{G}$ 是 C 的生成矩阵. 把 $\boldsymbol{G}$ 按列分块写为

$$\boldsymbol{G} = (\boldsymbol{G}_1, \cdots, \boldsymbol{G}_n).$$

每列 $\boldsymbol{G}_j$ 是 $\mathbb{F}^k$ 的向量. 我们有自然映射:

$$\mathbb{F}^k \backslash \{\boldsymbol{0}\} \longrightarrow \mathrm{PG}^1(\mathbb{F}^k), \quad \alpha \longmapsto \langle \alpha \rangle,$$

这里 $\langle \alpha \rangle$ 记由 α 生成的子空间, 因此矩阵 $\boldsymbol{G}$ 决定一个有理函数 $m_{\boldsymbol{G}}: \mathrm{PG}^1(\mathbb{F}^k) \to \mathbb{Z}$ 如下:

$$m_{\boldsymbol{G}}(L) = \Big|\{\, i \mid 1 \leqslant i \leqslant n, \ \langle \boldsymbol{G}_i \rangle = L \,\}\Big|, \qquad \forall L \in \mathrm{PG}^1(\mathbb{F}^k). \tag{4.2.3}$$

按此定义, 生成矩阵 $\boldsymbol{G}$ 的非零列个数为 $\sum_{L \in \mathrm{PG}^1(\mathbb{F}^k)} m_{\boldsymbol{G}}(L)$. 用 n_0 记 $\boldsymbol{G}$ 的零列个数, 得

$$n_0 + \sum_{L \in \mathrm{PG}^1(\mathbb{F}^k)} m_{\boldsymbol{G}}(L) = n. \tag{4.2.4}$$

另一方面, 有线性同构

$$\mathbb{F}^k \xrightarrow{\cong} C, \quad \boldsymbol{y} = (y_1, \cdots, y_k) \longmapsto \boldsymbol{y}\boldsymbol{G} = (\boldsymbol{y}\boldsymbol{G}_1, \cdots, \boldsymbol{y}\boldsymbol{G}_n). \tag{4.2.5}$$

而 $\boldsymbol{y}\boldsymbol{G}_i = 0$ 当且仅当 $\boldsymbol{G}_i \in \langle \boldsymbol{y} \rangle^{\perp}$. 因此马上得出下述结论 (参看 2.2 节的习题 9(1)).

引理 4.2.3　设 $\mathbf{0} \neq \boldsymbol{c} \in C$ 在同构 (4.2.5) 之下对应 $\boldsymbol{y} \in \mathbb{F}^k \backslash \{\mathbf{0}\}$, 即 $\boldsymbol{c} = \boldsymbol{y}\boldsymbol{G}$. 那么

$$w(\boldsymbol{c}) = n - m_{\boldsymbol{G}}^{k-1}(\langle \boldsymbol{y} \rangle^{\perp}) - n_0.$$

一个方阵称为单项矩阵 (monomial matrix), 如果它的每一行每一列都恰好一个非零元, 参看注 2.2.3 和本节习题 3.

定义 4.2.4　设 $C, C' \leqslant \mathbb{F}^n$ 是两个 $[n,k]$ 线性码.

(1) 称 C 与 C' 单项等价, 如果存在一个单项 $\mathbb{F}$-矩阵 $\boldsymbol{M}$ 它诱导一个线性同构

$$\begin{aligned} \mu_{\boldsymbol{M}}: \qquad & C \xrightarrow{\cong} C', \\ & (c_1, \cdots, c_n) \longmapsto (c_1, \cdots, c_n)\boldsymbol{M}. \end{aligned}$$

(2) 从 C 到 C' 的一个线性同构 $\mu: C \to C'$ 称为保距同构, 如果它保持 Hamming 重量, 即对任意的 $\boldsymbol{c} \in C$ 有 $w(\mu(\boldsymbol{c})) = w(\boldsymbol{c})$.

注 2.2.3 讲述了一件比较明显的事: 线性码之间的单项等价是保距同构. 而下述定理则告诉我们一件看起来不明显的事: 单项等价就是全部的保距同构!

定理 4.2.5 (MacWilliams 等价定理)　两个线性码之间的保距同构是单项等价.

证　设 $C, C' \leqslant \mathbb{F}^n$ 是两个 $[n,k]$-线性码, 设 $\mu: C \to C'$ 是一个保距同构. 取线性码 C 的一个生成矩阵 $\boldsymbol{G}$, 即 $\boldsymbol{G}$ 的行向量 $\gamma_1, \cdots, \gamma_k$ 构成线性子空间 C 的基底. 由于 μ 是线性同构, 所以 μ 把 $\boldsymbol{G}$ 的行向量映射为 C' 的基底, 用这些向量 $\mu(\gamma_1), \cdots, \mu(\gamma_k)$ 为行就作出了 C' 的一个生成矩阵 $\boldsymbol{G}'$. 按定义式 (4.2.3), 得到两个有理函数

$$m_{\boldsymbol{G}},\ m_{\boldsymbol{G}'}: \quad \mathrm{PG}^1(\mathbb{F}^k) \longrightarrow \mathbb{Z}. \tag{4.2.6}$$

对任意的 $\boldsymbol{c} \in C$, 由同构式 (4.2.5), 有唯一 $\boldsymbol{y} = (y_1, \cdots, y_k) \in \mathbb{F}^k$ 使得

$$\boldsymbol{c} = \boldsymbol{y}\boldsymbol{G} = (y_1, \cdots, y_k) \begin{pmatrix} \gamma_1 \\ \vdots \\ \gamma_k \end{pmatrix} = y_1\gamma_1 + \cdots + y_k\gamma_k.$$

因 μ 是线性的, 故

$$\mu(\boldsymbol{c}) = y_1\mu(\gamma_1) + \cdots + y_k\mu(\gamma_k) = \boldsymbol{y}\boldsymbol{G}'. \tag{4.2.7}$$

设 $\boldsymbol{G}$ 和 $\boldsymbol{G}'$ 分别有 n_0 个和 n_0' 个零列. 由引理 4.2.3,

$$w(\boldsymbol{c}) = n - m_{\boldsymbol{G}}^{k-1}(\langle \boldsymbol{y} \rangle^{\perp}) - n_0, \qquad w(\mu(\boldsymbol{c})) = n - m_{\boldsymbol{G}'}^{k-1}(\langle \boldsymbol{y} \rangle^{\perp}) - n_0'.$$

但 $w(\mu(\boldsymbol{c})) = w(\boldsymbol{c})$, 所以 $m_{\boldsymbol{G}}^{k-1}(\langle \boldsymbol{y} \rangle^{\perp}) + n_0 = m_{\boldsymbol{G}'}^{k-1}(\langle \boldsymbol{y} \rangle^{\perp}) + n_0'$. 当 $\boldsymbol{c}$ 跑遍 $C - \{0\}$ 时 $\boldsymbol{y}$ 跑遍 $\mathbb{F}^k - \{0\}$, 从而 $\langle \boldsymbol{y} \rangle^{\perp}$ 跑遍 $\mathrm{PG}^{k-1}(\mathbb{F}^k)$.

所以作为 $\mathrm{PG}^{k-1}(\mathbb{F}^k)$ 上的函数得到

$$(m_{\boldsymbol{G}}^{k-1}+n_0)-(m_{\boldsymbol{G}'}^{k-1}+n_0')=0 \tag{4.2.8}$$

是零函数. 令 $s_{k-1}=|\mathrm{PG}^1(\mathbb{F}^{k-1})|$, 那么

$$\left(m_{\boldsymbol{G}}+\frac{n_0}{s_{k-1}}\right)^{k-1}=m_{\boldsymbol{G}}^{k-1}+n_0,\qquad \left(m_{\boldsymbol{G}'}+\frac{n_0'}{s_{k-1}}\right)^{k-1}=m_{\boldsymbol{G}'}^{k-1}+n_0'.$$

构造 $\mathrm{PG}^{k-1}(\mathbb{F}^k)$ 上的函数

$$m=\left(m_{\boldsymbol{G}}+\frac{n_0}{s_{k-1}}\right)-\left(m_{\boldsymbol{G}'}+\frac{n_0'}{s_{k-1}}\right).$$

那么等式 (4.2.8) 是说 $m^{k-1}=0$. 由引理 4.2.1 知 $m=0$, 即 m 是零函数. 故

$$m_{\boldsymbol{G}}+\frac{n_0}{s_{k-1}}=m_{\boldsymbol{G}'}+\frac{n_0'}{s_{k-1}}. \tag{4.2.9}$$

把两边对 $L\in\mathrm{PG}^1(\mathbb{F}^k)$ 取值求和, 记 $s_k=|\mathrm{PG}^1(\mathbb{F}^k)|$, 得

$$\frac{s_k}{s_{k-1}}n_0+\sum_{L\in\mathrm{PG}^1(\mathbb{F}^k)}m_{\boldsymbol{G}}(L)=\frac{s_k}{s_{k-1}}n_0'+\sum_{L\in\mathrm{PG}^1(\mathbb{F}^k)}m_{\boldsymbol{G}'}(L). \tag{4.2.10}$$

另一方面, 把等式 (4.2.4) 分别用到 C 和 C', 得

$$n_0+\sum_{L\in\mathrm{PG}^1(\mathbb{F}^k)}m_{\boldsymbol{G}}(L)=n_0'+\sum_{L\in\mathrm{PG}^1(\mathbb{F}^k)}m_{\boldsymbol{G}'}(L). \tag{4.2.11}$$

因为 $\dfrac{s_k}{s_{k-1}}>1$, 从式 (4.2.10) 和式 (4.2.11) 得到

$$n_0=n_0', \tag{4.2.12}$$

即 $\boldsymbol{G}$ 的零列个数与 $\boldsymbol{G}'$ 的零列个数相等. 再回到式 (4.2.9), 得知式 (4.2.6) 的两个函数相等, 即

$$m_{\boldsymbol{G}}=m_{\boldsymbol{G}'}. \tag{4.2.13}$$

就是说, 对任意的 $L\in\mathrm{PG}^1(\mathbb{F}^k)$, 矩阵 $\boldsymbol{G}$ 的可以生成直线 L 的非零列个数, 与矩阵 $\boldsymbol{G}'$ 的可以生成直线 L 的非零列个数相等. 因此存在指标集 $\{1,2,\cdots,n\}$ 的置换 ρ 使得

$$\langle\boldsymbol{G}_{\rho(j)}\rangle=\langle\boldsymbol{G}_j'\rangle,\qquad j=1,2,\cdots,n.$$

于是还可取 $d_1, d_2, \cdots, d_n \in \mathbb{F}^\times$ 使得

$$d_j \boldsymbol{G}_{\rho(j)} = \boldsymbol{G}'_j, \qquad j = 1, 2, \cdots, n.$$

令 $\boldsymbol{P}$ 是对应于 ρ 的置换矩阵, $\boldsymbol{D} = \mathrm{diag}(d_1, \cdots, d_n)$, 则 $\boldsymbol{M} = \boldsymbol{PD}$ 是单项矩阵, 使得

$$\boldsymbol{GM} = \boldsymbol{G}'.$$

那么, 由 (4.2.12) 就得

$$\mu(\boldsymbol{c}) = \boldsymbol{yG}' = (\boldsymbol{yG})\boldsymbol{M} = \boldsymbol{cM}.$$

即 μ 是单项等价. □

本节定理的证明思路源于文献 (Fan Y, 2003).

习　题　4.2

1. 证明: $|\mathrm{PG}^{k-1}(U)| = \dfrac{q^k - 1}{q - 1}$.

   (提示: U 的 $k-1$ 维子空间与 1 维子空间一一对应.)

2. 证明: 行列式

$$\det \begin{pmatrix} x & a & \cdots & a \\ a & x & \cdots & a \\ \vdots & \vdots & & \vdots \\ a & a & \cdots & x \end{pmatrix}_{n\times n} = (x + na - a)(x - a)^{n-1}.$$

3. 一个矩阵称为单项矩阵如果它的每一行每一列都恰好一个非零元. 证明单项矩阵是一个置换矩阵与一个可逆对角矩阵之积.

4. 线性码之间的单项等价 $\mu_{\boldsymbol{M}} : C \to C'$ 一定是保距同构.

5. (1) 设 $\boldsymbol{H}$ 是 Hamming 码的检验矩阵, 令 $\boldsymbol{G} = (\boldsymbol{H}, \cdots, \boldsymbol{H}, \boldsymbol{0})$ (后面的 $\boldsymbol{0}$ 表示若干个零列), 证明以 $\boldsymbol{G}$ 为生成矩阵的线性码是等重码.

   (2) 利用推论 4.2.2 和引理 4.2.3 证明: 任何等重码 C 必定单项等价于上面小题 (1) 所述的码.

第 5 章　码的渐近性质

本章介绍在码长为 n 增大趋向无穷时码的有关性质. 现代计算与存储能力快速提升, 技术上使用的码的码长越来越大. 这类研究的重要性日益增长.

5.1　参数的渐近上界

仍设 $\mathbb{F}$ 为字母表, $|\mathbb{F}|=q$. 字母表 $\mathbb{F}$ 上的码 C 亦称 q-元码. 由 1.4 节知, C 有三个重要参数: 码长 n、基数 $M=|C|$、极小距离 $d=d(C)$. 故说 C 是 (n,M,d) 码. 当 $\mathbb{F}$ 是有限域, C 是线性码时, $M=q^k$, 其中 $k=\dim C=\log_q M$, 所以线性码的参数也写作 $[n,k,d]$.

当码长 $n\to\infty$ 时, 把 $k\ (=\log_q M)$ 和 d 写成相对形式比较方便也比较容易理解.

(1) 记 $R(C)=\log_q|C|/n$ (若 C 是线性码, 则 $R(C)=k/n$), 称为 C 的**码率** (rate);

(2) 记 $\Delta(C)=d(C)/n$, 称为 C 的**相对极小距离** (relative minimal distance).

注 5.1.1　再问注 1.3.8 的问题: 什么样的码是好码? 回答自然就是

(1) $R(C)$ 越大越好 ($R(C)$ 越大, 码的信息承载量就越大);

(2) $\Delta(C)$ 越大越好 ($\Delta(C)$ 越大码的纠错能力就越强);

(3) 编码译码算法越简单越好 (较好的数学结构有助于编码译码).

但是, 1.4 节的界可以相应地导出 $R(C)$ 与 $\Delta(C)$ 的渐近界, 即 $R(C)$ 与 $\Delta(C)$ 是相互制约的. 所以, 编码理论追求的是 $R(C)$ 与 $\Delta(C)$ 的最佳平衡.

单字界 (singleton bound) $d(C)+\log_q|C|\leqslant n+1$ 就很容易改写成相对形式:

$$R(C)+\Delta(C)\leqslant 1+\frac{1}{n}.$$

单字界的渐近形式 (asymptotic version) 是

定理 5.1.2 (渐近单字界)　*对任意的 $\varepsilon>0$, 存在正整数 N 使得*

$$R(C)+\Delta(C)\leqslant 1+\varepsilon, \qquad \forall n>N.$$

证　因 $R(C)+\Delta(C)\leqslant 1+\dfrac{1}{n}$, 故取 N 使得 $\dfrac{1}{N}<\varepsilon$ 即可. □

为了进一步讨论, 做一些准备. 在 1.5 节已引入下述 q-元熵函数:

$$h_q(\delta) = \delta \log_q(q-1) - \delta \log_q \delta - (1-\delta)\log_q(1-\delta), \qquad \delta \in [0,1].$$

它的图像如图 5.1 所示 (与 1.5 节的函数 $g_q(\delta)$ 的图像图 1.6 比较). 关于 $h_q(0)$ 和 $h_q(1)$ 的定义参见本节习题 1.

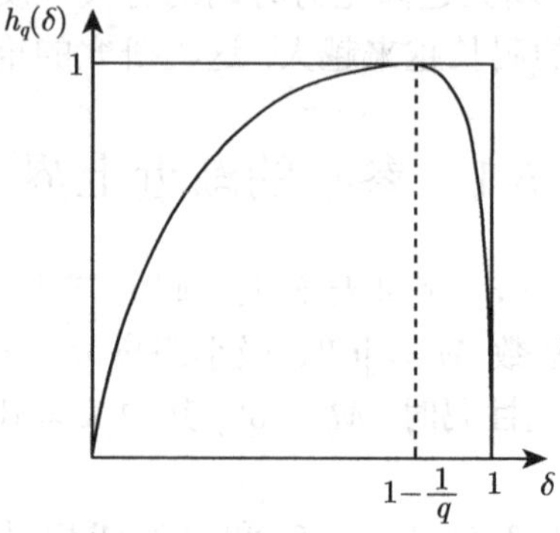

图 5.1　函数 $h_q(\delta)$ 的图像

后面用于讨论码的渐近性质时, δ 用来限定相对极小距离 $\Delta(C)$ 的值. 下面的定理表明, 在 $\Delta(C) \geqslant \delta > 1 - q^{-1}$ 时, $\lim\limits_{n\to\infty} R(C) = 0$. 这就是说, 对于码的渐近性质来说, 不需要考虑 "$\delta > 1 - q^{-1}$". 所以讨论码的渐近性质时一般假设 $0 \leqslant \delta \leqslant 1 - q^{-1}$, 即 $\delta \in [0, 1-q^{-1}]$.

定理 5.1.3 (渐近 Plotkin 界)　*对任意的 $\varepsilon > 0$, 存在正整数 N 使得*

$$\Delta(C) > 1 - q^{-1} \text{ 且码长 } n > N \implies \text{码率 } R(C) < \varepsilon.$$

证　因 $\dfrac{d}{n} = \Delta(C) > 1 - q^{-1}$, 由 1.4 节 Plotkin 界 (及 1.4 节的推论 1.4.10), $M \leqslant qd \leqslant qn$. 那么

$$R(C) = \frac{\log_q M}{n} \leqslant \frac{1 + \log_q n}{n} \underset{n\to\infty}{\longrightarrow} 0. \qquad \square$$

所以以下都假设 $\delta \in [0, 1-q^{-1}]$. 通过计算导函数, 容易知道 (本节习题 1), 在区间 $[0, 1-q^{-1}]$ 上, $h_q(\delta)$ 是单调严格增的上凸的函数 (参看图 5.1).

在 1.4 节已经计算过, $\mathbb{F}^n$ 中半径为 r 的球的体积是

$$V_q(n,r) = \sum_{i=0}^{r} \binom{n}{i} (q-1)^i.$$

从渐近性质的角度来看, 考虑半径为 $\lfloor \delta n \rfloor$ 的球. 当 $n \to \infty$ 时, $\lfloor \delta n \rfloor$ 与 δn 的差可以忽略. 为简单, 我们把这球的体积记为 $V_q(n, \delta n)$.

引理 5.1.4 设 $0 < \delta < 1 - \dfrac{1}{q}$. 则

$$q^{n\left(h_q(\delta) - \frac{\log_q(n+1)}{n}\right)} \leqslant V_q(n, \delta n) \leqslant q^{nh_q(\delta)}.$$

证 因 $q^{nh_q(\delta)} = \left(q^{h_q(\delta)}\right)^n = (q-1)^{\delta n}\delta^{-\delta n}(1-\delta)^{-(1-\delta)n}$, 故

$$\begin{aligned}\frac{V_q(n,\delta n)}{q^{nh_q(\delta)}} &= \frac{\sum_{i=0}^{\delta n}\binom{n}{i}(q-1)^i}{(q-1)^{\delta n}\delta^{-\delta n}(1-\delta)^{-(1-\delta)n}}\\ &= \sum_{i=0}^{\delta n}\binom{n}{i}(q-1)^i(1-\delta)^n\left(\frac{\delta}{(q-1)(1-\delta)}\right)^{\delta n}.\end{aligned}$$

由 $\delta \leqslant 1 - \dfrac{1}{q}$, 得 $\dfrac{\delta}{q-1} \leqslant 1-\delta$, 故 $\dfrac{\delta}{(q-1)(1-\delta)} \leqslant 1$, 那么

$$\left(\frac{\delta}{(q-1)(1-\delta)}\right)^{\delta n} \leqslant \left(\frac{\delta}{(q-1)(1-\delta)}\right)^{i}, \qquad \forall\ i \leqslant \delta n.$$

故

$$\begin{aligned}\frac{V_q(n,\delta n)}{q^{nh_q(\delta)}} &\leqslant \sum_{i=0}^{\delta n}\binom{n}{i}(q-1)^i(1-\delta)^n\left(\frac{\delta}{(q-1)(1-\delta)}\right)^{i}\\ &= \sum_{i=0}^{\delta n}\binom{n}{i}\delta^i(1-\delta)^{n-i} \leqslant \sum_{i=0}^{n}\binom{n}{i}\delta^i(1-\delta)^{n-i} = 1.\end{aligned}$$

另一方面 (见本节习题 2),

$$\binom{n}{\delta n} \geqslant \frac{q^{n\left(-\delta\log_q\delta-(1-\delta)\log_q(1-\delta)\right)}}{n+1} = q^{n\left(-\delta\log_q\delta-(1-\delta)\log_q(1-\delta)-\frac{\log_q(n+1)}{n}\right)}.$$

所以

$$\begin{aligned}V_q(n,\delta n) &= \sum_{i=0}^{\delta n}\binom{n}{i}(q-1)^i \geqslant \binom{n}{\delta n}(q-1)^{\delta n}\\ &\geqslant q^{n\left(-\delta\log_q\delta-(1-\delta)\log_q(1-\delta)-\frac{\log_q(n+1)}{n}\right)}\cdot q^{\delta n\log_q(q-1)}\\ &= q^{n\left(\delta\log_q(q-1)-\delta\log_q\delta-(1-\delta)\log_q(1-\delta)-\frac{\log_q(n+1)}{n}\right)} = q^{n\left(h_q(\delta)-\frac{\log_q(n+1)}{n}\right)}.\end{aligned}$$

□

定理 5.1.5 (渐近 Hamming 界)　对任意的 $\varepsilon > 0$, 存在正整数 N 使得

$$R(C) + h_q\left(\frac{\Delta(C)}{2}\right) \leqslant 1 + \varepsilon, \qquad \forall\ n > N.$$

证　从 1.4 节的 Hamming 界得

$$\log_q |C| \leqslant n - \log_q V_q\left(n, \left\lfloor \frac{d(C)-1}{2} \right\rfloor\right).$$

因 $\dfrac{d(C)}{2} - 1 \leqslant \left\lfloor \dfrac{d(C)-1}{2} \right\rfloor \leqslant \dfrac{d(C)-1}{2}$, 故

$$\frac{\Delta(C)}{2} - \frac{1}{n} \leqslant \frac{\left\lfloor \dfrac{d(C)-1}{2} \right\rfloor}{n} \leqslant \frac{\Delta(C)}{2} - \frac{1}{2n} \leqslant \frac{1}{2} \leqslant 1 - \frac{1}{q}.$$

从引理 5.1.4 (而且注意 $V_q(n, \delta n)$ 对 δ 是增函数), 进一步得

$$\begin{aligned}
\log_q |C| &\leqslant n - \log_q V_q\left(n, \left\lfloor \frac{d(C)-1}{2} \right\rfloor\right) \\
&\leqslant n - \log_q V_q\left(n, \left(\frac{\Delta(C)}{2} - \frac{1}{n}\right)n\right) \\
&\leqslant n - n\left(h_q\left(\frac{\Delta(C)}{2} - \frac{1}{n}\right) - \frac{\log_q(n+1)}{n}\right).
\end{aligned}$$

所以 (并注意 $1 - h_q(\delta)$ 是递减函数)

$$\begin{aligned}
R(C) = \frac{\log_q |C|}{n} &\leqslant 1 - h_q\left(\frac{\Delta(C)}{2} - \frac{1}{n}\right) + \frac{\log_q(n+1)}{n} \\
&\leqslant 1 - h_q\left(\frac{\Delta(C)}{2}\right) + \frac{\log_q(n+1)}{n}.
\end{aligned}$$

而 $\lim\limits_{n\to\infty} \dfrac{\log_q(n+1)}{n} = 0$, 即存在 N 使得 $\dfrac{\log_q(n+1)}{n} < \varepsilon, \forall\, n > N$.　□

定理 5.1.3 是引用推论 1.4.10 的 Plotkin 界得到的, 但它只是渐近 Plotkin 界的一部分, 它只说了 $\Delta(C) > 1 - q^{-1}$ 那种情形下. 在 $\Delta(C) \leqslant 1 - q^{-1}$ 这种情形, 进一步发挥 1.4 节的习题 6 的技巧可以证明下述定理.

定理 5.1.6 (渐近 Plotkin 界)　对任意的 $\varepsilon > 0$, 存在正整数 N 使得

$$\Delta(C) \leqslant 1 - q^{-1} \text{ 且 } n > N \Longrightarrow R(C) + \frac{\Delta(C)}{1 - q^{-1}} < 1 + \varepsilon.$$

证 可设 $d>1$ $\left(\text{否则}\ \lim\limits_{n\to\infty}\Delta(C)=\lim\limits_{n\to\infty}\dfrac{d}{n}=0\right)$. 设 $\dfrac{d}{n}=\Delta(C)\leqslant 1-q^{-1}$. 令 $n'=\left\lfloor\dfrac{d-1}{1-q^{-1}}\right\rfloor$. 那么

$$\frac{d-1}{1-q^{-1}}\geqslant n' > \frac{d-1}{1-q^{-1}}-1 > (d-1)-1\geqslant 0.$$

因而

$$1-q^{-1}\leqslant \frac{d-1}{n'}=\frac{d}{n'}-\frac{1}{n'}<\frac{d}{n'}.$$

再令 $n''=n-n'$. 因为 $d/n\leqslant 1-q^{-1}$, 也就是 $1/(1-q^{-1})\leqslant n/d$, 所以

$$n'\leqslant\frac{d-1}{1-q^{-1}}\leqslant (d-1)\cdot\frac{n}{d}<n.$$

于是得到 $0<n''<n$.

对任意 $\boldsymbol{a}\in\mathbb{F}^{n''}$, 令

$$C_{\boldsymbol{a}}=\left\{(c_1,\cdots,c_{n'})\ \middle|\ (c_1,\cdots,c_{n'},c_{n'+1},\cdots,c_n)\in C,\ (c_{n'+1},\cdots,c_n)=\boldsymbol{a}\right\},$$

即 $C_{\boldsymbol{a}}$ 是从原始码 C 中选取那些后 n'' 位与给定向量 a 相等的码字, 然后从这些码字中截取其前 n' 位构成的集合. 那么在 $C_{\boldsymbol{a}}$ 中任意两个字的后面拼接上 $\boldsymbol{a}$ 就是 C 中的两个字, 故极小距离 $d(C_{\boldsymbol{a}})\geqslant d(C)=d$. 注意到 $C_{\boldsymbol{a}}$ 码长 n', 而且由前面已证得的不等式 $\dfrac{d}{n'}>1-q^{-1}$, 得到

$$\frac{d(C_{\boldsymbol{a}})}{n'}\geqslant\frac{d}{n'}>1-q^{-1}.$$

由 1.4 节的 Plotkin 界推论 1.4.10, $|C_{\boldsymbol{a}}|\leqslant qd$. 而 C 的任何码字的后 n'' 位必为 $\mathbb{F}^{n''}$ 的一个字, 故

$$M=|C|=\sum_{\boldsymbol{a}\in\mathbb{F}^{n''}}|C_{\boldsymbol{a}}|\leqslant q^{n''}\cdot qd=q^{n''+1}d.$$

再注意: $d<n$, $n''=n-n'=n-\left\lfloor\dfrac{d}{1-q^{-1}}\right\rfloor<n-\dfrac{d}{1-q^{-1}}+1$. 那么

$$\log_q M<n-\frac{d}{1-q^{-1}}+1+1+\log_q d<n-\frac{d}{1-q^{-1}}+2+\log_q n.$$

即得

$$R(C)=\frac{\log_q M}{n}<1-\frac{\Delta(C)}{1-q^{-1}}+\frac{2+\log_q n}{n}.$$

因为 $\lim\limits_{n\to\infty}\dfrac{2+\log_q n}{n}=0$, 就完成了本定理的证明. □

习 题 5.1

1. (1) 在 $\delta=0,1$ 时, $h_q(\delta)$ 原本没有定义. 证明: $\lim\limits_{\delta\to 0}h_q(\delta)=0$; $\lim\limits_{\delta\to 1}h_q(\delta)=\log_q(q-1)$. 所以可以扩展定义 $h_q(0)=0$, $h_q(1)=\log_q(q-1)$.
   (2) 证明: 在区间 $[0,1-q^{-1}]$ 上, $h_q(\delta)$ 是严格递增的单调上凸函数.
2. 设 $0<\delta<1$. 在二项展开式 $1=\big(\delta+(1-\delta)\big)^n=\sum\limits_{i=0}^{n}\dbinom{n}{i}\delta^i(1-\delta)^{n-i}$ 中证明:
   (1) 展开式右端 $n+1$ 个项之中 $\dbinom{n}{\delta n}\delta^{\delta n}(1-\delta)^{(1-\delta)n}$ 最大.
   (2) $(n+1)\dbinom{n}{\delta n}\delta^{\delta n}(1-\delta)^{(1-\delta)n}\geqslant\sum\limits_{i=0}^{n}\dbinom{n}{i}\delta^i(1-\delta)^{n-i}=1$.
   (3) $\dbinom{n}{\delta n}\geqslant\dfrac{q^{n\left(-\delta\log_q\delta-(1-\delta)\log_q(1-\delta)\right)}}{n+1}$.

5.2 渐近 GV 界

在本节中, 我们仍设 $\mathbb{F}$ 为字母表, $|\mathbb{F}|=q$.

在 1.4 节, 为了寻求好码, 我们采用以下记号 (参看式 (1.4.2) 和式 (2.4.7)):

$$A_q(n,d_0)=\max\big\{\,|C|\;\big|\;C\text{ 为 }\mathbb{F}\text{ 上码长 }n\text{ 极小距离 }\geqslant d_0\text{ 的码}\big\};$$

并用 Greedy 算法证明了

Gilbert 界 $A_q(n,d_0)\geqslant\dfrac{q^n}{V_q(n,\,d_0-1)}=q^{n-\log_q V_q(n,d_0-1)}$.

在 2.4 节, 对有限域 $\mathbb{F}$ 我们进一步引入

$$B_q(n,d_0)=\max\big\{\,|C|\;\big|\;C\text{ 为 }\mathbb{F}\text{ 上码长 }n\text{ 极小距离 }\geqslant d_0\text{ 的线性码}\big\}.$$

显然

$$A_q(n,d_0)\geqslant B_q(n,d_0).$$

然后用概率方法证明了

Varshamov 界 $B_q(n,d_0)\geqslant\dfrac{q^n}{V_q(n,\,d_0-1)}=q^{n-\log_q V_q(n,\,d_0-1)}$.

用 Greedy 算法也可以获得一个

Varshamov 界 $B_q(n,d_0)\geqslant q^{n-\left\lceil \log_q\left(1+V_q(n-1,\,d_0-2)\right)\right\rceil}$.

那么, 渐近的 Gilbert-Varshamov 界就很容易得到了.

定义 5.2.1 记 $g_q(\delta)=1-h_q(\delta)$, $\delta\in[0,1-q^{-1}]$, 称为*渐近 Gilbert-Varshamov 界*, 简称*渐近 GV 界* (asymptotic GV-bound).

在区间 $[0,1-q^{-1}]$ 上, $g_q(\delta)$ 是从 1 严格递减到 0 的下凸函数 (参看注 1.5.2 的图). 特别地, 若 $0<\delta\leqslant 1-\dfrac{1}{q}$, 则 $g_q(\delta)$ 是正实数.

定理 5.2.2 (渐近 GV 界) *设 $0<\delta\leqslant 1-\dfrac{1}{q}$. 对任意的 $\varepsilon>0$, 存在正整数 N 使得: 只要 $n>N$, 在有限域 $\mathbb{F}$ 上就存在长 n 的线性码 C 满足*

$$\Delta(C)\geqslant\delta\quad \text{且}\quad R(C)\geqslant g_q(\delta)-\varepsilon.$$

证 等概率地随机选取秩为 k 的 $k\times n$ 矩阵 $\boldsymbol{G}$ 作为生成矩阵得到随机线性码

$$C=\{\,\boldsymbol{b}\boldsymbol{G}\mid \boldsymbol{b}\in\mathbb{F}^k\}.$$

那么 $|C|=|\mathbb{F}^k|=q^k$. 在式 (2.4.11) 中已得到关于事件 "$d(C)<d$" 的概率 $\Pr\big(d(C)<d\big)$ 的不等式

$$\Pr\big(d(C)<d\big)<\frac{q^kV_q(n,d-1)}{q^n}.$$

记 $d=\delta n$ 和 $r=R(C)=\dfrac{k}{n}$. 则 $\dfrac{d-1}{n}=\delta-\dfrac{1}{n}$. 由引理 5.1.4, $V_q(n,d-1)\leqslant q^{nh_q(\delta-\frac{1}{n})}$. 得

$$\Pr\big(\Delta(C)<\delta\big)=\Pr\big(\mathrm{d}(C)<d\big)<\frac{q^{rn}q^{nh_q(\delta-\frac{1}{n})}}{q^n}=q^{n\left(r-g_q(\delta-\frac{1}{n})\right)}.$$

因 $g_q(\delta)=1-h_q(\delta)$ 是递减函数, 故 $r-g_q\left(\delta-\dfrac{1}{n}\right)<r-g_q(\delta)$, 得

$$\Pr\big(\Delta(C)<\delta\big)<q^{n\left(r-g_q(\delta)\right)}.$$

只要取 $N>\dfrac{1}{\varepsilon}$, 则对任意的整数 $n>N$, 存在 k 使得 $g_q(\delta)-\varepsilon\leqslant\dfrac{k}{n}<g_q(\delta)$. 那么码率 $R(C)=r=\dfrac{k}{n}$ 使得 $r-g_q(\delta)<0$, 因而 $\Pr\big(\Delta(C)<\delta\big)<1$ 即 $\Pr\big(\Delta(C)\geqslant$

$\delta) > 0$. 也就是说, 这种长 n 且维数 k 的线性码 C 存在, 它的相对极小距离 $\Delta(C) \geqslant \delta$ 而码率 $R(C) = r \geqslant g_q(\delta) - \varepsilon$. □

定义 5.2.3 (渐近好码)

(1) 设 $C_1, C_2, \cdots$ 是字母表 $\mathbb{F}$ 上的码的一个序列, 码 C_i 的码长为 n_i. 如果存在正实数 b 使得

(i) $\lim\limits_{i\to\infty} n_i = \infty$;

(ii) $R(C_i) > b, \forall\, i = 1, 2, \cdots$;

(iii) $\Delta(C_i) > b, \forall\, i = 1, 2, \cdots$,

则称 $C_1, C_2, \cdots$ *是渐近好码序列* (asymptotically good code sequence).

(2) 一类码称为*渐近好码* (asymptotically good code), 如果在这类码中存在渐近好的码的序列.

渐近 GV-界的推论之一是: 线性码是渐近好码. 实际上, 以下推论的证明中构造的渐近好的线性码的序列的参数达到了渐近 GV-界.

推论 5.2.4　*有限域上的线性码是渐近好码.*

证　设给定 $\delta \in (0, 1 - q^{-1})$. 给定正实数序列 $\varepsilon_1, \varepsilon_2, \cdots$ 满足 $\lim\limits_{i\to\infty} \varepsilon_i = 0$. 由定理 5.2.2, 存在相应的正整数 $N_i \to \infty$ 和 $\mathbb{F}$ 上的线性码 C_i 使得码长 $n_i > N_i$, $\Delta(C_i) \geqslant \delta$ 以及 $R(C_i) > g_q(\delta) - \varepsilon_i$, 即线性码的码序列 $C_1, C_2, \cdots$ 满足

(1) 码 C_i 的码长 n_i 的极限 $\lim\limits_{i\to\infty} n_i = \infty$;

(2) 码率 $R(C_i)$ 的极限 $\lim\limits_{i\to\infty} R(C_i) = g_q(\delta)$;

(3) 相对极小距离 $\Delta(C_i) \geqslant \delta, \forall\, i = 1, 2, \cdots$,

即 $C_1, C_2, \cdots$ 是渐近好的线性码的序列. □

注 5.2.5　线性码是很大的一类码. 在线性码类中, 循环码是具有更精细代数结构的一个子类, 在理论和实践上都有重要意义. 编码中一个著名的未解决问题是: *循环码是渐近好码吗?*

习　题　5.2

1. 给定 $\delta \in (0, 1 - q^{-1})$, 设 $d = \lceil \delta n \rceil$. 证明:

(1) $\lim\limits_{n\to\infty} \dfrac{n - \left\lceil \log_q\left(1 + V_q(n-1, d-2)\right)\right\rceil}{n} = 1 - h_q(\delta)$.

(2) $\lim\limits_{n\to\infty} \dfrac{n - \log_q V_q(n, d-1)}{n} = 1 - h_q(\delta)$.

(提示: 引理 5.1.4.)

5.3 随机线性码

上节证明了在渐近意义下达到渐近 GV 界的线性码存在. 本节则将证明: 在渐近意义下任取一个线性码其参数都会大概率地达到渐近 GV 界.

本节始终设 $\mathbb{F}$ 是有限域, $|\mathbb{F}| = q = p^\ell$, 其中 ℓ 是正整数, p 是一个素数.

始终设 $\delta \in (0, 1-q^{-1})$, $r \in (0,1)$. 令 $d = \delta n$, $k = rn$.

与 5.2 节有所不同, 这里构造随机线性码的方式是: 等概率地随机选取 $\mathbb{F}$ 上的 $k \times n$ 矩阵 $\boldsymbol{G}$ ($\boldsymbol{G}$ 的秩 $\operatorname{rank}\boldsymbol{G}$ 不必为 k), 构造随机线性码:

$$L_{\boldsymbol{G}} = \{\, \boldsymbol{bG} \mid \boldsymbol{b} \in \mathbb{F}^k \,\}. \tag{5.3.1}$$

注 5.3.1 (1) 等价的说法: $L_{\boldsymbol{G}}$ 是一个从 $\mathbb{F}^k$ 到 $\mathbb{F}^n$ 的随机线性映射的像子空间. 这里的样本空间是所有 $\mathbb{F}$ 上的 $k\times n$ 矩阵的集合 (等价的说法: 从 $\mathbb{F}^k$ 到 $\mathbb{F}^n$ 的所有线性映射的集合), 概率函数在每个样本上取值为彼此相等的概率.

(2) $\dim L_{\boldsymbol{G}} \leqslant k$. $\dim L_{\boldsymbol{G}} = k$ 当且仅当 $\operatorname{rank}\boldsymbol{G} = k$. 换言之, $R(L_{\boldsymbol{G}}) \leqslant r$, $R(L_{\boldsymbol{G}}) = r$ 当且仅当 $\operatorname{rank}\boldsymbol{G} = k$.

(3) $\Delta(L_{\boldsymbol{G}})$ 就是一个随机变量. 我们知道, $R(L_{\boldsymbol{G}})$ 和 $\Delta(L_{\boldsymbol{G}})$ 是随机线性码 $L_{\boldsymbol{G}}$ 的最重要的两个渐近参数. 所以我们讨论 $\Delta(L_{\boldsymbol{G}})$ 的分布的渐近性质.

因为渐近 GV 界 $g_q(\delta)$ (见定义 5.2.1 及注 1.5.2 的图) 在区间 $[0, 1-q^{-1}]$ 上从 1 单调递减到 0, 所以可定义反函数 $g_q^{-1}(r)$, $r \in [0,1]$, 函数值从 $1-q^{-1}$ 递减到 0. 参看图 5.2, 其中粗曲线是 $g_q^{-1}(r)$ 的图像, 细曲线是原来的 $g_q(\delta)$ 的图像.

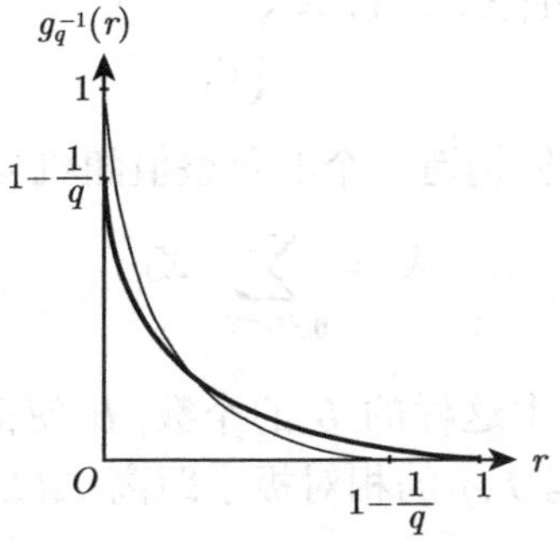

图 5.2 函数 $g_q^{-1}(r)$ 的图像

下述定理是从确定的码率 r 出发对不同的 δ 计算出不同的结果, 所以把结论 (它是一个条件等式) 中的条件写成 "$\delta < g_q^{-1}(r)$" 与 "$\delta > g_q^{-1}(r)$" 两种情形. 实际上, 因为 $g_q(\delta)$ 在区间 $[0, 1-q^{-1}]$ 上是递减函数, 该条件等式中的条件也可写成 "$g_q(\delta) > r$" 与 "$g_q(\delta) < r$" 两种情形.

定理 5.3.2　设 $\boldsymbol{G}$ 是 $\mathbb{F}$ 上的随机 $rn \times n$ 矩阵, $L_{\boldsymbol{G}} = \{\boldsymbol{bG} \mid \boldsymbol{b} \in \mathbb{F}^k\}$. 则

$$\lim_{n\to\infty} \Pr\big(\Delta(L_{\boldsymbol{G}}) \leqslant \delta\big) = \begin{cases} 0, & \delta < g_q^{-1}(r), \\ 1, & \delta > g_q^{-1}(r). \end{cases}$$

并且, 这两个极限都是指数速度收敛的.

证　作为证明的第一步, 我们把 $\Pr\big(\Delta(L_{\boldsymbol{G}}) \leqslant \delta\big)$ 化为一个关于非负整值随机变量 X 的概率. 对任意非零的 $\boldsymbol{b} \in \mathbb{F}^k$, 有一个伯努利随机变量 (Bernoulli random variable, 即 0-1 随机变量) 指示事件 "$0 < w(\boldsymbol{bG}) \leqslant \delta n$" 是否成立 (在概率论中这种变量称为该事件的 "指示变量"):

$$X_{\boldsymbol{b}} = \begin{cases} 1, & 0 < w(\boldsymbol{bG}) \leqslant \delta n, \\ 0, & \text{否则}. \end{cases}$$

它们的数学期望 (expectation) 容易计算:

$$E(X_{\boldsymbol{b}}) = \Pr(X_{\boldsymbol{b}} = 1) = \Pr\big(0 < w(\boldsymbol{bG}) \leqslant \delta n\big).$$

在表达式 (2.4.10) 已证明:

$$\Pr\big(0 < w(\boldsymbol{bG}) \leqslant \delta n\big) = \frac{V_q(n, \delta n) - 1}{q^n}.$$

故

$$E(X_{\boldsymbol{b}}) = \Pr(X_{\boldsymbol{b}} = 1) = \begin{cases} \dfrac{V_q(n, \delta n) - 1}{q^n}, & \boldsymbol{b} \neq \boldsymbol{0}, \\ 0, & \boldsymbol{b} = \boldsymbol{0}. \end{cases} \tag{5.3.2}$$

从这些伯努利随机变量, 我们构造一个非负整值随机变量

$$X = \sum_{\boldsymbol{0} \neq \boldsymbol{b} \in \mathbb{F}^k} X_{\boldsymbol{b}}.$$

随机变量 X 表示的是 $\mathbb{F}^k$ 中这样的 $\boldsymbol{b}$ 的个数, $\boldsymbol{b}$ 使得 $0 < w(\boldsymbol{bG}) \leqslant \delta n$. 所以, "$X = 0$" 等价于随机线性码 $L_{\boldsymbol{G}}$ 的相对极小距离 $\Delta(L_{\boldsymbol{G}}) > \delta$. 即

$$\Pr\big(\Delta(L_{\boldsymbol{G}}) \leqslant \delta\big) = \Pr(X \geqslant 1). \tag{5.3.3}$$

第二步, 我们计算 X 的数学期望 $E(X)$, 导出定理的第一个极限. 因为数学期望是线性的, 从等式 (5.3.2) 就知道, 任取定非零的 $\bar{\boldsymbol{b}} \in \mathbb{F}^k$ (并记住 $k = rn$) 就得出

$$E(X) = \sum_{\boldsymbol{0} \neq \boldsymbol{b} \in \mathbb{F}^k} E(X_{\boldsymbol{b}}) = (q^k - 1)E(X_{\bar{\boldsymbol{b}}}) = (q^{rn} - 1) \cdot \frac{V_q(n, \delta n) - 1}{q^n}. \tag{5.3.4}$$

从引理 5.1.4, 可得到

$$(q^{rn}-1)\frac{q^{n\left(h_q(\delta)-\frac{\log_q(n+1)}{n}\right)}-1}{q^n}\leqslant E(X)\leqslant q^{rn}\frac{q^{nh_q(\delta)}}{q^n}.$$

因为 $1-h_q(\delta)=g_q(\delta)$, $q^{n\left(h_q(\delta)-\frac{\log_q(n+1)}{n}\right)}=\dfrac{q^{nh_q(\delta)}}{n+1}$, 上式化简为

$$\frac{q^{n(r-g_q(\delta))}}{n+1}-o(1)\leqslant E(X)\leqslant q^{n(r-g_q(\delta))}.$$

此处 $o(1)$ 表示一个 $n\to\infty$ 时的无穷小量. 显然, $\delta<g_q^{-1}(r) \iff r<g_q(\delta)$, 从上述不等式马上得出

$$\lim_{n\to\infty}E(X)=\begin{cases}0, & \delta<g_q^{-1}(r),\\ \infty, & \delta>g_q^{-1}(r),\end{cases} \tag{5.3.5}$$

并且两个极限都是指数收敛的. 根据 Markov 不等式 (见定理 5.4.1), 马上得到

$$\lim_{n\to\infty}\Pr(X\geqslant 1)\leqslant\lim_{n\to\infty}E(X)=0,\quad 若\quad \delta<g_q^{-1}(r).$$

这就证明了定理 5.3.2 的第一个极限 (这结果实际上早已出现在 Varshamov 的工作中).

证明的最后一步, 我们设 $\delta>g_q^{-1}(r)$ (等价地, $r>g_q(\delta)$), 将证明 $\lim\limits_{n\to\infty}\Pr(X\geqslant 1)=1$, 就可完成整个定理的证明. 我们引用下述不等式 (见定理 5.4.2):

$$\Pr(X\geqslant 1)\geqslant\sum_{\mathbf{0}\neq\boldsymbol{b}\in\mathbb{F}^k}\frac{E(X_{\boldsymbol{b}})}{E(X|X_{\boldsymbol{b}}=1)}, \tag{5.3.6}$$

其中 $E(X|X_{\boldsymbol{b}}=1)$ 是条件期望, 我们先来计算它, 这是这一步的关键.

因为 $\Pr(X_{\boldsymbol{b}'}=X_{\boldsymbol{b}}=1)=\Pr(X_{\boldsymbol{b}'}X_{\boldsymbol{b}}=1)$, 对 $\boldsymbol{b}\neq\mathbf{0}\neq\boldsymbol{b}'$, 我们有

$$E(X_{\boldsymbol{b}'}|X_{\boldsymbol{b}}=1)=\frac{E(X_{\boldsymbol{b}'}X_{\boldsymbol{b}})}{E(X_{\boldsymbol{b}})}.$$

我们按两种不同情形分别计算 $E(X_{\boldsymbol{b}'}X_{\boldsymbol{b}})$.

(1) 如果 $\boldsymbol{b}'$ 与 $\boldsymbol{b}$ 线性相关, 那么 $\boldsymbol{b}'\boldsymbol{G}$ 与 $\boldsymbol{b}\boldsymbol{G}$ 也线性相关; 特别地, $w(\boldsymbol{b}'\boldsymbol{G})=w(\boldsymbol{b}\boldsymbol{G})$. 从而 $E(X_{\boldsymbol{b}'}X_{\boldsymbol{b}})=E(X_{\boldsymbol{b}})$.

(2) 否则, $\boldsymbol{b}'$ 与 $\boldsymbol{b}$ 线性无关, 对任意 $\boldsymbol{a}, \boldsymbol{a}' \in \mathbb{F}^n$ (不排除 $\boldsymbol{a} = \boldsymbol{a}'$), 存在线性映射把 $\boldsymbol{b}$ 映射为 $\boldsymbol{a}$ 同时把 $\boldsymbol{b}'$ 映射为 $\boldsymbol{a}'$, 即当 $\boldsymbol{G}$ 随机选取时, $\boldsymbol{b}'\boldsymbol{G}$ 和 $\boldsymbol{b}\boldsymbol{G}$ 在 $\mathbb{F}^n$ 中也是各自随机跑动的. 因此, 随机变量 $X_{\boldsymbol{b}'}$ 与 $X_{\boldsymbol{b}}$ 是随机无关的. 故 $E(X_{\boldsymbol{b}'}X_{\boldsymbol{b}}) = E(X_{\boldsymbol{b}'}) \cdot E(X_{\boldsymbol{b}}) = E(X_{\boldsymbol{b}})^2$.

注意到: 在 $\boldsymbol{b}$ 给定时, $\boldsymbol{b}'$ 与 $\boldsymbol{b}$ 线性相关当且仅当 $\boldsymbol{b}'$ 在 $\boldsymbol{b}$ 生成的一维子空间中, 一维子空间含有 $q-1$ 个非零向量. 因而 $\boldsymbol{b}'$ 与 $\boldsymbol{b}$ 线性相关的概率等于 $\dfrac{q-1}{q^k-1}$. 综合上面两种情形, 得出

$$\begin{aligned} E(X_{\boldsymbol{b}'}X_{\boldsymbol{b}}) &= \frac{q-1}{q^k-1}E(X_{\boldsymbol{b}}) + \left(1 - \frac{q-1}{q^k-1}\right)E(X_{\boldsymbol{b}})^2 \\ &= \frac{(q^k-q)E(X_{\boldsymbol{b}})^2 + (q-1)E(X_{\boldsymbol{b}})}{q^k-1}. \end{aligned}$$

由于数学期望是线性的, 而 $X = \sum_{\mathbf{0} \neq \boldsymbol{b}' \in \mathbb{F}^k} X_{\boldsymbol{b}'}$, 所以我们可以作出以下计算:

$$\begin{aligned} E(X|X_{\boldsymbol{b}} = 1) &= \sum_{\mathbf{0} \neq \boldsymbol{b}' \in \mathbb{F}^k} E(X_{\boldsymbol{b}'}|X_{\boldsymbol{b}} = 1) = \sum_{\mathbf{0} \neq \boldsymbol{b}' \in \mathbb{F}^k} \frac{E(X_{\boldsymbol{b}'}X_{\boldsymbol{b}})}{E(X_{\boldsymbol{b}})} \\ &= \sum_{\mathbf{0} \neq \boldsymbol{b}' \in \mathbb{F}^k} \frac{(q^k-q)E(X_{\boldsymbol{b}}) + (q-1)}{q^k-1} \\ &= (q^k-q)E(X_{\boldsymbol{b}}) + q - 1. \end{aligned}$$

由不等式 (5.3.6),

$$\Pr(X \geqslant 1) \geqslant \sum_{\mathbf{0} \neq \boldsymbol{b} \in \mathbb{F}^k} \frac{E(X_{\boldsymbol{b}})}{(q^k-q)E(X_{\boldsymbol{b}}) + (q-1)}.$$

任意给定非零的 $\bar{\boldsymbol{b}} \in \mathbb{F}^k$, 则 $E(X_{\boldsymbol{b}}) = E(X_{\bar{\boldsymbol{b}}})$, 见等式 (5.3.2). 故

$$\Pr(X \geqslant 1) \geqslant \frac{(q^k-1)E(X_{\bar{\boldsymbol{b}}})}{(q^k-q)E(X_{\bar{\boldsymbol{b}}}) + (q-1)} = \frac{1}{\dfrac{q^k-q}{q^k-1} + \dfrac{q-1}{(q^k-1)E(X_{\bar{\boldsymbol{b}}})}}.$$

显然, $\lim\limits_{n\to\infty} \dfrac{q^k-q}{q^k-1} = \lim\limits_{n\to\infty} \dfrac{q^{rn}-q}{q^{rn}-1} = 1$. 而 $(q^k-1)E(X_{\bar{\boldsymbol{b}}}) = E(X)$, 见等式 (5.3.4). 记住我们现在假设了 $\delta > g_q^{-1}(r)$, 由极限式 (5.3.5), 就得 $\lim\limits_{n\to\infty}(q^k-1)E(X_{\bar{\boldsymbol{b}}}) =$

$\lim\limits_{n\to\infty} E(X)=\infty$. 于是得到

$$\lim_{n\to\infty}\Pr(X\geqslant 1)\geqslant \lim_{n\to\infty}\frac{1}{\dfrac{q^k-q}{q^k-1}+\dfrac{q-1}{(q^k-1)E(X_{\bar{b}})}}=1.$$

按照等式 (5.3.3), 就完成了对定理 5.3.2 的第二个极限式的证明. □

在注 5.3.1 中已说明, 定理 5.3.2 的随机线性码的码率 $R(L_{\boldsymbol{G}})\leqslant r$, 但我们希望的是码率 $=r$ 的随机线性码.

定理 5.3.3 设 L 是 $\mathbb{F}$ 上码长为 n 码率为 r 的随机线性码. 那么

$$\lim_{n\to\infty}\Pr\big(\Delta(L)\leqslant\delta\big)=\begin{cases}0, & \delta<g_q^{-1}(r),\\ 1, & \delta>g_q^{-1}(r).\end{cases}$$

证 沿用定理 5.3.2 的记号: $L_{\boldsymbol{G}}=\big\{\boldsymbol{bG}\;\big|\;\boldsymbol{b}\in\mathbb{F}^k\big\}$. 由注 5.3.1, $R(L_{\boldsymbol{G}})=k/n=r$ 当且仅当 $\operatorname{rank}\boldsymbol{G}=k$. 故

$$\Pr\big(\Delta(L)\leqslant\delta\big)=\Pr\big(\Delta(L_{\boldsymbol{G}})\leqslant\delta\mid\operatorname{rank}\boldsymbol{G}=k\big),$$

其中等式右边是条件概率. 由全概率公式

$$\begin{aligned}\Pr\big(\Delta(L_{\boldsymbol{G}})\leqslant\delta\big)=&\Pr\big(\Delta(L_{\boldsymbol{G}})\leqslant\delta\mid\operatorname{rank}\boldsymbol{G}=k\big)\Pr\big(\operatorname{rank}\boldsymbol{G}=k\big)\\&+\Pr\big(\Delta(L_{\boldsymbol{G}})\leqslant\delta\mid\operatorname{rank}\boldsymbol{G}<k\big)\Pr\big(\operatorname{rank}\boldsymbol{G}<k\big).\end{aligned}$$

但是 (见本节习题 1)

$$\lim_{n\to\infty}\Pr\big(\operatorname{rank}\boldsymbol{G}<k\big)=0,\qquad \lim_{n\to\infty}\Pr\big(\operatorname{rank}\boldsymbol{G}=k\big)=1.$$

所以

$$\lim_{n\to\infty}\Pr\big(\Delta(L_{\boldsymbol{G}})\leqslant\delta\mid\operatorname{rank}\boldsymbol{G}=k\big)=\lim_{n\to\infty}\Pr\big(\Delta(L_{\boldsymbol{G}})\leqslant\delta\big).$$

从而

$$\lim_{n\to\infty}\Pr\big(\Delta(L)\leqslant\delta\big)=\lim_{n\to\infty}\Pr\big(\Delta(L_{\boldsymbol{G}})\leqslant\delta\big).$$

于是, 可以直接从定理 5.3.2 得出结论. □

注 5.3.4 定理 5.3.3 是说, 给定 $r\in(0,1)$, 码率为 r 的随机线性码 L 的渐近性质很突出: 相对极小距离 $\Delta(L)$ (是个取值于 $[0,1]$ 的随机变量) 的分布函数几乎集中于一点 $g_q^{-1}(r)$, 这是个正实数. 参看图 5.3.

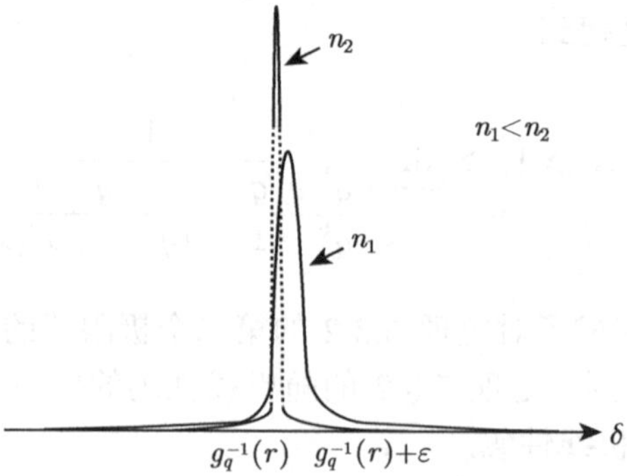

图 5.3　$\Delta(L)$ 的分布函数

这个结果有点惊人, 它比定理 5.2.2 和推论 5.2.4 强得多!

(1) 定理 5.2.2 只是说: *存在*线性码的序列使得码率的极限为 r, 相对极小距离的极限为 $g_q^{-1}(r)$.

(2) 定理 5.3.3 则说: *几乎所有*码率 r 的线性码的序列, 相对极小距离的极限都是 $g_q^{-1}(r)$!

尽管在宏观上、在概率意义上, 渐近好 (更确切地, 参数达到渐近 GV 界) 的线性码几乎俯拾皆是, 然而编码理论发展到现在, 从数学上以确定方式 (非随机方式) 系统地构造出来的渐近好线性码系列却很少! (注意: 条件 "渐近好" 弱于条件 "达到渐近 GV 界") 如注 5.2.5 所说, 循环码是数学上更精确地构造出来的一类线性码, 在理论和实践上都很有特色备受关注, 但至今仍不知道循环码是不是渐近好码.

习　题　5.3

1. 设 $\boldsymbol{G}$ 是有限域 $\mathbb{F}$ 上的随机 $k\times n$ 矩阵, 其中 $k=\lfloor rn\rfloor$, 而 $r\in(0,1)$.

(1) $\operatorname{rank}\boldsymbol{G}<k$ 当且仅当 $\boldsymbol{G}$ 的 n 个列向量属于 $\mathbb{F}^k$ 的同一个 $k-1$ 维子空间.

(2) 设 $W\leqslant\mathbb{F}^k$ 是一个 $k-1$ 维子空间. 证明: $\boldsymbol{G}$ 的 n 个列向量都属于 W 的概率为 $\dfrac{1}{q^n}$.

(提示: 一个随机向量属于 W 的概率为 q^{k-1}/q^k.)

(3) $\mathbb{F}^k$ 的 $k-1$ 维子空间的个数为 $\dfrac{q^k-1}{q-1}$.

(提示: $k-1$ 维子空间与 1 维子空间一一对应; 1 维子空间的个数为 $(q^k-1)/(q-1)$.)

(4) $\lim\limits_{n\to\infty}\Pr\big(\operatorname{rank}\boldsymbol{G}<k\big)=0$,　$\lim\limits_{n\to\infty}\Pr\big(\operatorname{rank}\boldsymbol{G}=k\big)=1$.

(提示: $\Pr\big(\operatorname{rank}\boldsymbol{G} < k\big) \leqslant \sum_W \Pr\,(\boldsymbol{G}$ 的列向量都属于 $W)$ 和式下标 W 跑遍 $\mathbb{F}^k$ 的 $k-1$ 维子空间; 可算出 $\Pr\big(\operatorname{rank}\boldsymbol{G} < k\big) \leqslant q^k/q^n$.)

5.4 一阶矩方法和二阶矩方法

在 5.3 节我们用到了一阶矩和二阶矩方法. 为了方便阅读, 也为了本书能够自包含, 本节介绍这个概率论方法.

利用随机变量的一阶矩和二阶矩研究问题的办法分别称为一阶矩方法和二阶矩方法. 一般文献提的是二阶矩方法 (second moment method), 因为一阶矩的计算要简单得多. 一阶矩方法主要是引用下面的 Markov 不等式.

定理 5.4.1 (Markov 不等式) 设 X 是一个非负随机变量, $E(X)$ 记 X 的数学期望; 设 $a > 0$. 那么

$$\Pr(X \geqslant a) \leqslant \frac{E(X)}{a}.$$

证 用 $\mathbf{1}_{X\geqslant a}$ 记事件 "$X \geqslant a$" 的指示随机变量 (indicator random variable), 即

$$\mathbf{1}_{X\geqslant a} = \begin{cases} 1, & X \geqslant a, \\ 0, & \text{否则}. \end{cases}$$

它是一个伯努利变量 (即 0-1 随机变量). 那么

$$E(\mathbf{1}_{X\geqslant a}) = \Pr(\mathbf{1}_{X\geqslant a} = 1) = \Pr(X \geqslant a).$$

因为 X 是非负随机变量,

$$\mathbf{1}_{X\geqslant a} \leqslant \frac{X}{a}.$$

而数学期望 $E(X)$ 关于 X 是线性的, 所以

$$\Pr(X \geqslant a) = E(\mathbf{1}_{X\geqslant a}) \leqslant E\Big(\frac{X}{a}\Big) = \frac{E(X)}{a}.$$ □

我们研究随机线性码时用到的二阶矩方法是下述关于 0-1 随机变量之和的一个不等式.

定理 5.4.2 设 $X = \sum_{i=1}^{n} X_i$, 其中 X_i 都是伯努利随机变量 (即 0-1 随机变量). 那么

$$\Pr(X \geqslant 1) \geqslant \sum_{i=1}^{n} \frac{E(X_i)}{E(X|X_i = 1)}.$$

证　令 $Y = \begin{cases} \dfrac{1}{X}, & X > 0, \\ 0, & X = 0. \end{cases}$ 那么 $YX = \mathbf{1}_{X \geqslant 1}$. 于是

$$\Pr(X \geqslant 1) = E(YX) = \sum_{i=1}^{n} E(YX_i).$$

由全概率公式

$$\begin{aligned} E(YX_i) &= E(YX_i|X_i = 0)\Pr(X_i = 0) + E(YX_i|X_i = 1)\Pr(X_i = 1) \\ &= E(0|X_i = 0)\Pr(X_i = 0) + E(Y|X_i = 1)\Pr(X_i = 1) \\ &= E\left(\frac{1}{X}|X_i = 1\right)\Pr(X_i = 1). \end{aligned}$$

把 Jensen 不等式 (见本节的习题 1) 用于下凸函数 $f(x) = \dfrac{1}{x}$, 有

$$E\left(\frac{1}{X}|X_i = 1\right) \geqslant \frac{1}{E(X|X_i = 1)}.$$

所以

$$E(YX_i) \geqslant \frac{1}{E(X|X_i = 1)} \cdot \Pr(X_i = 1) = \frac{E(X_i)}{E(X|X_i = 1)}.$$

于是得到

$$\Pr(X \geqslant 1) \geqslant \sum_{i=1}^{n} \frac{E(X_i)}{E(X|X_i = 1)}.$$ □

还有一些关于二阶矩的不等式在基础的概率论教材中也可找到. 如

Chebyshev 不等式　设 X 是任意的随机变量, $a > 0$. 则

$$\Pr\left(|X - E(X)| \geqslant a\right) \leqslant \frac{\operatorname{Var}(X)}{a^2} = \frac{E(X^2) - E(X)^2}{a^2}.$$

证　$\Pr\left(|X - E(X)| \geqslant a\right) = \Pr\left((X - E(X))^2 \geqslant a^2\right) \leqslant \dfrac{E\big((X - E(X))^2\big)}{a^2}$.

利用数学期望的线性性质可作以下计算:

$$\begin{aligned} E\big((X - E(X))^2\big) &= E\big(X^2 - 2E(X) \cdot X + E(X)^2\big) \\ &= E(X^2) - 2E(X) \cdot E(X) + E(X)^2 \end{aligned}$$

$$= E(X^2) - E(X)^2,$$

其中第二个等式成立是因为 $E(X)^2$ 是常量, 故 $E\big(E(X)^2\big) = E(X)^2$. □

推论 5.4.3 (Chebyshev 不等式) 设 X 是非负整值随机变量. 则

$$\Pr(X=0) \leqslant \frac{\mathrm{Var}(X)}{E(X)^2} = \frac{E(X^2)}{E(X)^2} - 1.$$

证 $\Pr(X=0) \leqslant \Pr\left(|X-E(X)| \geqslant E(X)\right) \leqslant \dfrac{\mathrm{Var}(X)}{E(X)^2}$. □

注 一个概率空间上的所有随机变量的集合构成一个实向量空间. 而 $E(X)$ 是这个实向量空间的一个线性算子. 定义二元实函数 $\langle X, Y\rangle := E(XY)$. 那么 $\langle X, Y\rangle$ 是该实向量空间的一个欧氏内积. 特别地, 我们有 Cauchy-Schwarz 不等式:

$$E(XY)^2 \leqslant E(X^2)E(Y^2).$$

下述定理在有些文献中也称为 Cauchy 不等式.

定理 5.4.4 设 X 是一个随机变量使得 $E(X^2) \neq 0$. 则

$$\Pr(X \neq 0) \geqslant \frac{E(X)^2}{E(X^2)}.$$

等价地,

$$\Pr(X=0) \leqslant \frac{\mathrm{Var}(X)}{E(X^2)} = 1 - \frac{E(X)^2}{E(X^2)}.$$

证 可以把 X 写成 $X = X\mathbf{1}_{X\neq 0}$, 故

$$\begin{aligned} E(X)^2 &= E(X\mathbf{1}_{X\neq 0})^2 \leqslant E(X^2)E(\mathbf{1}_{X\neq 0}^2) = E(X^2)E(\mathbf{1}_{X\neq 0}) \\ &= E(X^2)\Pr(X\neq 0). \end{aligned}$$

□

推论 5.4.5 (二阶矩方法) 设 X 是非负整值随机变量, $X \neq 0$. 则

$$\Pr(X \geqslant 1) \geqslant \frac{E(X)^2}{E(X^2)}.$$

习 题 5.4

1. (Jensen 不等式) 设 $f(x)$ 是下凸函数, 即对任意的 x, x' 有 $\dfrac{f(x)+f(x')}{2} \geqslant f\left(\dfrac{x+x'}{2}\right)$ (若 $f(x)$ 二阶可微, 这等价于二阶导函数 $f''(x) > 0$).

(1) 证明: 若非负实数 $\lambda_1, \cdots, \lambda_n$ 满足 $\lambda_1 + \cdots + \lambda_n = 1$, 则

$$\sum_{i=1}^{n} \lambda_i f(x_i) \geqslant f\left(\sum_{i=1}^{n} \lambda_i x_i\right).$$

(2) 设 X 为取有限个值的随机变量. 证明:

$$E\big(f(X)\big) \geqslant f\big(E(X)\big).$$

习题答案与提示

习 题 1.1

1. **证** 设正确的书号是 $x_1x_2\cdots x_{10}$. 首先证明可检验第一类错误: 设第 i 位由 x_i 错为 x_i'. 由题中的检验方法知 $x_1+2x_2+\cdots+10x_{10}\equiv 0 \pmod{11}$. 因此

$$x_1+\cdots+(i-1)x_{i-1}+ix_i'+(i+1)x_{i+1}+\cdots+10x_{10}\equiv i(x_i'-x_i)\not\equiv 0 \pmod{11},$$

故此类错误可以检验出来.

其次证明可检验第二类错误: 设第 i 位和第 $i+1$ 位颠倒错位. 因为 $x_1+2x_2+\cdots+10x_{10}\equiv 0 \pmod{11}$, 所以

$$x_1+\cdots++ix_{i+1}+(i+1)x_i+\cdots+10x_{10}\equiv x_i-x_{i+1}\not\equiv 0 \pmod{11}.$$

故此类错误也可以检验出来.

2. **解** 身份证号码由 18 位数字或字母 X 组成, 第 18 位为检验位, 检验位的计算方法如下.

(1) 身份证号码的第 1 位到 17 位分别乘以对应的权重并相加, 具体权重如下:

身份证位数	1	2	3	4	5	6	7	8	9	10	11	12	13	14	15	16	17
权重	7	9	10	5	8	4	2	1	6	3	7	9	10	5	8	4	2

(2) 用加起来的数模 11 取余.

(3) 将余数对应于相应的号码, 具体对应如下:

余数	0	1	2	3	4	5	6	7	8	9	10
对应	1	0	X	9	8	7	6	5	4	3	2

3. **证** 由题中的编码方案知, 所有的有效字均形如 (a,b,c,a,b,c,a,b,c). 故不同的有效字之间至少有三位不同.

如果一个有效字有一位出错, 则它与其他的有效字之间至少还有两位不同, 所以可以找到唯一与其最相近的有效字, 纠正其错误.

如果一个有效字有两位出错, 则它与其他的有效字之间至少还有一位不同, 它不可能成为其他的有效字, 故可以检查出其错误.

4. **解**　增加检验位x_7, x_8, x_9, x_{10}, x_{11}, 使得$x_1+x_2+x_7$, $x_3+x_4+x_8$, $x_5+x_6+x_9$, $x_1+x_3+x_5+x_{10}$, $x_2+x_4+x_6+x_{11}$ 均为偶数.

习　题　1.2

1. **证**　(1) 必要性. 不失一般性, 设列向量 $\boldsymbol{H}_1$, $\boldsymbol{H}_2$ 线性相关, 则存在不全为 0 的 x_1, x_2, 满足

$$x_1\boldsymbol{H}_1+x_2\boldsymbol{H}_2=\boldsymbol{0}.$$

那么 $(x_1,x_2,0,\cdots,0)^{\mathrm{T}}$ 是方程组的一个非零解, 且这个解至多有两个分量非零, 这与已知矛盾, 故结论成立.

充分性. 假设方程组任意非零解至多有两个分量非零. 不妨设 x_1, x_2 不全为 0, 则

$$x_1\boldsymbol{H}_1+x_2\boldsymbol{H}_2=\boldsymbol{0}.$$

那么 $\boldsymbol{H}_1$, $\boldsymbol{H}_2$ 线性相关, 矛盾, 结论成立.

(2) 必要性. 设 $\boldsymbol{v}_1$, $\boldsymbol{v}_2\in V$, 且 $\boldsymbol{v}_1$, $\boldsymbol{v}_2$ 线性无关. 若 $L(\boldsymbol{v}_1)=L(\boldsymbol{v}_2)$, 则 $\boldsymbol{v}_1=k\boldsymbol{v}_2$, 这里 $k\neq 0$, 所以 $\boldsymbol{v}_1-k\boldsymbol{v}_2=\boldsymbol{0}$. 这与 $\boldsymbol{v}_1$, $\boldsymbol{v}_2$ 线性无关矛盾, 所以结论成立.

充分性. 设 $\boldsymbol{v}_1$, $\boldsymbol{v}_2\in V$, 且 $L(\boldsymbol{v}_1)\neq L(\boldsymbol{v}_2)$, $k_1\boldsymbol{v}_1+k_2\boldsymbol{v}_2=\boldsymbol{0}$. 若 $k_1\neq 0$, 则 $\boldsymbol{v}_1=\dfrac{k_2}{k_1}\boldsymbol{v}_2$, 这与 $L(\boldsymbol{v}_1)\neq L(\boldsymbol{v}_2)$ 矛盾. 若 $k_2\neq 0$, 同理. 所以 $k_1=k_2=0$, $\boldsymbol{v}_1$, $\boldsymbol{v}_2$ 线性无关.

(3) 设 V 是 $\mathbb{Z}_2$ 上的一个向量空间, W 是 V 的一个 1 维子空间, $\boldsymbol{0}\neq\boldsymbol{\alpha}\in V$, 那么 $W=L(k\boldsymbol{\alpha})=\{k\boldsymbol{\alpha}\mid k\in\mathbb{Z}_2\}=\{0,\boldsymbol{\alpha}\}$ 恰含两个向量. 设 W' 是 V 的 k 维向量空间, $\boldsymbol{\alpha}_1,\boldsymbol{\alpha}_2,\cdots,\boldsymbol{\alpha}_k$ 是 W' 的一组基, 则

$$W'=L(\boldsymbol{\alpha}_1,\boldsymbol{\alpha}_2,\cdots,\boldsymbol{\alpha}_k)=\{\boldsymbol{\alpha}_1k_1+\boldsymbol{\alpha}_2k_2+\cdots+\boldsymbol{\alpha}_kk_k\mid k_i\in\mathbb{Z}_2,\ i=1,2,\cdots,k\}.$$

故 $|W'|=2^k$.

(4) 分别是 $L\big((1,1,1)\big)$, $L\big((0,0,1)\big)$, $L\big((0,1,0)\big)$, $L\big((0,1,1)\big)$, $L\big((1,0,0)\big)$, $L\big((1,0,1)\big)$, $L\big((1,1,0)\big)$.

2. (1) **证**　$|S(\boldsymbol{c},1)|=\sum_{j=0}^{1}\dbinom{7}{j}(2-1)^j=8.$

(2) **解**　$|S(\boldsymbol{c},2)|=\sum_{j=0}^{2}\dbinom{7}{j}(2-1)^j=29,$

$|S(\boldsymbol{c},3)|=\sum_{j=0}^{3}\dbinom{7}{j}(2-1)^j=64,$

$|S(\boldsymbol{c},4)|=\sum_{j=0}^{4}\dbinom{7}{j}(2-1)^j=99,$　$|S(\boldsymbol{c},5)|=\sum_{j=0}^{5}\dbinom{7}{j}(2-1)^j=120,$

$|S(\boldsymbol{c},6)|=\sum_{j=0}^{6}\binom{7}{j}(2-1)^j=127$, $|S(\boldsymbol{c},7)|=\sum_{j=0}^{7}\binom{7}{j}(2-1)^j=128$.

3. **解** 出题知 $\boldsymbol{r}=(0\,1\,0\,1\,1\,1\,0)$, 因为

$$\boldsymbol{H}\boldsymbol{r}^{\mathrm{T}}=\begin{pmatrix}1&0&1&0&1&0&1\\0&1&1&0&0&1&1\\0&0&0&1&1&1&1\end{pmatrix}\begin{pmatrix}0\\1\\0\\1\\1\\1\\0\end{pmatrix}=\begin{pmatrix}1\\0\\1\end{pmatrix}=\boldsymbol{H}_5,$$

所以 $\boldsymbol{e}=(0\,0\,0\,0\,1\,0\,0)$, $\boldsymbol{c}=\boldsymbol{r}-\boldsymbol{e}=(0\,1\,0\,1\,0\,1\,0)$.

4. **证** 设 $\boldsymbol{x}=(x_1,\cdots,x_n)$, $\boldsymbol{y}=(y_1,\cdots,y_n)$, $\boldsymbol{x}\cap\boldsymbol{y}=(z_1,\cdots,z_n)$, 则 $\boldsymbol{x}+\boldsymbol{y}=(x_1+y_1,\cdots,x_n+y_n)$. 对任意 $i\in\{1,\cdots,n\}$, 若 $x_i=0$, $y_i=0$, 则 $z_i=0$, $x_i+y_i=0$; 若 $x_i=1$, $y_i=0$, 则 $z_i=0$, $x_i+y_i=1$; 若 $x_i=0$, $y_i=1$, 则 $z_i=0$, $x_i+y_i=1$; 若 $x_i=1$, $y_i=1$, 则 $z_i=1$, $x_i+y_i=0$. 故 $w(\boldsymbol{x}+\boldsymbol{y})=w(\boldsymbol{x})+w(\boldsymbol{y})-2w(\boldsymbol{x}\cap\boldsymbol{y})$.

5. **解** 显然, $\widehat{C}$ 的码长为 $n+1$. 设

$$\varphi: C\longrightarrow\widehat{C},\ \boldsymbol{c}=(c_1,\cdots,c_n)\mapsto\boldsymbol{c}'=(c_1,\cdots,c_n,c_{n+1}),$$

其中 $\sum_{i=1}^{n+1}c_i=0$. 显然, φ 为双射, 故 $|\widehat{C}|=|C|=M$.

因 C 的极小距离为 d, 故存在 $\boldsymbol{x}$, $\boldsymbol{y}\in C$, 使得 $d(\boldsymbol{x},\boldsymbol{y})=d$, 则 $d(\boldsymbol{x}',\boldsymbol{y}')=d$ 或 $d(\boldsymbol{x}',\boldsymbol{y}')=d+1$. 若对所有这样的 $\boldsymbol{x}$ 和 $\boldsymbol{y}$, $d(\boldsymbol{x}',\boldsymbol{y}')=d+1$, 则 $\widehat{C}$ 的极小距离为 $d+1$. 否则, $\widehat{C}$ 的极小距离是 d. 因此, $\widehat{C}$ 的参数为 $(n+1,M,d)$ 或 $(n+1,M,d+1)$.

6. **证** 设 C 是一个参数为 $(n,M,2t+1)$ 的二元码. 由习题 5 的方法构造码 $\widehat{C}$. 设 $\boldsymbol{x},\boldsymbol{y}\in C$ 且 $d(\boldsymbol{x},\boldsymbol{y})=2t+1$. 由 $\widehat{C}$ 的构造可得, $\widehat{C}$ 中任意两个码字之间的距离一定是偶数, 所以 $d(\boldsymbol{x}',\boldsymbol{y}')=2t+2$. 由 $\boldsymbol{x}$, $\boldsymbol{y}$ 的任意性, 故 $\widehat{C}$ 的极小距离为 $2t+2$, $\widehat{C}$ 的参数为 $(n+1,M,2t+2)$.

设 C 是一个参数为 $(n+1,M,2t+2)$ 的二元码, 则存在 $\boldsymbol{x},\boldsymbol{y}\in C$ 使得 $d(\boldsymbol{x},\boldsymbol{y})=2t+2$. 设 $\boldsymbol{x}$, $\boldsymbol{y}$ 的第 i 位不同, 将 C 中所有码字的第 i 位去掉得到新的码 $\tilde{C}$. 则 $\tilde{C}$ 的参数为 $(n,M,2t+1)$.

7. **证** 显然, $C\oplus C'$ 的码长为 $n+n'$, 码字个数为 MM'. 下证 $d(C\oplus C')=\min\{d,d'\}$.

显然, $d(C\oplus C')\geqslant\min\{d,d'\}$. 取 $\boldsymbol{a},\boldsymbol{b}\in C$, $d(\boldsymbol{a},\boldsymbol{b})=d$, $\boldsymbol{c}'\in C'$, 则 $d\big((\boldsymbol{a}\,|\,\boldsymbol{c}'),(\boldsymbol{b}\,|\,\boldsymbol{c}')\big)=d$. 取 $\boldsymbol{a}',\boldsymbol{b}'\in C'$, $d(\boldsymbol{a}',\boldsymbol{b}')=d'$, $\boldsymbol{c}\in C$, 则 $d\big((\boldsymbol{c}\,|\,\boldsymbol{a}'),(\boldsymbol{c}\,|\,\boldsymbol{b}')\big)=d'$. 故 $d(C\oplus C')\leqslant\min\{d,d'\}$. 因此 $d(c\oplus c')=\min\{d,d'\}$.

8. **证** 显然, C 的码长为 $2n$, 码字的个数为 MM'. 下证 $d(C)=\min\{2d,d'\}$.

设 $(\boldsymbol{a}\,|\,\boldsymbol{a}+\boldsymbol{a}')$, $(\boldsymbol{b}\,|\,\boldsymbol{b}+\boldsymbol{b}')\in C$ 且 $(\boldsymbol{a}\,|\,\boldsymbol{a}+\boldsymbol{a}')\neq(\boldsymbol{b}\,|\,\boldsymbol{b}+\boldsymbol{b}')$.

若 $\boldsymbol{a}=\boldsymbol{b}$, 则 $d((\boldsymbol{a}\,|\,\boldsymbol{a}+\boldsymbol{a}'),(\boldsymbol{b}\,|\,\boldsymbol{b}+\boldsymbol{b}'))=d(\boldsymbol{a}',\boldsymbol{b}')\geqslant d'\geqslant\min\{2d,d'\}$.

若 $\boldsymbol{a}\neq\boldsymbol{b}$, 则 $d((\boldsymbol{a}\,|\,\boldsymbol{a}+\boldsymbol{a}'),(\boldsymbol{b}\,|\,\boldsymbol{b}+\boldsymbol{b}'))=d(\boldsymbol{a},\boldsymbol{b})+d(\boldsymbol{a}+\boldsymbol{a}',\boldsymbol{b}+\boldsymbol{b}')\geqslant d(\boldsymbol{a},\boldsymbol{b})+d(\boldsymbol{a}+\boldsymbol{a}',\boldsymbol{a}+\boldsymbol{b}')-d(\boldsymbol{a}+\boldsymbol{b}',\boldsymbol{b}+\boldsymbol{b}')=d(\boldsymbol{a},\boldsymbol{b})+d(\boldsymbol{a}',\boldsymbol{b}')-d(\boldsymbol{a},\boldsymbol{b})=d(\boldsymbol{a}',\boldsymbol{b}')\geqslant d'\geqslant\min\{2d,d'\}$. 故 $d(C)\geqslant\min\{2d,d'\}$.

当 $\boldsymbol{a}=\boldsymbol{b}$, $d(\boldsymbol{a}',\boldsymbol{b}')=d'$ 时, $d((\boldsymbol{a}\,|\,\boldsymbol{a}+\boldsymbol{a}'),(\boldsymbol{b}\,|\,\boldsymbol{b}+\boldsymbol{b}'))=d'$. 当 $\boldsymbol{a}'=\boldsymbol{b}'$, $d(\boldsymbol{a},\boldsymbol{b})=d$ 时, $d((\boldsymbol{a}\,|\,\boldsymbol{a}+\boldsymbol{a}'),(\boldsymbol{b}\,|\,\boldsymbol{b}+\boldsymbol{b}'))=2d$. 故 $d(C)\leqslant\min\{2d,d'\}$.

综上, $d(C)=\min\{2d,d'\}$.

习 题 1.3

1. **证** 设 $\boldsymbol{a}=(a_1,\cdots,a_n),\boldsymbol{b}=(b_1,\cdots,b_n),\boldsymbol{c}=(c_1,\cdots,c_n)\in A^n$.

(D1) (正定性)

$$d(\boldsymbol{a},\boldsymbol{b})=d(a_1,b_1)+\cdots+d(a_n,b_n)\geqslant 0;$$

$d(\boldsymbol{a},\boldsymbol{b})=0\iff d(a_i,b_i)=0,\forall i=1,\cdots,n\iff a_i=b_i,\forall i=1,\cdots,n\iff\boldsymbol{a}=\boldsymbol{b}$.

(D2) (对称性)

$$d(\boldsymbol{a},\boldsymbol{b})=d(a_1,b_1)+\cdots+d(a_n,b_n)=d(b_1,a_1)+\cdots+d(b_n,a_n)=d(\boldsymbol{b},\boldsymbol{a}).$$

(D3) (三角不等式)

$$\begin{aligned}d(\boldsymbol{a},\boldsymbol{b})&=d(a_1,b_1)+\cdots+d(a_n,b_n)\\&\leqslant\big(d(a_1,c_1)+d(c_1,b_1)\big)+\cdots+\big(d(a_n,c_n)+d(c_n,b_n)\big)\\&=\big(d(a_1,c_1)+\cdots+d(a_n,c_n)\big)+\big(d(c_1,b_1)+\cdots+d(c_n,b_n)\big)\\&=d(\boldsymbol{a},\boldsymbol{c})+d(\boldsymbol{c},\boldsymbol{b}).\end{aligned}$$

因此 $d(\boldsymbol{a},\boldsymbol{b})$ 是 A^n 上的距离函数.

2. **证** (1) $\forall\, a,b\in A$.

(W1) (正定性)

$$w(a)=d(0,a)\geqslant 0;\quad w(a)=0\iff d(0,a)=0\iff a=0.$$

(W2) (对称性)

$$w(-a)=d(0,-a)=d(0+a,-a+a)=d(a,0)=d(0,a)=w(a),\quad \forall\, a\in A.$$

(W3) (三角不等式)

$$w(a+b)=d(0,a+b)\leqslant d(0,a)+d(a,a+b)=d(0,a)+d(0,b)=w(a)+w(b).$$

(2) $\forall\, a,b,c\in A$.

(D1) (正定性)

$$d(a,b)=w(a-b)\geqslant 0;$$

$$d(a,b)=0 \iff w(a-b)=0 \iff a-b=0 \iff a=b.$$

(D2) (对称性)

$$d(a,b)=w(a-b)=w\big(-(a-b)\big)=w(b-a)=d(b,a).$$

(D3) (三角不等式)

$$d(a,b)=w(a-b)\leqslant w(a-c)+w(c-b)=d(a,c)+d(c,b).$$

(D4) (平移不变)

$$d(a+c,b+c)=w((a+c)-(b+c))=w(a-b)=d(a,b).$$

3. **证** 由习题 1 知 $d(\boldsymbol{a},\boldsymbol{b})$ 为 A^n 上的距离函数. 类似可证 $w(\boldsymbol{a})$ 为 A^n 上的重量函数. 而

$$\begin{aligned}w(\boldsymbol{a}-\boldsymbol{b})&=w(a_1-b_1,\cdots,a_n-b_n)=w(a_1-b_1)+\cdots+w(a_n-b_n)\\&=d(a_1,b_1)+\cdots+d(a_n,b_n)=d(\boldsymbol{a},\boldsymbol{b}).\end{aligned}$$

所以 $w(\boldsymbol{a})=d(\boldsymbol{a},\boldsymbol{0})$. 由习题 2 知, $d(\boldsymbol{a},\boldsymbol{b})$ 和 $w(\boldsymbol{a})$ 为 A^n 上相互对应的距离函数.

4. **证** 由 $d(B)$ 的定义, 存在 $x\neq y\in B$, 使得 $d(B)=d(x,y)$. 由于 B 为 A 的子群, 则 $x-y\in B$, $d(x,y)=w(x-y)\geqslant w(B)$, 即 $d(B)\geqslant w(B)$. 另一方面, 由 $w(B)$ 的定义, 存在 $0\neq x\in B$, 使得 $w(B)=w(x)$. 而 $w(x)=w(x-0)=d(x,0)\geqslant d(B)$, 即 $w(B)\geqslant d(B)$. 故 $d(B)=w(B)$.

5. **证** (D1) (正定性) 显然有 $\forall\, a,b\in \mathbb{A}$, $d(a,b)\geqslant 0$, 且 $d(a,b)=0 \iff a=b$.

(D2) (对称性) $\forall\ a,b\in\mathbb{A}$, 当 $a=b$ 时, $d(a,b)=0=d(b,a)$; 当 $a\neq b$ 时, $d(a,b)=1=d(b,a)$, 即 $d(a,b)=d(b,a)$, $\forall\ a,b\in\mathbb{A}$.

(D3) (三角不等式)

$\forall a,b,c\in\mathbb{A}$, 若 $a=b=c$, 则 $d(a,b)=0=d(a,c)+d(c,b)$. 否则, 只要 c 与 a,b 其中一个不相等, 则有 $d(a,b)\leqslant 1\leqslant d(a,c)+d(c,b)$. 故 $d(a,b)\leqslant d(a,c)+d(c,b)$, $\forall\ a,b\in\mathbb{A}$.

6. **证** $\forall\boldsymbol{x},\ \boldsymbol{y},\ \boldsymbol{z}\in\mathbb{A}^n$

(D1) (正定性) 显然 $d_{RT}(\boldsymbol{x},\boldsymbol{y})\geqslant 0$, 且 $d_{RT}(\boldsymbol{x},\boldsymbol{y})=0\Leftrightarrow\boldsymbol{x}=\boldsymbol{y}$;

(D2) (对称性) 显然 $d_{RT}(\boldsymbol{x},\boldsymbol{y})=d_{RT}(\boldsymbol{y},\boldsymbol{x})$;

(D3) (三角不等式) 不妨设 $d_{RT}(\boldsymbol{x},\boldsymbol{y})=t>0$, 则对于

$$\boldsymbol{x}=(x_1,\cdots,x_n),\quad \boldsymbol{y}=(y_1,\cdots,y_n)$$

有 $x_t\neq y_t$, 再设 $d_{RT}(\boldsymbol{x},\boldsymbol{z})=s$.

(1) 若 $s\geqslant t$, 即 $d_{RT}(\boldsymbol{x},\boldsymbol{y})\leqslant d_{RT}(\boldsymbol{x},\boldsymbol{z})$;

(2) 若 $s<t$, 则对于 $\boldsymbol{z}=(z_1,\cdots,z_n)$, 根据定义有 $z_i=x_i$, $s+1\leqslant i\leqslant n$, 特别地 $z_t=x_t\neq y_t$, 从而 $d_{RT}(\boldsymbol{y},\boldsymbol{z})\geqslant t=d_{RT}(\boldsymbol{x},\boldsymbol{y})$.

综上所述，并结合 (D1), 总有:

$$d_{RT}(\boldsymbol{x},\boldsymbol{y})\leqslant\max\{d_{RT}(\boldsymbol{x},\boldsymbol{z}),\ d_{RT}(\boldsymbol{y},\boldsymbol{z})\}\leqslant d_{RT}(\boldsymbol{x},\boldsymbol{z})+d_{RT}(\boldsymbol{y},\boldsymbol{z}).$$

7. **证** (1) 按定义 $\alpha=\lfloor\alpha\rfloor+\beta$, 其中 $0\leqslant\beta<1$; 从 $\beta\geqslant 0$ 得 $\lfloor\alpha\rfloor=\alpha-\beta\leqslant\alpha$; 再从 $\beta<1$ 得 $\lfloor\alpha\rfloor=\alpha-\beta>\alpha-1$.

(2) 类似可证.

习 题 1.4

1. **证** 设 $d(C)=d$, 由于 $\dfrac{d-1}{2}-1<e=\left\lfloor\dfrac{d-1}{2}\right\rfloor\leqslant\dfrac{d-1}{2}$, 故 $2e+1\leqslant d\leqslant 2e+2$.

假设 $d(C)$ 是偶数, 即 $d=2e+2$, 则存在 $\boldsymbol{c},\boldsymbol{c}'\in C$, 使得 $d(\boldsymbol{c},\boldsymbol{c}')=d=2e+2$, 即 $\boldsymbol{c}$ 与 $\boldsymbol{c}'$ 有 $2e+2$ 个位置的分量不同, 其他位置分量相同. 不妨设 $\boldsymbol{c}=(c_1,\cdots,c_{2e+2},*,\cdots,*)$, $\boldsymbol{c}'=(c_1',\cdots,c_{2e+2}',*,\cdots,*)$, 其中 $c_i\neq c_i', 1\leqslant i\leqslant 2e+2$, “$*$” 对应的分量都相同. 令 $\boldsymbol{r}_0=(c_1',\cdots,c_{e+1}',c_{e+2},\cdots,c_{2e+2},*,\cdots,*)$, 那么 $d(\boldsymbol{c},\boldsymbol{r}_0)=d(\boldsymbol{c}',\boldsymbol{r}_0)=e+1$. 因为 C 是完全码, 所以存在 $\boldsymbol{c}''\in C$, 使得 $\boldsymbol{r}_0\in\mathrm{S}(\boldsymbol{c}'',\mathrm{e})$, 从而得 $d(\boldsymbol{c}'',\boldsymbol{c})\leqslant d(\boldsymbol{c}'',\boldsymbol{r}_0)+d(\boldsymbol{r}_0,\boldsymbol{c})\leqslant e+(e+1)=2e+1<d$, 这与 $d(C)=d$ 矛盾, 因此 $d(C)$ 为奇数.

2. **证** $e=\left[\dfrac{d-1}{2}\right]=1$, $V_q(n,e)=V_2(7,1)=|S(\boldsymbol{c},1)|=8$, 从而 $M\cdot V_q(n,q)=16\times 8=128=2^7=q^n$, 因此该码是完全码.

3. **证** (1), (2) 显然是完全码.

(3) 设 $C=\{(0,\cdots,0),(1,\cdots,1)\}$, 则 C 的参数为 $[n,2,n]$, 其中 n 为奇数.

$$2V_2\left(n,\left\lfloor\frac{n-1}{2}\right\rfloor\right)=2V_2\left(n,\frac{n-1}{2}\right)=2\sum_{i=0}^{\frac{n-1}{2}}\binom{n}{i}=2\cdot\frac{1}{2}\sum_{i=0}^{n-1}\binom{n}{i}=2^n.$$

故 C 为完全码.

(4) 设 $C=\{\boldsymbol{c},\overline{\boldsymbol{c}}\}$, 则 C 的参数为 $[n,2,n]$. 同上, C 为完全码.

4. **证** 因为 C 为长 n 的极小距离为 7 的完全二元码, 所以 $M\sum_{i=0}^{3}\binom{n}{i}=2^n$. 从而

$$\sum_{i=0}^{3}\binom{n}{i}=\frac{1}{6}(n+1)(n^2-n+6)=2^l,$$

即

$$(n+1)(n^2-n+6)=(n+1)[(n+1)^2-3(n+1)+8]=3\cdot 2^{l+1}.$$

设 $n+1=3^a2^b$. 若 $b>3$, 则 $8\,|\,((n+1)^2-3(n+1)+8)$ 且 $16\nmid((n+1)^2-3(n+1)+8)$. 故 $(n+1)^2-3(n+1)+8=8$ 或 $(n+1)^2-3(n+1)+8=24$. 但这些取值都不可能. 所以 $b\leqslant 3$. 因为 $n\geqslant 7$, 所以 $n=7,\ 11,\ 23$. 若 $n=11$, 不符合 $(n+1)(n^2-n+6)=3\cdot 2^{l+1}$, 则 $n=7$ 或 $n=23$.

5. **证** (1) 令 $r=\max\limits_{\boldsymbol{x}\in\mathbb{A}^n}\min\limits_{\boldsymbol{c}\in C}d(\boldsymbol{x},\boldsymbol{c})$. 若 $\rho\geqslant r$, 则任意 $\boldsymbol{y}\in\mathbb{A}^n$ 满足 $\min\limits_{\boldsymbol{c}\in C}d(\boldsymbol{x},\boldsymbol{c})\leqslant r\leqslant\rho$, 即存在 $\boldsymbol{d}\in C$ 使得 $d(\boldsymbol{y},\boldsymbol{d})\leqslant r\leqslant\rho$, 于是 $\boldsymbol{y}\in S(\boldsymbol{d},\rho)$. 所以

$$\bigcup_{\boldsymbol{c}\in C}S(\boldsymbol{c},\rho)=\mathbb{A}^n.$$

再设 $\rho<r$. 存在 $\boldsymbol{x}_0\in\mathbb{A}^n$ 和 $\boldsymbol{c}_0\in C$ 使得 $d(\boldsymbol{x}_0,\boldsymbol{c}_0)=\min\limits_{\boldsymbol{c}\in C}d(\boldsymbol{x}_0,\boldsymbol{c})$ 且 $d(\boldsymbol{x}_0,\boldsymbol{c}_0)=r>\rho$, 即对任意 $\boldsymbol{c}\in C$ 有 $\boldsymbol{x}_0\notin S(\boldsymbol{c},\rho)$. 所以 $\bigcup\limits_{\boldsymbol{c}\in C}S(\boldsymbol{c},\rho)\neq\mathbb{A}^n$.

(2) 取 $\boldsymbol{d}=(d_1,\cdots,d_e,d_{e+1},\cdots,d_n)\in C$, 令 $\boldsymbol{r}=(r_1,\cdots,r_e,d_{e+1},\cdots,d_n)$, 其中 $r_i\neq d_i$, $i=1,\cdots,e$. 则 $d(\boldsymbol{r},\boldsymbol{d})=e$. 由定理 1.3.6 证明中的结论 (i), 对任 $\boldsymbol{c}\in C$, $\boldsymbol{c}\neq\boldsymbol{d}$, 有 $d(\boldsymbol{r},\boldsymbol{c})>e$. 因此, $\min\limits_{\boldsymbol{c}\in C}d(\boldsymbol{r},\boldsymbol{c})=e$. 那么, $\rho(C)=\max\limits_{\boldsymbol{x}\in\mathbb{A}^n}\min\limits_{\boldsymbol{c}\in C}d(\boldsymbol{x},\boldsymbol{c})\geqslant\min\limits_{\boldsymbol{c}\in C}d(\boldsymbol{r},\boldsymbol{c})=e$.

若 $\rho(C)=e$, 由注 1.3.7 的表达式 (1.3.5) 中的 M 个球覆盖了全空间 $\mathbb{A}^n$, 而它们又彼此不交, 所以 $M\cdot V_q(n,e)=q^n$, 即 C 是完全码. 反过来, 设 C 不是完全码, 即 $M\cdot V_q(n,e)<q^n$, 那么存在 $\boldsymbol{r}\in\mathbb{A}^n$, $\boldsymbol{r}$ 不在表达式 (1.3.5) 的 M 个球的任何一个之中, 于是 $\min\limits_{\boldsymbol{c}\in C} d(\boldsymbol{r},\boldsymbol{c})>e$. 故 $\rho(C)=\max\limits_{\boldsymbol{x}\in\mathbb{A}^n}\min\limits_{\boldsymbol{c}\in C} d(\boldsymbol{x},\boldsymbol{c})\geqslant\min\limits_{\boldsymbol{c}\in C} d(\boldsymbol{r},\boldsymbol{c})>e$.

6. **证**　按 $A_q(n+1,d_0)$ 的定义 (见式 (1.4.2)), 有长 $n+1$ 的 q 元码 C, 其参数 $(n+1,M,d)$ 满足

$$d\geqslant d_0,\quad M=A_q(n+1,d_0).$$

任给 $a\in\mathbb{A}$, 令

$$C_a=\big\{(c_1,\cdots,c_n)\,\big|\,(c_1,\cdots,c_n,a)\in C\big\}\subseteq\mathbb{A}^n.$$

对 $\boldsymbol{c}\neq\boldsymbol{c}'\in C_a$, $(\boldsymbol{c},a),(\boldsymbol{c}',a)\in C$, 故 $d(\boldsymbol{c},\boldsymbol{c}')=d\big((\boldsymbol{c},a),(\boldsymbol{c}',a)\big)\geqslant d\geqslant d_0$, 得 $d(C_a)\geqslant d\geqslant d_0$. 按 $A_q(n,d_0)$ 的定义, 对任意 $a\in\mathbb{A}$ 有 $|C_a|\leqslant A_q(n,d_0)$. 任意 $(c_1,\cdots,c_n,c_{n+1})\in C$ 对应唯一 $a=c_{n+1}\in\mathbb{A}$ 和唯一字 $(c_1,\cdots,c_n)\in C_a$. 故 $M=|C|=\sum_{a\in\mathbb{A}}|C_a|$. 由于 $|\mathbb{A}|=q$, 存在 $a\in\mathbb{A}$ 使得 $|C_a|\geqslant\dfrac{1}{q}|C|$. 对这个 a 就得到

$$A_q(n,d_0)\geqslant|C_a|\geqslant\frac{1}{q}|C|=\frac{1}{q}M=\frac{1}{q}A_q(n+1,d_0).$$

7. **证**　任给 $a\in\mathbb{A}$, 同上题解答定义 C_a, 但注意, 这里 C_a 码长 $n-1$ (从而 $d(C_a)\leqslant n-1$). 上题解答已证 $d(C_a)\geqslant d$. 那么 $d(C_a)\geqslant d=(1-q^{-1})n>(1-q^{-1})(n-1)$. 把推论 1.4.10 用于 C_a, 得 $|C_a|\leqslant q\cdot d(C_a)\leqslant q(n-1)$. 同上题解答, $|C|=\sum_{a\in\mathbb{A}}|C_a|$. 故 $M\leqslant|\mathbb{A}|\cdot q(n-1)=q^2(n-1)$.

习　题　2.1

1. **证**　(1) 设 m 为非零整数, b 为非零有理数, 则 $mb\neq 0$, 故有理数域 $\mathbb{Q}$ 的特征为零.

(2) 首先证明 $\mathbb{Z}_p=\{[0],[1],[2],\cdots,[p-1]\}$ 是一个域. 在 $\mathbb{Z}_p$ 上定义加法和乘法:

$$[a]+[b]=[a+b],\quad [a][b]=[ab].$$

设 $[a]=[a']$, $[b]=[b']$, 则 $p\mid(a-a'),p\mid(b-b')$, 所以 $p|((a+b)-(a'+b'))$, 即 $[a+b]=[a'+b']$, 所以加法定义合理. 同理可证乘法定义合理.

显然, $\mathbb{Z}_p$ 在加法下是一个交换群, 其中零元为 $[0]$, 负元为 $[-a]$. $\mathbb{Z}_p$ 在乘法下是一个交换幺半群, 其中幺元为 $[1]$. 任取 $[0]\neq[a]\in\mathbb{Z}_p$. 因为 p 为素数, 所

以 $\gcd(a,p)=1$, 则存在整数 t 和 s 使得 $at+ps=1$. 因为

$$[a][t]=[at]=[at+ps]=[1],$$

所以 $[a]$ 可逆. 从而 $\mathbb{Z}_p$ 的非零元均可逆, 故 $\mathbb{Z}_p$ 是一个域.

对任意 $[b]\in\mathbb{Z}_p$, $p[b]=[pb]=[0]$. 因为 p 为素数, 所以 $\operatorname{char}(\mathbb{Z}_p)=p$.

2. **证** 因为 n 不是素数, 不妨设 $n=ab$, $1<a,b<n$. 假设 $\mathbb{Z}_n$ 是域, 则 $[a]$ 可逆, 故存在 $[c]\in\mathbb{Z}_n$, 使得 $[a]\cdot[c]=[1]$, 即 $ac\equiv 1\pmod n$. 因为存在整数 t 使得 $ac=1+nt=1+abt$, 所以 a 整除 1, 矛盾. 故 $\mathbb{Z}_n$ 不是域.

3. **证** (1) 因为 $\mathbb{F}_q[x]$ 是一个欧氏整环, 所以存在 $g(x)\in\mathbb{F}_q[x]$, $\beta\in\mathbb{F}_q$ 使得 $f(x)=(x-\alpha)g(x)+\beta$. 因为 $\alpha\in\mathbb{F}_q$ 是 $f(x)$ 的一个根, 所以 $f(\alpha)=0$, 从而 $\beta=0$, 即 $f(x)=(x-\alpha)g(x)$. 故 $x-\alpha$ 是 $f(x)$ 的一个因式.

(2) 假设存在 $\mathbb{F}_q$ 的扩域 $\mathbb{F}_{q^l}$ 使得存在 $\alpha_1,\cdots,\alpha_n,\alpha_{n+1}\in\mathbb{F}_{q^l}$ 均为 $f(x)$ 的根, 则可将 $f(x)$ 看作是 $\mathbb{F}_{q^l}$ 上的多项式, $(x-\alpha_1)\cdots(x-\alpha_n)(x-\alpha_{n+1})$ 整除 $f(x)$. 而 $\deg(f(x))=n$, 矛盾. 故 $f(x)$ 在任何包含 $\mathbb{F}_q$ 的域上至多有 n 个根.

4. **证** (1)

$$\begin{aligned}f(\boldsymbol{u},\boldsymbol{v})&=f\left(\sum_{i=1}^n a_i\boldsymbol{e}_i,\sum_{j=1}^n b_j\boldsymbol{e}_j\right)=\sum_{i=1}^n a_i f\left(\boldsymbol{e}_i,\sum_{j=1}^n b_j\boldsymbol{e}_j\right)=\sum_{i,j=1}^n a_ib_jf(\boldsymbol{e}_i,\boldsymbol{e}_j)\\&=(a_1,\cdots,a_n)\boldsymbol{A}\begin{pmatrix}b_1\\ \vdots\\ b_n\end{pmatrix}.\end{aligned}$$

(2) 必要性. 因为 f 是对称的, 所以

$$f(\boldsymbol{e}_i,\boldsymbol{e}_j)=f(\boldsymbol{e}_j,\ \boldsymbol{e}_i),\quad 1\leqslant i,\ j\leqslant n.$$

故 $\boldsymbol{A}$ 是对称的.

充分性. 因为 $\boldsymbol{A}$ 是对称的, 所以 $\boldsymbol{A}^{\mathrm{T}}=\boldsymbol{A}$. 故

$$\begin{aligned}f(\boldsymbol{u},\boldsymbol{v})&=(a_1,\cdots,a_n)\boldsymbol{A}\begin{pmatrix}b_1\\ \vdots\\ b_n\end{pmatrix}=\left((a_1,\cdots,a_n)\boldsymbol{A}\begin{pmatrix}b_1\\ \vdots\\ b_n\end{pmatrix}\right)^{\mathrm{T}}\\&=(b_1,\cdots,b_n)\boldsymbol{A}^{\mathrm{T}}\begin{pmatrix}a_1\\ \vdots\\ a_n\end{pmatrix}=(b_1,\cdots,b_n)\boldsymbol{A}\begin{pmatrix}a_1\\ \vdots\\ a_n\end{pmatrix}=f(\boldsymbol{v},\boldsymbol{u}).\end{aligned}$$

(3) 必要性. 假设 $\boldsymbol{A}$ 是退化的, 则存在 $(a_1,\cdots,a_n)\neq\boldsymbol{0}$, 使得

$$(a_1,\cdots,a_n)\,\boldsymbol{A}=\boldsymbol{0}.$$

所以对任意的 $(b_1,\cdots,b_n)$, 均有

$$(a_1,\cdots,a_n)\,\boldsymbol{A}\begin{pmatrix}b_1\\ \vdots\\ b_n\end{pmatrix}=0.$$

设 $\boldsymbol{u}=\sum_{i=1}^n a_i\boldsymbol{e}_i$, 则 $\boldsymbol{0}\neq\boldsymbol{u}\in V$. 由 (1) 对任意 $\boldsymbol{v}\in V$, $\boldsymbol{v}=\sum_{i=1}^n b_i\boldsymbol{e}_i$, $f(\boldsymbol{u},\boldsymbol{v})=0$. 故 $f(\boldsymbol{u},\boldsymbol{v})$ 是退化的, 矛盾. 所以 $\boldsymbol{A}$ 是非退化的.

充分性. 假设 f 是退化的, 则存在 $\boldsymbol{0}\neq\boldsymbol{u}\in V$, 使得对任意 $\boldsymbol{v}\in V$, $f(\boldsymbol{u},\boldsymbol{v})=0$. 设 $\boldsymbol{u}=\sum_{i=1}^n a_i\boldsymbol{e}_i$, $\boldsymbol{v}=\sum_{i=1}^n b_i\boldsymbol{e}_i$. 由 (1) 可得

$$(a_1,\cdots,a_n)\,\boldsymbol{A}\begin{pmatrix}b_1\\ \vdots\\ b_n\end{pmatrix}=0.$$

所以

$$(a_1,\cdots,a_n)\,\boldsymbol{A}=\boldsymbol{0}.$$

故 $\boldsymbol{A}$ 退化, 矛盾. 所以 f 非退化.

(4) 设 $\boldsymbol{P}=(p_{ij})_{n\times n}$. 因为 $(\boldsymbol{e}_1',\cdots,\boldsymbol{e}_n')=(\boldsymbol{e}_1,\cdots,\boldsymbol{e}_n)\,\boldsymbol{P}$, 所以

$$\boldsymbol{e}_j'=\sum_{i=1}^n p_{ij}\boldsymbol{e}_i,\quad 1\leqslant j\leqslant n.$$

从而

$$f(\boldsymbol{e}_s',\boldsymbol{e}_t')=f\left(\sum_{i=1}^n p_{is}\boldsymbol{e}_i,\sum_{j=1}^n p_{jt}\boldsymbol{e}_j\right)=\sum_{i,j=1}^n p_{is}p_{jt}f(\boldsymbol{e}_i,\boldsymbol{e}_j).$$

故

$$\begin{pmatrix}f(\boldsymbol{e}_1',\boldsymbol{e}_1') & \cdots & f(\boldsymbol{e}_1',\boldsymbol{e}_n')\\ \vdots & & \vdots\\ f(\boldsymbol{e}_n',\boldsymbol{e}_1') & \cdots & f(\boldsymbol{e}_n',\boldsymbol{e}_n')\end{pmatrix}=\boldsymbol{P}^{\mathrm{T}}\boldsymbol{A}\boldsymbol{P}.$$

5. **证** (1) 因为 f 是 V 上的非退化的对称双线性型, 所以 f 关于基底 $\boldsymbol{e}_1,\cdots,\boldsymbol{e}_n$ 的矩阵 $\boldsymbol{A}$ 为非退化的对称阵. 下证 $\boldsymbol{A}$ 可以通过合同变换化为非退化的对角形.

设

$$\boldsymbol{A}=\begin{pmatrix} a_{11} & \cdots & a_{1n} \\ \vdots & & \vdots \\ a_{n1} & \cdots & a_{nn} \end{pmatrix},$$

对 $\boldsymbol{A}$ 的阶数进行归纳. 若 $a_{11}\neq 0$, 则对 $\boldsymbol{A}$ 作行列对称的消法变换, 将 $\boldsymbol{A}$ 化为

$$\begin{pmatrix} a_{11} & \\ & \boldsymbol{A}_1 \end{pmatrix}.$$

若 $a_{11}=0$, 由 $\boldsymbol{A}$ 非退化可得, 存在 $a_{i1}=a_{1i}\neq 0$. 将第 i 行加至第 1 行, 对称地, 将第 i 列加至第 1 列. 由于 $\operatorname{char}\mathbb{F}\neq 2$, 此时 $(1,1)$ 位置的元素 $a'_{11}\neq 0$. 然后重复前面的操作, 可将 $\boldsymbol{A}$ 化为

$$\begin{pmatrix} a'_{11} & \\ & \boldsymbol{A}_1 \end{pmatrix}.$$

由归纳假设, $\boldsymbol{A}_1$ 可以通过合同变换化为对角形, 故 $\boldsymbol{A}$ 可通过合同变换化为对角形, 即存在可逆矩阵 $\boldsymbol{P}$ 使得

$$\boldsymbol{P}^{\mathrm{T}}\boldsymbol{A}\boldsymbol{P}=\begin{pmatrix} a'_{11} & & \\ & \ddots & \\ & & a'_{nn} \end{pmatrix}.$$

设 $(\boldsymbol{e}'_1,\cdots,\boldsymbol{e}'_n)=(\boldsymbol{e}_1,\cdots,\boldsymbol{e}_n)\boldsymbol{P}$, 则 V 的基底 $\boldsymbol{e}'_1,\cdots,\boldsymbol{e}'_n$ 使得 f 的矩阵为非退化的对角形.

(2) 设 V 是 $\mathbb{F}_2$ 上的 2 维向量空间, 其中 $\boldsymbol{e}_1$, $\boldsymbol{e}_2$ 是 V 的基底. 令 $f(\boldsymbol{e}_1,\boldsymbol{e}_1)=0$, $f(\boldsymbol{e}_1,\boldsymbol{e}_2)=1$, $f(\boldsymbol{e}_2,\boldsymbol{e}_1)=1$, $f(\boldsymbol{e}_2,\boldsymbol{e}_2)=0$. 设 $\boldsymbol{u}=a_1\boldsymbol{e}_1+a_2\boldsymbol{e}_2\in V$, 则 $\boldsymbol{v}=b_1\boldsymbol{e}_1+b_2\boldsymbol{e}_2\in V$.

$$f(\boldsymbol{u},\boldsymbol{v})=\sum_{i,j=1}^{2}a_ib_jf(\boldsymbol{e}_i,\boldsymbol{e}_j).$$

因为 f 在基底 $\boldsymbol{e}_1,\boldsymbol{e}_2$ 下的矩阵为 $\begin{pmatrix} 0 & 1 \\ 1 & 0 \end{pmatrix}$, 所以 f 为非退化的对称双线性型.

设 $\boldsymbol{P}=\begin{pmatrix} a & b \\ c & d \end{pmatrix}$, 则

$$\begin{aligned}\boldsymbol{P}^{\mathrm{T}}\boldsymbol{A}\boldsymbol{P}&=\begin{pmatrix} a & c \\ b & d \end{pmatrix}\begin{pmatrix} 0 & 1 \\ 1 & 0 \end{pmatrix}\begin{pmatrix} a & b \\ c & d \end{pmatrix}\\&=\begin{pmatrix} 2ac & bc+ad \\ ad+bc & 2bd \end{pmatrix}=\begin{pmatrix} 0 & bc+ad \\ ad+bc & 0 \end{pmatrix}.\end{aligned}$$

因为 $\boldsymbol{P}=\begin{pmatrix} a & b \\ c & d \end{pmatrix}$ 可逆, 所以 $ad-bc\neq 0$, 即 $ad+bc\neq 0$. 故 $\boldsymbol{P}^{\mathrm{T}}\boldsymbol{A}\boldsymbol{P}$ 不是对角形. 从而 f 关于任何基底 $(\boldsymbol{e}_1',\boldsymbol{e}_2')=(\boldsymbol{e}_1,\boldsymbol{e}_2)\boldsymbol{P}$ 的矩阵都不是对角矩阵.

(3) 令 $f(\boldsymbol{e}_i,\boldsymbol{e}_j)=\begin{cases}1, & i=j,\\ 0, & i\neq j,\end{cases}$ $\boldsymbol{u}=\sum_{i=1}^n a_i\boldsymbol{e}_i, \boldsymbol{v}=\sum_{i=1}^n b_i\boldsymbol{e}_i$, $f(\boldsymbol{u},\boldsymbol{v})=\sum_{i,j=1}^n a_ib_jf(\boldsymbol{e}_i,\boldsymbol{e}_j)$. 因为 f 关于 $\boldsymbol{e}_1,\cdots,\boldsymbol{e}_n$ 的矩阵为

$$\begin{pmatrix} 1 & & \\ & \ddots & \\ & & 1 \end{pmatrix},$$

所以 f 为非退化的对称双线性型.

6. **证**　(1) 设 $\boldsymbol{v}_1,\cdots,\boldsymbol{v}_k$ 的一个极大线性无关组为 $\boldsymbol{v}_1,\cdots,\boldsymbol{v}_m$, 则 $\operatorname{rank}(\boldsymbol{v}_1,\cdots,\boldsymbol{v}_m)=m$. 令

$$\boldsymbol{G}_{mm}=\begin{pmatrix} f(\boldsymbol{v}_1,\boldsymbol{v}_1) & \cdots & f(\boldsymbol{v}_1,\boldsymbol{v}_m) \\ \vdots & & \vdots \\ f(\boldsymbol{v}_m,\boldsymbol{v}_1) & \cdots & f(\boldsymbol{v}_m,\boldsymbol{v}_m) \end{pmatrix}.$$

因为 $\operatorname{rank}\boldsymbol{G}_{mm}\leqslant m$, 所以只需证明 $\operatorname{rank}\boldsymbol{G}_{mm}=\operatorname{rank}\boldsymbol{G}_f$ 即可. 因为 $\boldsymbol{v}_1,\cdots,\boldsymbol{v}_m$ 是 $\boldsymbol{v}_1,\cdots,\boldsymbol{v}_k$ 的一个极大线性无关组, 所以 $\boldsymbol{v}_j=\sum_{i=1}^m a_{ji}\boldsymbol{v}_i$, $a_{ji}\in\mathbb{F}$, $1\leqslant j\leqslant k$. 从而可得

$$(f(\boldsymbol{v}_j,\boldsymbol{v}_1),\cdots,f(\boldsymbol{v}_j,\boldsymbol{v}_m))=\sum_{i=1}^m a_{ji}(f(\boldsymbol{v}_i,\boldsymbol{v}_1),\cdots,f(\boldsymbol{v}_i,\boldsymbol{v}_m)).$$

令

$$\boldsymbol{G}_{km}=\begin{pmatrix} f(\boldsymbol{v}_1,\boldsymbol{v}_1) & \cdots & f(\boldsymbol{v}_1,\boldsymbol{v}_m) \\ \vdots & & \vdots \\ f(\boldsymbol{v}_k,\boldsymbol{v}_1) & \cdots & f(\boldsymbol{v}_k,\boldsymbol{v}_m) \end{pmatrix},$$

从而 $\boldsymbol{G}_{km}$ 的行向量可由 $\boldsymbol{G}_{mm}$ 的行向量线性表出, 即 $\operatorname{rank}\boldsymbol{G}_{mm}=\operatorname{rank}\boldsymbol{G}_{km}$, 同理可证得 $\operatorname{rank}\boldsymbol{G}_{mm}=\operatorname{rank}\boldsymbol{G}_f$, 故 $\operatorname{rank}(\boldsymbol{v}_1,\cdots,\boldsymbol{v}_k)\geqslant\operatorname{rank}\boldsymbol{G}_f$.

(2) 当双线性型 f 在由 $\boldsymbol{v}_1,\cdots,\boldsymbol{v}_k$ 所生成的子空间上仍是非退化双线性型时, (1) 中的等号可以取到, 反之严格取不等号. 如设 V 是 $\mathbb{F}_3$ 上的线性空间, V 中的一组基为 $(1,0,0),(0,1,0),(0,0,1)$. 双线性型 f 在这组基下的矩阵为

$$\begin{pmatrix} 0 & 1 & 0 \\ 1 & 0 & 0 \\ 0 & 0 & 1 \end{pmatrix}.$$

取 $\boldsymbol{v}_1=(1,0,0)$, $\boldsymbol{v}_2=(2,0,0)$, 代入验证即可.

7. **证** 首先证明 $\operatorname{Hom}(U,V)$ 是 $\mathbb{F}$-向量空间.

设 $\alpha,\beta\in\operatorname{Hom}(U,V)$, $c\in\mathbb{F}$. 对任意 $\boldsymbol{u}\in U$, 定义

$$(\alpha+\beta)(\boldsymbol{u})=\alpha(\boldsymbol{u})+\beta(\boldsymbol{u}),\quad (c\alpha)(\boldsymbol{u})=c\alpha(\boldsymbol{u}),$$

则 $\alpha+\beta\in\operatorname{Hom}(U,V)$, $c\alpha\in\operatorname{Hom}(U,V)$. 进一步可验证 $\operatorname{Hom}(U,V)$ 在上面定义的加法和乘法下满足向量空间的八条性质, 故 $\operatorname{Hom}(U,V)$ 是 $\mathbb{F}$-向量空间.

设

$$\rho:\operatorname{Hom}(U,V)\to M_{m\times n}(\mathbb{F}),\quad \alpha\mapsto\boldsymbol{A}.$$

设 $\boldsymbol{u}_1,\cdots,\boldsymbol{u}_n$ 是 U 的一组基底, $\boldsymbol{v}_1,\cdots,\boldsymbol{v}_m$ 是 V 的一组基底. 设 $\alpha(\boldsymbol{u}_j)=\sum_{i=1}^m a_{ij}\boldsymbol{v}_i$, $1\leqslant j\leqslant n$. 则

$$\alpha(\boldsymbol{u}_1,\cdots,\boldsymbol{u}_n)=(\boldsymbol{v}_1,\cdots,\boldsymbol{v}_m)\boldsymbol{A},\quad \boldsymbol{A}=(a_{ij})_{m\times n}.$$

若 $\boldsymbol{A}=\boldsymbol{0}$, 则 $\alpha=0$, 故 ρ 为单射. 显然, ρ 为满射. 故 $\operatorname{Hom}(U,V)\cong M_{m\times n}(\mathbb{F})$.

8. **证** 因为 β 是满射, 所以 $V/\operatorname{Ker}\beta\cong W$. 又因为 $\operatorname{Im}\alpha=\operatorname{Ker}\beta$, 所以 $V/\operatorname{Im}\alpha\cong W$. 故

$$\dim\ V-\dim(\operatorname{Im}\alpha)=\dim W.$$

因为 α 为单射, $U\cong\operatorname{Im}\alpha$, 所以

$$\dim(\operatorname{Im}\alpha)=\dim U.$$

故

$$\dim U+\dim W=\dim V.$$

9. **证**　(1) 必要性. 因为 $\boldsymbol{a}_i\in U,\boldsymbol{b}\in U^{\perp}$, 所以 $\langle\boldsymbol{a}_i,\boldsymbol{b}\rangle=0,i=1,\cdots,m.$

充分性. 由于 $\boldsymbol{a}_1,\cdots,\boldsymbol{a}_m$ 为 U 的一组基底, 对任意 $\boldsymbol{a}\in U$, $\boldsymbol{a}=c_1\boldsymbol{a}_1+\cdots+c_m\boldsymbol{a}_m$. 故

$$\langle\boldsymbol{a},\boldsymbol{b}\rangle=\langle c_1\boldsymbol{a}_1+\cdots+c_m\boldsymbol{a}_m,\boldsymbol{b}\rangle=c_1\langle\boldsymbol{a}_1,\boldsymbol{b}\rangle+\cdots+c_m\langle\boldsymbol{a}_m,\boldsymbol{b}\rangle.$$

因为 $\langle\boldsymbol{a}_i,\boldsymbol{b}\rangle=0,i=1,\cdots,m$, 所以 $\langle\boldsymbol{a},\boldsymbol{b}\rangle=0$. 故 $\boldsymbol{b}\in U^{\perp}$.

(2) 由 (1) 的结论, 可得 $\boldsymbol{b}\in U^{\perp}$ 当且仅当 $\langle\boldsymbol{a}_i,\boldsymbol{b}\rangle=0,\ i=1,\cdots,m$. 由典型内积的定义, $\langle\boldsymbol{a}_i,\boldsymbol{b}\rangle=0,i=1,\cdots,m$. 当且仅当

$$\begin{cases}a_{11}b_1+\cdots+a_{1n}b_n=0,\\ \qquad\cdots\cdots\\ a_{m1}b_1+\cdots+a_{mn}b_n=0,\end{cases}$$

即 $(b_1,\cdots,b_n)$ 是下述齐次方程的解:

$$\begin{cases}a_{11}x_1+\cdots+a_{1n}x_n=0,\\ \qquad\cdots\cdots\\ a_{m1}x_1+\cdots+a_{mn}x_n=0.\end{cases}$$

(3) 由 (2) 的结论可知, $U^{\perp}$ 即为齐次线性方程组

$$\begin{cases}a_{11}x_1+\cdots+a_{1n}x_n=0,\\ \qquad\cdots\cdots\\ a_{m1}x_1+\cdots+a_{mn}x_n=0\end{cases}$$

的解空间. 因为 $\boldsymbol{a}_1,\cdots,\boldsymbol{a}_m$ 为 U 的基底, 所以它们彼此线性无关. 故

$$\dim U^{\perp}=n-m.$$

习　题　2.2

1. **证**　因为 $\boldsymbol{G}$ 是 $[n,k]$-线性码的生成矩阵, 所以 $\operatorname{rank}\boldsymbol{G}=\dim C=k$, 因此适当调整 $\boldsymbol{G}$ 的行列的次序可使得 $\boldsymbol{G}$ 形如

$$\begin{pmatrix}1 & & & g_{1,k+1} & \cdots & g_{1n}\\ & \ddots & & \vdots & & \vdots\\ & & 1 & g_{k,k+1} & \cdots & g_{kn}\end{pmatrix}_{k\times n}.$$

2. **解** $$C_1^{\perp}=\{\boldsymbol{a}\in\mathbb{F}_2^6\mid\langle\boldsymbol{c},\boldsymbol{a}\rangle=0,\forall\ \boldsymbol{c}\in C_1\}.$$

因为 $\boldsymbol{g}_1=(111001)$, $\boldsymbol{g}_2=(011110)$ 为 C_1 的基底, 所以

$$\begin{aligned}C_1^{\perp}&=\{\boldsymbol{a}\in\mathbb{F}_2^6\mid\langle\boldsymbol{a},\boldsymbol{g}_1\rangle=0,\langle\boldsymbol{a},\boldsymbol{g}_2\rangle=0\}\\&=\{k_1\boldsymbol{y}_1+k_2\boldsymbol{y}_2+k_3\boldsymbol{y}_3+k_4\boldsymbol{y}_4\mid k_i\in\mathbb{F}_2,1\leqslant i\leqslant 4\},\end{aligned}$$

其中 $\boldsymbol{y}_1=(011000)$, $\boldsymbol{y}_2=(110100)$, $\boldsymbol{y}_3=(110010)$, $\boldsymbol{y}_4=(110001)$. 所以 $C_1\subseteq C_1^{\perp}$. 但 $(001101)\in C_1^{\perp}-C_1$, 所以 $C_1\not\supseteq C_1^{\perp}$, 故 C_1 是正交码不是自对偶码.

3. **证** (1) 不妨设 $\boldsymbol{g}_1,\cdots,\boldsymbol{g}_k$ 为 C 的一组基底, $\dim C=k$, 所以

$$\begin{aligned}C^{\perp}&=\{\alpha\in\mathbb{F}^n\mid\langle\alpha,\boldsymbol{c}\rangle=0,\ \forall\ \boldsymbol{c}\in C\}=\{\alpha\in\mathbb{F}^n\mid\langle\alpha,\boldsymbol{g}_1\rangle=0,\cdots,\langle\alpha,\boldsymbol{g}_k\rangle=0\}\\&=\left\{(x_1,\cdots,x_n)\in\mathbb{F}^n\ \middle|\ \left\{\begin{array}{c}x_1g_{11}+\cdots+x_ng_{1n}=0\\ \cdots\cdots\\ x_1g_{k1}+\cdots+x_ng_{kn}=0\end{array}\right.\right\}=\{\alpha\in\mathbb{F}^n\mid\boldsymbol{G}\alpha^{\mathrm{T}}=0\},\end{aligned}$$

其中 $\boldsymbol{G}$ 为 C 的生成矩阵. 因为 $\operatorname{rank}\boldsymbol{G}=\dim C=k$, 所以 $\dim C^{\perp}=n-\dim C=n-k$.

(2) 若 C 是自对偶码, 则 $C=C^{\perp}$, 从而 $C\subseteq C^{\perp}$, 故 C 为自正交码, 且 $\dim C+\dim C^{\perp}=2\ \dim C=n$, 即 $k=\dim C=\dfrac{n}{2}$. 反之, 若 C 为自正交码, 则有 $C\subseteq C^{\perp}$, 因为 $\dim C+\dim C^{\perp}=n$, 且 $\dim C=\dfrac{n}{2}$, 所以 $\dim C^{\perp}=\dfrac{n}{2}$, 即 $\dim C=\dim C^{\perp}=\dfrac{n}{2}$. 由于 $C\subseteq C^{\perp}$, 故 $C=C^{\perp}$, 即 C 是自对偶码.

(3) 令 C 为长为 n 的自对偶码, $k=\dim C$, 故 $\dim C=\dfrac{n}{2}$. 因为 $\dim C$ 为整数, 所以 n 为偶数.

4. **证** 假设 $C\neq C_e$, 则 C 中存在重量为奇数的码字. 设 $\boldsymbol{x}$ 为 C 中任意一重量为奇数的码字, $\boldsymbol{y}$ 为 C 中的任意一码字. 若 $w(\boldsymbol{y})$ 为偶数, 则 $\boldsymbol{y}\in C_e$. 若 $w(\boldsymbol{y})$ 为奇数, 则 $w(\boldsymbol{y}-\boldsymbol{x})=w(\boldsymbol{x}+\boldsymbol{y})=w(\boldsymbol{x})+w(\boldsymbol{y})-2w(\boldsymbol{x}\cap\boldsymbol{y})$ 为偶数, 所以 $\boldsymbol{y}\in\boldsymbol{x}+C_e=C_o$. 故 $C=C_e\cup C_o$.

设 $\boldsymbol{y}\in\boldsymbol{x}+C_e$, 则 $\boldsymbol{y}=\boldsymbol{x}+\boldsymbol{c}$. 因为 $w(\boldsymbol{c})$ 为偶数, 所以 $w(\boldsymbol{y})=w(\boldsymbol{x}+\boldsymbol{c})=w(\boldsymbol{x})+w(\boldsymbol{c})-2w(\boldsymbol{x}\cap\boldsymbol{c})$ 为奇数, 故 C_e 是 C 中所有重量为偶数的码字. 设 $\boldsymbol{c},\boldsymbol{c}'\in C_e$, 即 $w(\boldsymbol{c})$, $w(\boldsymbol{c}')$ 为偶数. 因为 $w(\boldsymbol{c}+\boldsymbol{c}')=w(\boldsymbol{x})+w(\boldsymbol{c})-2w(\boldsymbol{x}\cap\boldsymbol{c})$ 为偶数, 所以 $\boldsymbol{c}+\boldsymbol{c}'\in C_e$, 故 C_e 为线性码.

设

$$\varphi:C_e\to C_o,\ \boldsymbol{c}\mapsto\boldsymbol{x}+\boldsymbol{c},$$

显然 φ 为双射, 故 $|C_e|=|C_o|$. 因为 $C=C_o\cup C_e$, $C_o\cap C_e=\phi$, $|C_e|=\dfrac{1}{2}|C|=2^{k-1}$, 所以 C_e 为 C 中参数为 $[n,k-1]$ 的子码.

5. **证** 设 C 的生成矩阵 $\boldsymbol{G}$ 的行向量为 $\boldsymbol{G}_1,\cdots,\boldsymbol{G}_k$. 任取 $\boldsymbol{c}\in C$, $\boldsymbol{c}=n_1\boldsymbol{G}_1+\cdots+n_k\boldsymbol{G}_k$, $n_i\in\mathbb{F}_2$, 即 $\boldsymbol{c}=\boldsymbol{G}_{i_1}+\cdots+\boldsymbol{G}_{i_t}$. 对 t 作归纳. 当 $t=1$ 时, $w(\boldsymbol{c})=w(\boldsymbol{G}_i)$ 为偶数. 假设 $w(\boldsymbol{G}_{i_1}+\cdots+\boldsymbol{G}_{i_{t-1}})$ 为偶数. 因为

$$\begin{aligned}&w(\boldsymbol{G}_{i_1}+\cdots+\boldsymbol{G}_{i_{t-1}}+\boldsymbol{G}_{i_t})\\=&\,w(\boldsymbol{G}_{i_1}+\cdots+\boldsymbol{G}_{i_{t-1}})+w(\boldsymbol{G}_{i_t})-2\,w((\boldsymbol{G}_{i_1}+\cdots+\boldsymbol{G}_{i_{t-1}})\cap\boldsymbol{G}_{i_t}),\end{aligned}$$

所以 $w(\boldsymbol{G}_{i_1}+\cdots+\boldsymbol{G}_{i_{t-1}}+\boldsymbol{G}_{i_t})$ 为偶数. 故 C 中所有码字重量均为偶数.

6. (1) **证** 设 $(x_1,\cdots,x_n,x_{n+1}),(y_1,\cdots,y_n,y_{n+1})\in\widehat{C}$, $k\in\mathbb{F}_q$, 则 $(x_1,\cdots,x_n),(y_1,\cdots,y_n)\in C$, 且 $x_1+\cdots+x_n+x_{n+1}=0$, $y_1+\cdots+y_n+y_{n+1}=0$. 因为 C 是线性码, 所以 $(x_1,\cdots,x_n)+(y_1,\cdots,y_n)=(x_1+y_1,\cdots,x_n+y_n)\in C$. 因为 $(x_1,\cdots,x_n,x_{n+1})+(y_1,\cdots,y_n,y_{n+1})=(x_1+y_1,\cdots,x_n+y_n,x_{n+1}+y_{n+1})$, 且 $(x_1+y_1)+\cdots+(x_n+y_n)+(x_{n+1}+y_{n+1})=(x_1+\cdots+x_n+x_{n+1})+(y_1+\cdots+y_n+y_{n+1})=0$, 所以 $(x_1,\cdots,x_n,x_{n+1})+(y_1,\cdots,y_n,y_{n+1})\in\widehat{C}$. 同理可证 $k(x_1,\cdots,x_n,x_{n+1})\in\widehat{C}$. 故 $\widehat{C}$ 是线性码.

(2) **解** 当 $\tilde{C}\subseteq\tilde{C}^{\perp}$ 时, 下证 $\tilde{C}$ 是线性码: 设 $(x_1,\cdots,x_n,x_{n+1}),(y_1,\cdots,y_n,y_{n+1})\in\tilde{C}$, $k\in\mathbb{F}_q$, 则 $(x_1,\cdots,x_n),(y_1,\cdots,y_n)\in C$, 且 $x_1^2+\cdots+x_n^2+x_{n+1}^2=0$, $y_1^2+\cdots+y_n^2+y_{n+1}^2=0$. 因为 C 是线性码, 所以 $(x_1,\cdots,x_n)+(y_1,\cdots,y_n)=(x_1+y_1,\cdots,x_n+y_n)\in C$. 因为 $\tilde{C}\subseteq\tilde{C}^{\perp}$, 所以 $(x_1+y_1)^2+\cdots+(x_n+y_n)^2+(x_{n+1}+y_{n+1})^2=(x_1^2+\cdots+x_n^2+x_{n+1}^2)+(y_1^2+\cdots+y_n^2+y_{n+1}^2)+2(x_1y_1+\cdots+x_ny_n+x_{n+1}y_{n+1})=0$. 因为 $(x_1,\cdots,x_n,x_{n+1})+(y_1,\cdots,y_n,y_{n+1})=(x_1+y_1,\cdots,x_n+y_n,x_{n+1}+y_{n+1})$, 所以 $(x_1,\cdots,x_n,x_{n+1})+(y_1,\cdots,y_n,y_{n+1})\in\tilde{C}$. 同理可证 $k(x_1,\cdots,x_n,x_{n+1})\in\tilde{C}$. 故 $\tilde{C}$ 是线性码.

7. **证** 设 $\boldsymbol{G}=(\boldsymbol{G}_1,\cdots,\boldsymbol{G}_n)$. $C=\{\boldsymbol{c}\,|\,\boldsymbol{c}=\boldsymbol{a}\boldsymbol{G}=(\boldsymbol{a}\boldsymbol{G}_1,\cdots,\boldsymbol{a}\boldsymbol{G}_n)\}$. 若 $\boldsymbol{G}_i$ 不是零向量, 则使得 $\boldsymbol{a}\boldsymbol{G}_i=\boldsymbol{0}$ 的向量 $\boldsymbol{a}$ 有 q^{k-1} 个. 故使得 $\boldsymbol{a}\boldsymbol{G}_i\neq\boldsymbol{0}$ 的向量 $\boldsymbol{a}$ 有 q^k-q^{k-1} 个. 因此

$$\sum_{c\in C}w(\boldsymbol{c})\leqslant n(q^k-q^{k-1})=n(q-1)q^{k-1}.$$

等号成立当且仅当 $\boldsymbol{G}$ 的任何列都不是零向量.

8. **证** (1) 已知 $\boldsymbol{G}$ 是 C 的生成矩阵, 令 $\boldsymbol{G}=\begin{pmatrix}\boldsymbol{g}_1\\ \vdots\\ \boldsymbol{g}_k\end{pmatrix}$, 其中 $\boldsymbol{g}_1,\cdots,\boldsymbol{g}_k$ 为 C

的一组基底. 因为

$$C=\{\boldsymbol{c}\in\mathbb{F}^n \mid \boldsymbol{H}\boldsymbol{c}^{\mathrm{T}}=0\},$$

所以

$$\boldsymbol{H}\boldsymbol{g}_1^{\mathrm{T}}=0,\cdots,\boldsymbol{H}\boldsymbol{g}_k^{\mathrm{T}}=0.$$

从而有

$$\boldsymbol{H}\boldsymbol{G}^{\mathrm{T}}=\boldsymbol{H}\begin{pmatrix}\boldsymbol{g}_1\\ \vdots\\ \boldsymbol{g}_k\end{pmatrix}^{\mathrm{T}}=\boldsymbol{H}(\boldsymbol{g}_1^{\mathrm{T}},\cdots,\boldsymbol{g}_k^{\mathrm{T}})=(\boldsymbol{H}\boldsymbol{g}_1^{\mathrm{T}},\cdots,\boldsymbol{H}\boldsymbol{g}_k^{\mathrm{T}})=0.$$

(2) 方法一: 由命题 2.19 可得

$$(C^{\perp})^{\perp}=C.$$

令 $\boldsymbol{G}=\begin{pmatrix}\boldsymbol{g}_1\\ \vdots\\ \boldsymbol{g}_k\end{pmatrix}$ 是 $[n,k]$-线性码 C 的生成矩阵, 其中 $\boldsymbol{g}_1,\cdots,\boldsymbol{g}_k$ 为 C 的一组基底, 因此 $\boldsymbol{g}_1,\cdots,\boldsymbol{g}_k$ 为 $(C^{\perp})^{\perp}=C$ 的基底, 故 $\boldsymbol{G}=\begin{pmatrix}\boldsymbol{g}_1\\ \vdots\\ \boldsymbol{g}_k\end{pmatrix}$ 为 $C^{\perp}$ 的检验矩阵. 另一方面, 令 $\boldsymbol{H}=\begin{pmatrix}\boldsymbol{h}_1\\ \vdots\\ \boldsymbol{h}_{n-k}\end{pmatrix}$ 为 C 的检验矩阵, 则 $\boldsymbol{h}_1,\cdots,\boldsymbol{h}_{n-k}$ 为 $C^{\perp}$ 的一组基底, 因此, $\boldsymbol{H}$ 为 $C^{\perp}$ 的生成矩阵.

方法二: 因为

$$\operatorname{rank}\boldsymbol{H}=n-k,$$

又因为

$$\begin{aligned}C^{\perp}&=\{\alpha\in\mathbb{F}^n \mid \langle\alpha,\boldsymbol{c}\rangle=0,\ \forall\ \boldsymbol{c}\in C\}=\{\alpha\in\mathbb{F}^n \mid \langle\alpha,\boldsymbol{g}_1\rangle=0,\cdots,\langle\alpha,\boldsymbol{g}_k\rangle=0\}\\&=\{\alpha\in\mathbb{F}^n \mid \alpha\boldsymbol{g}_1^{\mathrm{T}}=0,\cdots,\alpha\boldsymbol{g}_k^{\mathrm{T}}=0\}=\{\alpha\in\mathbb{F}^n \mid \alpha\boldsymbol{G}^{\mathrm{T}}=0\},\end{aligned}$$

所以

$$\forall\ \alpha\in C^{\perp},\quad 有\ \alpha\in\{y_1\boldsymbol{h}_1+\cdots+y_{n-k}\boldsymbol{h}_{n-k} \mid y=(y_1,\cdots,y_{n-k})\in\mathbb{F}^n\},$$

故 $\boldsymbol{H}$ 为 $C^{\perp}$ 的生成矩阵.

(3) 必要性. 因为 C 为自对偶码, 所以 $C=C^{\perp}$. 又因为 $\boldsymbol{G}$ 为 C 的生成矩阵, $\boldsymbol{G}$ 为 $C^{\perp}$ 的检验矩阵, 所以 $\boldsymbol{G}$ 为 C 的检验矩阵.

充分性. 因为 $\boldsymbol{G}$ 为 C 的生成矩阵, 所以 $\dim C=k=\operatorname{rank}\boldsymbol{G}$. 因为 $\boldsymbol{G}$ 为 C 的检验矩阵, 所以 $\dim C=n-\operatorname{rank}\boldsymbol{G}$, 从而 $\dim C=n-\dim C$, 故 $\dim C=\dfrac{n}{2}$. 因为

$$C=\{c\in\mathbb{F}^n \mid \boldsymbol{G}\boldsymbol{c}^{\mathrm{T}}=0,\forall\ \boldsymbol{c}\in C\}=\{\boldsymbol{c}\in\mathbb{F}^n \mid \langle\boldsymbol{g}_i,\boldsymbol{c}\rangle=0,\ i=1,\cdots,k\}.$$

又因为 $\boldsymbol{G}$ 为 C 的生成矩阵, 所以

$$C=\{\boldsymbol{c}\in\mathbb{F}^n \mid \langle\boldsymbol{g}_i,\boldsymbol{c}\rangle=0,i=1,\cdots,k\}=\{\boldsymbol{c}\in\mathbb{F}^n \mid \langle\alpha,\boldsymbol{c}\rangle=0,\forall\alpha\in C\}=C^{\perp},$$

故 C 为自对偶码.

9. **证** (1) 由题设

$$\boldsymbol{G}=(\boldsymbol{G}_1,\cdots,\boldsymbol{G}_n),$$

因此

$$\boldsymbol{d}\boldsymbol{G}=(\boldsymbol{d}\boldsymbol{G}_1,\cdots,\boldsymbol{d}\boldsymbol{G}_n).$$

因为

$$\boldsymbol{G}_j\in\langle\boldsymbol{d}\rangle^{\perp}\Leftrightarrow\boldsymbol{d}\boldsymbol{G}_j=\boldsymbol{0},$$

所以

$$|\{j \mid 1\leqslant j\leqslant n,\boldsymbol{G}_j\in\langle\boldsymbol{d}\rangle^{\perp}\}|=|\{j \mid \boldsymbol{d}\boldsymbol{G}_j=0,1\leqslant j\leqslant n\}|.$$

又因为

$$w(\boldsymbol{d}\boldsymbol{G})=\{j \mid 1\leqslant j\leqslant n,\boldsymbol{d}\boldsymbol{G}_j\neq0\},$$

所以

$$w(\boldsymbol{d}\boldsymbol{G})=n-|\{j \mid 1\leqslant j\leqslant n,\boldsymbol{d}\boldsymbol{G}_j=0\}|=n-|\{j \mid 1\leqslant j\leqslant n,\boldsymbol{G}_j\in\langle d\rangle^{\perp}\}|.$$

(2) 因为

$$d(C)=w(C)=\min\{\boldsymbol{d}\boldsymbol{G} \mid \boldsymbol{d}\neq\boldsymbol{0}\}=n-\max|\{j \mid 1\leqslant j\leqslant n,\boldsymbol{G}_j\in\langle\boldsymbol{d}\rangle^{\perp}\}|.$$

令

$$a=\max|\{j \mid 1\leqslant j\leqslant n,\boldsymbol{G}_j\in\langle\boldsymbol{d}\rangle^{\perp}\}|,$$

$$m = \max\{|I| \mid I \subseteq \{1, 2, \cdots, n\}, \operatorname{rank}\{\boldsymbol{G}_i \mid i \in I\} \leqslant k-1\},$$

$$\exists\, I \subseteq \{1, \cdots, n\}, |I| = m \text{ s.t. } \operatorname{rank}\{\boldsymbol{G}_i \mid i \in I\} \leqslant k-1.$$

因为 $\dim\langle \boldsymbol{d}\rangle^{\perp} = k-1$, $\operatorname{rank}\{\boldsymbol{G}_i \mid i \in I\} \leqslant k-1$, 所以存在 $\boldsymbol{d} \neq \boldsymbol{0}$ s.t. $\boldsymbol{G}_i \in \langle \boldsymbol{d}\rangle^{\perp}$, $i \in I$. 故 $m \leqslant a$.

另一方面, 因为

$$\exists\, A,\ A = \{j \mid 1 \leqslant j \leqslant n, \boldsymbol{G}_j \in \langle \boldsymbol{d}\rangle^{\perp}\} \neq 0 \ \text{ s.t. } |A| = a,$$

所以

$$\operatorname{rank}\{\boldsymbol{G}_j \mid j \in A\} \leqslant \dim\ \langle \boldsymbol{d}\rangle^{\perp} = k-1,$$

则

$$|A| = a \leqslant m.$$

从而 $a = m$. 故

$$d(C) = n - \max\{|I| \mid I \subseteq \{1, \cdots, n\},\ \operatorname{rank}\{\boldsymbol{G}_i \mid i \in I\} \leqslant k-1\}.$$

(3) 令

$$m = \min\{|J| \mid J \subseteq \{1, 2, \cdots, n\}, \boldsymbol{H}_j, j \in J \text{ 线性相关}\},$$

$$a = \min\{|J| \mid J \subseteq \{1, 2, \cdots, n\}, |J| - \operatorname{rank}\{\boldsymbol{H}_j \mid j \in J\} \geqslant 1\}.$$

因为 $\boldsymbol{H}$ 为 C 的检验矩阵, 且

$$d(C) = \min\{|J| \mid J \subseteq \{1, 2, \cdots, n\},\ \boldsymbol{H}_j,\ j \in J \text{ 线性相关}\}.$$

所以

$$\exists\, J_1 \subseteq \{1, 2, \cdots, n\} \text{ s.t. } |J_1| - \operatorname{rank}\{\boldsymbol{H}_j \mid j \in J_1\} \geqslant 1,\ |J_1| = a.$$

因此

$$\operatorname{rank}\{\boldsymbol{H}_j \mid j \in J_1\} < |J_1|,$$

即 $\boldsymbol{H}_j$, $j \in J_1$ 线性相关, 故 $m \leqslant a$.

另一方面, 因为存在

$$J_2 \subseteq \{1, 2, \cdots, n\}, \quad |J_2| = m,$$

使得 $\boldsymbol{H}_j$, $j \in J_2$ 线性相关, 所以

$$|J_2| - \text{rank}\{\boldsymbol{H}_j \mid j \in J_2\} \geqslant 1,$$

$$|J_2| \in \{|J| \mid J \subseteq \{1,2,\cdots,n\},\quad |J| - \text{rank}\{\boldsymbol{H}_j \mid j \in J\} \geqslant 1\},$$

从而 $a \leqslant m$. 故

$$\begin{aligned} d(C) = m = a &= \min\{|J| \mid J \subseteq \{1,2,\cdots,n\},\ \boldsymbol{H}_j,\ j \in J \text{ 线性相关}\} \\ &= \min\{|J| \mid J \subseteq \{1,2,\cdots,n\},\ |J| - \text{rank}\{\boldsymbol{H}_j \mid j \in J\} \geqslant 1\}. \end{aligned}$$

10. **证** (1) 因为

$$\mathbb{Z}_2^3 = \{(\overset{\alpha_0}{0\,0\,0}), (\overset{\alpha_1}{1\,0\,0}), (\overset{\alpha_2}{0\,1\,0}), (\overset{\alpha_3}{0\,0\,1}), (\overset{\alpha_4}{1\,1\,0}), (\overset{\alpha_5}{1\,0\,1}), (\overset{\alpha_6}{0\,1\,1}), (\overset{\alpha_7}{1\,1\,1})\}.$$

又因为 $\forall\ \alpha,\ \beta \in \mathbb{Z}_2^3 - \{(0\,0\,0)\}$, α, β 线性无关, 所以 $|\text{PG}^1(\mathbb{Z}_2^3)| = 7$.

因为

$$L(\alpha_1,\alpha_2) = L(\alpha_1,\alpha_4) = L(\alpha_2,\alpha_4),\quad L(\alpha_1,\alpha_3) = L(\alpha_1,\alpha_5) = L(\alpha_3,\alpha_5),$$

$$L(\alpha_2,\alpha_3) = L(\alpha_2,\alpha_6) = L(\alpha_3,\alpha_6),\quad L(\alpha_4,\alpha_5) = L(\alpha_4,\alpha_6) = L(\alpha_5,\alpha_6),$$

$$L(\alpha_4,\alpha_7) = L(\alpha_3,\alpha_7) = L(\alpha_4,\alpha_3),\quad L(\alpha_5,\alpha_7) = L(\alpha_2,\alpha_7) = L(\alpha_5,\alpha_2),$$

$$L(\alpha_6,\alpha_7) = L(\alpha_1,\alpha_7) = L(\alpha_6,\alpha_1),$$

所以 $|\text{PG}^2(\mathbb{Z}_2^3)| = 7$.

(2) 如图 A.1 所示.

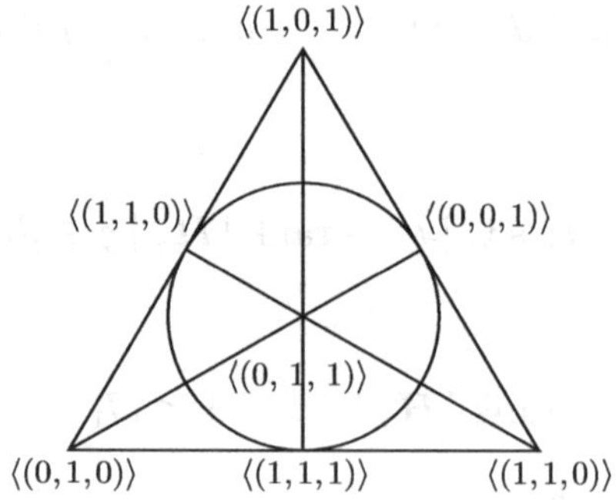

图 A.1

11. **证** 设 $\boldsymbol{c} = (c_1, c_2, \cdots, c_n) \in C$ 且 $w(\boldsymbol{c}) = w$. 由于 $w(\boldsymbol{c})$ 表示 $\boldsymbol{c}$ 的非零分量个数, 因此存在置换矩阵 $\boldsymbol{P}$ 使得

$$\boldsymbol{cP} = (c_{i_1}, c_{i_2}, \cdots, c_{i_w}, 0, \cdots, 0),\quad c_{i_j} \neq 0,\ j = 1, \cdots, w.$$

定义对角矩阵 $\boldsymbol{D}=\operatorname{diag}(d_1,d_2,\cdots,d_n)$, 其中

$$d_j=\begin{cases}c_{i_j}^{-1}, & j\leqslant w,\\ 1, & j>w,\end{cases}$$

则

$$\boldsymbol{cPD}=(\overbrace{1,\cdots,1}^{w},0,\cdots,0).$$

综上所述, 即可得出结论.

习　题　2.3

1. **证**　因为

$$E(\boldsymbol{d})=\boldsymbol{dG}=(d_1,\cdots,d_k)\begin{pmatrix}1 & & & g_{1,k+1} & \cdots & g_{1n}\\ & \ddots & & \vdots & & \vdots\\ & & 1 & g_{k,k+1} & \cdots & g_{kn}\end{pmatrix}$$

$$=(d_1,\cdots,d_k,d_{k+1}^*,\cdots,d_n^*),$$

即存在 $1\leqslant j_1<\cdots<j_k\leqslant n$ (其中 $j_i=i,\ i=1,\cdots,k$), 使得

$$(c_{j_1},\cdots,c_{j_k})=(c_1,\cdots,c_k)=(d_1,\cdots,d_k).$$

因此这是一个系统编码方案.

2. **证**　令

$$\boldsymbol{HX}^{\mathrm{T}}=0,\quad \boldsymbol{X}\in\mathbb{F}^n.$$

取 $\boldsymbol{HX}^{\mathrm{T}}=0$ 的解空间的一组基: $\boldsymbol{\varepsilon}_1,\cdots,\boldsymbol{\varepsilon}_k$, 其中

$$\boldsymbol{\varepsilon}_1=(-h_{1,s+1},\cdots,-h_{s,s+1},1,0,\cdots,0),$$

$$\boldsymbol{\varepsilon}_2=(-h_{1,s+2},\cdots,-h_{s,s+2},0,1,\cdots,0),$$

$$\cdots\cdots$$

$$\boldsymbol{\varepsilon}_k=(-h_{1n},\cdots,-h_{sn},0,0,\cdots,1),$$

则 $\boldsymbol{\varepsilon}_1,\cdots,\boldsymbol{\varepsilon}_k$ 为线性码 C 的一组基, 从而码 C 有一个生成矩阵

$$\boldsymbol{G}=\begin{pmatrix}-h_{1,s+1} & \cdots & -h_{s,s+1} & 1 & & \\ \vdots & & \vdots & & \ddots & \\ -h_{1n} & \cdots & -h_{sn} & & & 1\end{pmatrix}_{(k\times n)}.$$

构造双射 $E:\mathbb{F}^k \to \mathbb{F}^n$, $\boldsymbol{d} \mapsto \boldsymbol{dG}$, 则有

$$E(\boldsymbol{d}) = \boldsymbol{dG} = (d_1, \cdots, d_k)\begin{pmatrix} -h_{1,s+1} & \cdots & -h_{s,s+1} & 1 & & \\ \vdots & & \vdots & & \ddots & \\ -h_{1n} & \cdots & -h_{sn} & & & 1 \end{pmatrix}$$

$$= (d_1^*, \cdots, d_s^*, d_1, \cdots, d_k),$$

即存在 $1 \leqslant j_1 < \cdots < j_k \leqslant n$ (其中 $j_i = s+i,\ i = 1, \cdots, k$), 使得

$$(c_{j_1}, \cdots, c_{j_k}) = (c_{s+1}, \cdots, c_n) = (d_1, \cdots, d_k).$$

因此这是一个系统编码方案.

3. **解**　(1) 因为

$$\boldsymbol{HX} = \begin{pmatrix} 0 & 1 & 1 & 1 & 1 & 0 & 0 \\ 1 & 0 & 1 & 1 & 0 & 1 & 0 \\ 1 & 1 & 0 & 1 & 0 & 0 & 1 \end{pmatrix}\boldsymbol{X} = \boldsymbol{0}$$

的解空间的基底可取为 $(1,0,0,0,0,1,1), (0,1,0,0,1,0,1), (0,0,1,0,1,1,0), (0,0,0,1,1,1,1)$. 所以 C 的生成矩阵可取为

$$\boldsymbol{G} = \begin{pmatrix} 1 & 0 & 0 & 0 & 0 & 1 & 1 \\ 0 & 1 & 0 & 0 & 1 & 0 & 1 \\ 0 & 0 & 1 & 0 & 1 & 1 & 0 \\ 0 & 0 & 0 & 1 & 1 & 1 & 1 \end{pmatrix}.$$

(2)

$$(x_1, x_2, x_3, x_4)\boldsymbol{G} = (x_1, x_2, x_3, x_4)\begin{pmatrix} 1 & 0 & 0 & 0 & 0 & 1 & 1 \\ 0 & 1 & 0 & 0 & 1 & 0 & 1 \\ 0 & 0 & 1 & 0 & 1 & 1 & 0 \\ 0 & 0 & 0 & 1 & 1 & 1 & 1 \end{pmatrix}$$

$$= (x_1, x_2, x_3, x_4, x_2 + x_3 + x_4, x_1 + x_3 + x_4, x_1 + x_2 + x_4).$$

当 (x_1, x_2, x_3, x_4) 取值为 $(0,1,1,0)$ 时, 得到

$$(0,1,1,0)\boldsymbol{G} = (0,1,1,0,0,1,1).$$

4. **解** (1) 直接把收到的字 $\boldsymbol{r}$ 解读为信息字 $\boldsymbol{d}=\boldsymbol{r}\boldsymbol{K}$: 当收到的字 $\boldsymbol{r}$ 无错时, $\boldsymbol{r}=\boldsymbol{c}=\boldsymbol{d}\boldsymbol{G}$, 则 $\boldsymbol{r}\boldsymbol{K}=\boldsymbol{d}\boldsymbol{G}\boldsymbol{K}=\boldsymbol{d}$, 解码正确; 当存在错误 $\boldsymbol{e}$ 时, $\boldsymbol{r}=\boldsymbol{c}+\boldsymbol{e}$, 则 $\boldsymbol{r}\boldsymbol{K}=\boldsymbol{d}+\boldsymbol{e}\boldsymbol{K}$. 除非 $\boldsymbol{e}\boldsymbol{K}=\boldsymbol{0}$, 否则解码错误. 因此该方案仅在收到的字 $\boldsymbol{r}$ 无错或特殊错误时正确.

(2) 把收到的字 $\boldsymbol{r}$ 先通过纠错得到码字 $\boldsymbol{c}$, 再把码字 $\boldsymbol{c}$ 解读为信息字 $\boldsymbol{c}\boldsymbol{K}=\boldsymbol{d}\boldsymbol{G}\boldsymbol{K}=\boldsymbol{d}$, 正确解码. 该方案在纠错能力范围内总是正确的.

5. **证** (1) 因为出错个数即为字 $\boldsymbol{c}$ 与 $\boldsymbol{r}$ 之间的距离, 且

$$\begin{aligned}d(\boldsymbol{c},\boldsymbol{r})&=|\{i\mid 1\leqslant i\leqslant n, c_i\neq r_i\}|=|\{i\mid 1\leqslant i\leqslant n, r_i-c_i\neq 0\}|\\&=|\{i\mid 1\leqslant i\leqslant n, e_i\neq 0\}|=w(\boldsymbol{e}),\end{aligned}$$

所以出错个数等于差错向量 $\boldsymbol{e}$ 的重量 $w(\boldsymbol{e})$.

(2) 必要性. 若 $\boldsymbol{e}=\boldsymbol{0}$, 则 $\boldsymbol{H}\boldsymbol{r}^{\mathrm{T}}=\boldsymbol{H}\boldsymbol{e}^{\mathrm{T}}=\boldsymbol{0}$.

充分性. 假设 $\boldsymbol{e}\neq\boldsymbol{0}$, 则 $\boldsymbol{r}\neq\boldsymbol{c}$, 此时 $d(\boldsymbol{r},\boldsymbol{c})=w(\boldsymbol{e})<d(\boldsymbol{c})$, 故 $\boldsymbol{r}\notin C$. 因为码 C 是 $\mathbb{F}$-向量空间, 所以 $\boldsymbol{e}=\boldsymbol{r}-\boldsymbol{c}\in C$, 从而 $\boldsymbol{H}\boldsymbol{r}^{\mathrm{T}}=\boldsymbol{H}\boldsymbol{e}^{\mathrm{T}}\neq\boldsymbol{0}$, 这与 $\boldsymbol{H}\boldsymbol{r}^{\mathrm{T}}=\boldsymbol{0}$ 矛盾, 因此 $\boldsymbol{e}=\boldsymbol{0}$.

6. **证** (1) 首先, 由 $\varphi:V\to U$ 是向量空间 V 到 U 的线性同态可知 $\varphi(\boldsymbol{0}_V)=0_U$, 从而 $\boldsymbol{0}_V\in W$, 因此 $W\subseteq V, W\neq\varnothing$. 其次, $\forall \boldsymbol{w}_1,\boldsymbol{w}_2\in W$ 和 $\lambda_1,\lambda_2\in\mathbb{F}$, 有

$$\varphi(\lambda_1\boldsymbol{w}_1+\lambda_2\boldsymbol{w}_2)=\lambda_1\varphi(\boldsymbol{w}_1)+\lambda_2\varphi(\boldsymbol{w}_2)=0,$$

从而 $\lambda_1\boldsymbol{w}_1+\lambda_2\boldsymbol{w}_2\in W$, 故 W 是 V 的子空间.

(2) 对 $\forall\,\boldsymbol{v},\boldsymbol{v}'\in V$,

$$\varphi(\boldsymbol{v})=\varphi(\boldsymbol{v}')\Leftrightarrow\varphi(\boldsymbol{v})-\varphi(\boldsymbol{v}')=0\Leftrightarrow\varphi(\boldsymbol{v}-\boldsymbol{v}')=0\Leftrightarrow\boldsymbol{v}-\boldsymbol{v}'\in W.$$

(3) (D1) (自反性) 对 $\forall\,\boldsymbol{v}\in V$, 有 $\boldsymbol{v}-\boldsymbol{v}=\boldsymbol{0}\in W$, 故 $\boldsymbol{v}\equiv\boldsymbol{v}\ (\mathrm{mod}\ W)$;

(D2) (对称性) 对 $\forall\,\boldsymbol{v},\boldsymbol{v}'\in V$, 如果 $\boldsymbol{v}\equiv\boldsymbol{v}'\ (\mathrm{mod}\ W)$, 即 $\boldsymbol{v}-\boldsymbol{v}'\in W$, 则

$$(-1)(\boldsymbol{v}-\boldsymbol{v}')=\boldsymbol{v}'-\boldsymbol{v}\in W,$$

从而 $\boldsymbol{v}'\equiv\boldsymbol{v}\ (\mathrm{mod}\ W)$.

(D3) (传递性) 对 $\forall\,\boldsymbol{v}_1,\boldsymbol{v}_2,\boldsymbol{v}_3\in V$, 若 $\boldsymbol{v}_1\equiv\boldsymbol{v}_2\ (\mathrm{mod}\ W)$, $\boldsymbol{v}_2\equiv\boldsymbol{v}_3\ (\mathrm{mod}\ W)$, 则

$$\boldsymbol{v}_1-\boldsymbol{v}_2\in W,\quad \boldsymbol{v}_2-\boldsymbol{v}_3\in W,$$

从而

$$\boldsymbol{v}_1-\boldsymbol{v}_3=(\boldsymbol{v}_1-\boldsymbol{v}_2)+(\boldsymbol{v}_2-\boldsymbol{v}_3)\in W,$$

即 $\boldsymbol{v}_1 \equiv \boldsymbol{v}_3 \pmod W$.

综上所述, "$\equiv \pmod W$" 是 V 上的等价关系.

(4) 对 $\forall\, \boldsymbol{w}+\boldsymbol{r} \in W+\boldsymbol{r}$, 有

$$\varphi(\boldsymbol{w}+\boldsymbol{r}) = \varphi(\boldsymbol{w}) + \varphi(\boldsymbol{r}) = \varphi(\boldsymbol{r}),$$

故 $W+\boldsymbol{r}$ 包含于 $\varphi(\boldsymbol{r})$ 的原像.

若存在 $\boldsymbol{v} \in V-(W+\boldsymbol{r})$, 使得 $\varphi(\boldsymbol{v}) = \varphi(\boldsymbol{r})$, 则有

$$\varphi(\boldsymbol{v}) - \varphi(\boldsymbol{r}) = \varphi(\boldsymbol{v}-\boldsymbol{r}) = 0 \Rightarrow \boldsymbol{v}-\boldsymbol{r} \in W \Rightarrow \boldsymbol{v} \in W+\boldsymbol{r}.$$

这与 $\boldsymbol{v} \in V-(W+\boldsymbol{r})$ 矛盾. 因此 $W+\boldsymbol{r}$ 恰好是 $\varphi(\boldsymbol{r})$ 在 V 中的全部原像.

(5) 首先, $W+\boldsymbol{0} \in V/W$, 故 $W \neq \varnothing$. 其次, V/W 有下述两种运算 (VA) 和 (SM), 并且满足八条运算律 (V1)~(V8):

(VA) (向量加法) $\forall\, W+\boldsymbol{r},\ W+\boldsymbol{r}' \in V/W$, 由于 $\boldsymbol{r}+\boldsymbol{r}' \in V$, 故

$$(W+\boldsymbol{r}) + (W+\boldsymbol{r}') = W + (\boldsymbol{r}+\boldsymbol{r}') \in V/W.$$

(SM) (数乘向量) $\forall\, \lambda \in \mathbb{F}$ 和 $W+\boldsymbol{r} \in V/W$, 由于 $\lambda\boldsymbol{r} \in V$, 故

$$\lambda \cdot (W+\boldsymbol{r}) = W + (\lambda\boldsymbol{r}) \in V/W.$$

(V1) (向量加法交换律) $\forall\, W+\boldsymbol{r}_1,\ W+\boldsymbol{r}_2 \in V/W$, 有

$$(W+\boldsymbol{r}_1)+(W+\boldsymbol{r}_2) = W+(\boldsymbol{r}_1+\boldsymbol{r}_2) = W+(\boldsymbol{r}_2+\boldsymbol{r}_1) = (W+\boldsymbol{r}_2)+(W+\boldsymbol{r}_1).$$

(V2) (向量加法结合律) $\forall\, W+\boldsymbol{r}_1,\ W+\boldsymbol{r}_2,\ W+\boldsymbol{r}_3 \in V/W$, 有

$$\begin{aligned}
[(W+\boldsymbol{r}_1)+(W+\boldsymbol{r}_2)]+(W+\boldsymbol{r}_3) &= [W+(\boldsymbol{r}_1+\boldsymbol{r}_2)]+(W+\boldsymbol{r}_3)\\
&= W+(\boldsymbol{r}_1+\boldsymbol{r}_2+\boldsymbol{r}_3)\\
&= (W+\boldsymbol{r}_1)+[W+(\boldsymbol{r}_2+\boldsymbol{r}_3)]\\
&= (W+\boldsymbol{r}_1)+[(W+\boldsymbol{r}_2)+(W+\boldsymbol{r}_3)].
\end{aligned}$$

(V3) (零向量存在) $\forall\, W+\boldsymbol{r} \in V/W$, 存在 $W+\boldsymbol{0} \in V/W$, 使得

$$(W+\boldsymbol{0})+(W+\boldsymbol{r}) = W+\boldsymbol{r} = (W+\boldsymbol{r})+(W+\boldsymbol{0}).$$

(V4) (负向量存在) $\forall\, W+\boldsymbol{r} \in V/W$, 存在 $W+(-\boldsymbol{r}) \in V/W$, 使得

$$(W+\boldsymbol{r})+[W+(-\boldsymbol{r})] = W+\boldsymbol{0} = [W+(-\boldsymbol{r})]+(W+\boldsymbol{r}).$$

(V5) (数乘结合律) $\forall\, \lambda_1,\ \lambda_2 \in \mathbb{F}$ 和 $W + r \in V/W$, 有

$$(\lambda_1\lambda_2)(W+\boldsymbol{r}) = W + (\lambda_1\lambda_2)\boldsymbol{r} = W + \lambda_1(\lambda_2\boldsymbol{r}) = \lambda_1(W+\lambda_2\boldsymbol{r}) = \lambda_1\left[\lambda_2(W+\boldsymbol{r})\right].$$

(V6) (数乘对向量加法分配律) $\forall\, \lambda \in \mathbb{F}$ 和 $W + \boldsymbol{r}_1,\ W+\boldsymbol{r}_2 \in V/W$, 有

$$\begin{aligned}\lambda\left[(W+\boldsymbol{r}_1)+(W+\boldsymbol{r}_2)\right] &= \lambda\left[W+(\boldsymbol{r}_1+\boldsymbol{r}_2)\right] = W+\lambda(\boldsymbol{r}_1+\boldsymbol{r}_2)\\ &= (W+\lambda\boldsymbol{r}_1)+(W+\lambda\boldsymbol{r}_2) = \lambda(W+\boldsymbol{r}_1)+\lambda(W+\boldsymbol{r}_2).\end{aligned}$$

(V7) (数乘对数的加法分配律) $\forall\, \lambda_1,\ \lambda_2 \in \mathbb{F}$ 和 $W + \boldsymbol{r} \in V/W$, 有

$$\begin{aligned}(\lambda_1+\lambda_2)(W+\boldsymbol{r}) &= W+(\lambda_1+\lambda_2)\boldsymbol{r} = W+(\lambda_1\boldsymbol{r}+\lambda_2\boldsymbol{r})\\ &= (W+\lambda_1\boldsymbol{r})+(W+\lambda_2\boldsymbol{r}) = \lambda_1(W+\boldsymbol{r})+\lambda_2(W+\boldsymbol{r}).\end{aligned}$$

(V8) (数乘幺模律) $\forall\, W + \boldsymbol{r} \in V/W$, 有

$$1_{\mathbb{F}}(W+\boldsymbol{r}) = W + 1_{\mathbb{F}}r = W+\boldsymbol{r}.$$

因此 V/W 是一个向量空间.

(6) 由同态基本定理知, $\overline{\varphi}$ 是单同态. 又因 φ 是满同态, 故 $\overline{\varphi}$ 也是满同态. 因此 $\overline{\varphi}$ 是线性同构.

7. **证** 设 $\boldsymbol{c}' = (c_1, c_2, c_3, c_4) \in C^{\perp}$, 则对 $\forall\, \boldsymbol{c} \in C$, 有 $\boldsymbol{c}'\boldsymbol{c}^{\mathrm{T}} = 0$, 即

$$\begin{cases} c_1 + c_2 = 0, \\ c_3 + c_4 = 0, \end{cases}$$

解上述方程组可得 $C^{\perp}$ 的一组基

$$\boldsymbol{\varepsilon}_1 = (1,1,0,0), \quad \boldsymbol{\varepsilon}_2 = (0,0,1,1).$$

从而 $C^{\perp}$ 有检验矩阵

$$\boldsymbol{H} = \begin{pmatrix} 1 & 1 & 0 & 0 \\ 0 & 0 & 1 & 1 \end{pmatrix}.$$

易知映射

$$\overline{\mathcal{H}}:\ \mathbb{F}^n/C \to \mathbb{F}^{n-k},\ \ C+\boldsymbol{r} \mapsto \boldsymbol{r}\boldsymbol{H}^{\mathrm{T}}$$

是商空间 $\mathbb{F}^n/C$ 到 $\mathbb{F}^{n-k}$ 的同构映射, 从而 $|\mathbb{F}^n/C| = |\mathbb{F}^{n-k}| = |\mathbb{F}^2| = 4$. 该线性码 C 的译码表如表 A.1 所示.

表 A.1

陪集	头字	和声
{(0000), (1100), (0011), (1111)}	(0000)	(00)
{(1000), (0100), (1011), (0111)}	(1000)	(10)
{(0010), (1110), (0001), (1101)}	(0010)	(01)
{(1010), (0110), (1001), (0101)}	(1010)	(11)

8. (1) **解**　因为

$$\begin{pmatrix}1&1&1&1&1&1&1&1\\0&0&0&0&1&1&1&1\\0&0&1&1&0&0&1&1\\0&1&0&1&0&1&0&1\end{pmatrix}\begin{pmatrix}1\\0\\1\\1\\0\\1\\0\\1\end{pmatrix}=\begin{pmatrix}1\\0\\1\\1\end{pmatrix},$$

所以第一个向量的第 3 位出错, 解码结果为 $(1,0,1,0,0,1,0,1)$.

因为

$$\begin{pmatrix}1&1&1&1&1&1&1&1\\0&0&0&0&1&1&1&1\\0&0&1&1&0&0&1&1\\0&1&0&1&0&1&0&1\end{pmatrix}\begin{pmatrix}1\\1\\0\\1\\0\\0\\1\\0\end{pmatrix}=\begin{pmatrix}0\\1\\0\\0\end{pmatrix},$$

所以第二个向量的第 0 位和第 4 位出错, 解码结果为 $(0,1,0,1,1,0,1,0)$.

因为

$$\begin{pmatrix}1&1&1&1&1&1&1&1\\0&0&0&0&1&1&1&1\\0&0&1&1&0&0&1&1\\0&1&0&1&0&1&0&1\end{pmatrix}\begin{pmatrix}1\\0\\0\\1\\1\\1\\0\\0\end{pmatrix}=\begin{pmatrix}0\\0\\1\\0\end{pmatrix},$$

所以第三个向量的第 0 位和第 2 位出错, 解码结果为 $(0,0,1,1,1,1,0,0)$.

(2) **证** 设 $\widehat{H}=(\boldsymbol{H}_1,\cdots,\boldsymbol{H}_8)$. 因为

$$d(\widehat{C})=\min\left\{|J|\,|J\subseteq\{1,2,\cdots,n\},\ \boldsymbol{H}_j(j\in J)\text{ 线性相关}\right\}=4.$$

所以 $e=\left\lfloor\dfrac{d(\widehat{C})-1}{2}\right\rfloor=1$, 重量为 0 和 1 的错误可以被纠正, 重量为 2 的错误不一定能被纠正. 因为 $w(\widehat{C})=d(\widehat{C})=4$, 且两个重量为 1 的向量不可能对应同一和声, 所以所有重量为 0 和 1 的错误对应 16 个和声中的 9 个. 因 $\{(1,1,0,0,0,0,0,0),\ (1,0,1,0,0,0,0,0),\cdots,\ (1,0,0,0,0,0,0,1)\}$ 中的任意两个一定不对应同一和声, 且它们也不与前面重量为 0 和 1 的错误对应同一和声, 故它们对应另外 7 个和声.

习 题 2.4

1. **证** 设 C 是 $\mathbb{F}_q$ 上一个参数为 $[n,k,d]$ 的线性完全码, 则

$$q^kV_q\left(n,\left\lfloor\frac{d-1}{2}\right\rfloor\right)\leqslant q^n.$$

任取 $\boldsymbol{x}\in\mathbb{F}_q$, $\boldsymbol{x}+C$ 的参数为 (n,q^k,d), 故由上式可得 $\boldsymbol{x}+C$ 也是完全码.

2. **证** 假设 C 的覆盖半径大于 $d-1$, 则存在 $\boldsymbol{c}\in\mathbb{F}_q^n$ 使得 $\boldsymbol{x}\notin\bigcup\limits_{\boldsymbol{c}\in C}S(\boldsymbol{c},d-1)$, 即对任意 $\boldsymbol{c}\in C$, $d(\boldsymbol{x},\boldsymbol{c})\geqslant d$.

考虑 $\widehat{C}=\{k\boldsymbol{x}\,|\,k\in\mathbb{F}_q\}+C$, $\widehat{C}$ 仍是一个线性码. 对任意 $k_1\boldsymbol{x}+\boldsymbol{c}$, $k_2\boldsymbol{x}+\boldsymbol{c}'\in\widehat{C}$, 若 $k_1\neq k_2$, 则 $d(k_1\boldsymbol{x}+\boldsymbol{c},k_2\boldsymbol{x}+\boldsymbol{c}')\geqslant d(k_1\boldsymbol{x}+\boldsymbol{c},k_2\boldsymbol{x}+\boldsymbol{c})=d(k_1\boldsymbol{x},k_2\boldsymbol{x})=d(\boldsymbol{x},\boldsymbol{0})\geqslant d$. 若 $k_1=k_2$, 则 $d(k_1\boldsymbol{x}+\boldsymbol{c},k_2\boldsymbol{x}+\boldsymbol{c}')=d(\boldsymbol{c},\boldsymbol{c}')\geqslant d$. 故 $\widehat{C}$ 的极小距离仍为 d, 这与 $|C|=B_q(n,d)$ 矛盾. 则 $\boldsymbol{c}$ 的覆盖半径至多为 $d-1$.

3. **证** 当 $k=0$ 时结论显然成立, 下面讨论 $k\geqslant1$ 的情况.

假设存在 $[n,k-1,d]$-线性码 C_{k-1}. 因为 $|C_{k-1}|V_q(n,d-1)<q^{k-1}\cdot q^{n-k+1}=q^n$, 所以存在 $\boldsymbol{x}\notin\bigcup\limits_{\boldsymbol{c}\in C_{k-1}}S(\boldsymbol{c},d-1)$.

令 $C_k=\{a\boldsymbol{x}\,|\,a\in\mathbb{F}_q\}+C_{k-1}$, 则 C_k 仍为线性码, 且码长为 n, 维数为 k. 因为 $d(a\boldsymbol{x}+\boldsymbol{c},\boldsymbol{c}')\geqslant d(a\boldsymbol{x}+\boldsymbol{c},\boldsymbol{c})=d(\boldsymbol{x},\boldsymbol{0})\geqslant d$, 所以 C_k 的极小距离仍为 d, 故 C_k 为 $[n,k,d]$-线性码.

4. **证** 设 C 是 $\mathbb{F}_q$ 上一个参数为 $[n,k,d]$ 的线性码, 它的一个检验矩阵为 $\boldsymbol{H}=(\boldsymbol{H}_1,\cdots,\boldsymbol{H}_n)$. 因为 $\operatorname{rank}\boldsymbol{H}=n-k$, 所以 $\boldsymbol{H}$ 的任意 $n-k+1$ 列一定线性相关. 又因

$$d=\min\left\{|J|\,|J\subseteq\{1,2,\cdots,n\},\ \boldsymbol{H}_j(j\in J)\text{ 线性相关}\right\},$$

故 $d \leqslant n-k+1$.

5. **证** 因为线性码 C 是 MDS 码, 所以 C 的生成矩阵 $\boldsymbol{G}$ 的任意 k 列线性无关. 又因为 $C^{\perp}$ 是 C 的对偶码, 所以 $\boldsymbol{G}$ 是 $C^{\perp}$ 的检验矩阵. 从而 $C^{\perp}$ 的检验矩阵的任意 $n-k$ 列线性无关 (其中 $n-(n-k)$ 是 $C^{\perp}$ 的维数). 所以 $C^{\perp}$ 是 MDS 码.

6. **证** 必要性. 任取 $\boldsymbol{a} \neq \boldsymbol{a}' \in C$, $\boldsymbol{b} \neq \boldsymbol{b}' \in C$, 则 $d(\boldsymbol{a},\boldsymbol{a}') = w(\boldsymbol{a},\boldsymbol{a}')$, $d(\boldsymbol{b},\boldsymbol{b}') = w(\boldsymbol{b},\boldsymbol{b}')$. 因为 C 是线性码, 所以 $\boldsymbol{a}-\boldsymbol{a}', \boldsymbol{b}-\boldsymbol{b}' \in C$. 又因为 C 是等重码, 所以 $w(\boldsymbol{a}-\boldsymbol{a}') = w(\boldsymbol{b}-\boldsymbol{b}')$, 从而 $d(\boldsymbol{a},\boldsymbol{a}') = d(\boldsymbol{b},\boldsymbol{b}')$, 故 C 是等距码.

充分性. 任取 $\boldsymbol{c}$, $\boldsymbol{c}' \in C$, $\boldsymbol{c} \neq \boldsymbol{0} \neq \boldsymbol{c}'$, $w(\boldsymbol{c}) = d(\boldsymbol{c},\boldsymbol{0})$, $w(\boldsymbol{c}') = d(\boldsymbol{c}',\boldsymbol{0})$. 因为 C 是线性码, 所以 $\boldsymbol{0} \in C$. 又因为 C 是等距码, 所以 $d(\boldsymbol{c},\boldsymbol{0}) = d(\boldsymbol{c}',\boldsymbol{0})$, 从而 $w(\boldsymbol{c}) = w(\boldsymbol{c}')$, 故 C 是等重码.

7. **证** 设 $C = \left\{\alpha \boldsymbol{G}^m | \alpha \in F_q^s\right\}$, 任取 $\boldsymbol{c} \in C$, 则 $\boldsymbol{c} = \alpha \boldsymbol{G}^m$, 从而

$$\begin{aligned} w(\boldsymbol{c}) &= mn - m|\{i \mid 1 \leqslant i \leqslant n, \alpha \boldsymbol{G}_i = 0,\ \dim(\langle\alpha\rangle^{\perp}) = s-1\}| \\ &= mn - m\frac{q^s-1}{q-1} = m\frac{q^s-1}{q-1} - m\frac{q^{s-1}-1}{q-1} = mq^{s-1}, \end{aligned}$$

其中 $\dim\langle\alpha\rangle^{\perp} = s-1$, $\dfrac{q^{s-1}-1}{q-1}$ 是 $\langle\alpha\rangle^{\perp}$ 中一维子空间的个数. 故 C 是等重码.

因为 $mq^{s-1} = \dfrac{m \cdot \dfrac{q^s-1}{q-1} \cdot (q-1) \cdot q^{s-1}}{q^s-1}$, 所以 C 的参数使得 Plotkin 界的等号成立.

8. **证** (1) 设 $\boldsymbol{A} = \begin{pmatrix} \boldsymbol{\alpha}_1 \\ \vdots \\ \boldsymbol{\alpha}_n \end{pmatrix}$, $\boldsymbol{\alpha}_1 = (a_1, \cdots, a_n)$. 因为 $\boldsymbol{\alpha}_2, \cdots, \boldsymbol{\alpha}_n \in F^n$ 的选取个数为 $q^{n(k-1)}$, 所以第一行为 $(a_1, \cdots, a_n)$ 的 $k \times n$ 矩阵的个数为 $q^{n(k-1)}$.

(2) 设 $\boldsymbol{A} = \begin{pmatrix} \boldsymbol{\alpha}_1 \\ \vdots \\ \boldsymbol{\alpha}_k \end{pmatrix}$, $\boldsymbol{\alpha}_1 = (a_1, \cdots, a_n)$. 因为 $\boldsymbol{A}$ 的秩为 k, 所以 $\boldsymbol{\alpha}_1, \cdots, \boldsymbol{\alpha}_k$ 线性无关. 选取 $\boldsymbol{\alpha}_2$ 使得 $\boldsymbol{\alpha}_1, \boldsymbol{\alpha}_2$ 线性无关, 这样的 $\boldsymbol{\alpha}_2$ 有 $q^n - q$ 种取法; 选取 $\boldsymbol{\alpha}_3$ 使得 $\boldsymbol{\alpha}_1, \boldsymbol{\alpha}_2, \boldsymbol{\alpha}_3$ 线性无关, 这样的 $\boldsymbol{\alpha}_3$ 有 $q^n - q^2$ 种取法, $\cdots$, 选取 $\boldsymbol{\alpha}_k$ 使得 $\boldsymbol{\alpha}_1, \cdots, \boldsymbol{\alpha}_k$ 线性无关, 这样的 $\boldsymbol{\alpha}_k$ 有 $q^n - q^{k-1}$ 种取法. 所以第一行为 $(a_1, \cdots, a_n)$ 的秩为 k 的 $k \times n$ 矩阵的个数为 $\prod_{i=1}^{k-1}(q^n - q^i)$.

9. **证** 因为 $a > b > 0$, 所以 $a + ab > b + ab$, 从而 $a(b+1) > b(a+1)$, 故 $\dfrac{b}{a} < \dfrac{b+1}{a+1}$, $\dfrac{a}{b} > \dfrac{a+1}{b+1}$.

10. **证** (1) 参考一般线性代数教科书.

(2) $\boldsymbol{G}$ 的第 $j_1, \cdots, j_k$ 列构成的子矩阵为 $\begin{pmatrix} 1 & \cdots & 1 \\ \alpha_{j_1} & \cdots & \alpha_{j_k} \\ \vdots & & \vdots \\ \alpha_{j_1}^{k-1} & \cdots & \alpha_{j_k}^{k-1} \end{pmatrix}$.

(3) 把 $\widehat{\boldsymbol{G}}$ 写成

$$\boldsymbol{G} = \begin{pmatrix} 1 & \cdots & 1 & 0 \\ \alpha_1 & \cdots & \alpha_n & 0 \\ \vdots & & \vdots & \vdots \\ \alpha_1^{k-1} & \cdots & \alpha_n^{k-1} & 1 \end{pmatrix}_{k\times(n+1)} \cdot \begin{pmatrix} v_1 & & & \\ & \ddots & & \\ & & v_n & \\ & & & 1 \end{pmatrix}_{(n+1)\times(n+1)}.$$

右端的 $k \times (n+1)$ 矩阵的任意 k 列子矩阵形如

$$\begin{pmatrix} 1 & \cdots & 1 & 1 \\ \alpha_{j_1} & \cdots & \alpha_{j_{k-1}} & \alpha_{j_k} \\ \vdots & & \vdots & \\ \alpha_{j_1}^{k-2} & \cdots & \alpha_{j_{k-1}}^{k-2} & \alpha_{j_k}^{k-2} \\ \alpha_{j_1}^{k-1} & \cdots & \alpha_{j_{k-1}}^{k-1} & \alpha_{j_k}^{k-1} \end{pmatrix} \quad 或 \quad \begin{pmatrix} 1 & \cdots & 1 & 0 \\ [1mm]\alpha_{j_1} & \cdots & \alpha_{j_{k-1}} & 0 \\ \vdots & & \vdots & \vdots \\ \alpha_{j_1}^{k-2} & \cdots & \alpha_{j_{k-1}}^{k-2} & 0 \\ \alpha_{j_1}^{k-1} & \cdots & \alpha_{j_{k-1}}^{k-1} & 1 \end{pmatrix};$$

由本题第 (1) 小题, 它们的行列式都非零.

习 题 3.1

1. **证** 设 $f(x), g(x) \in \mathrm{Ann}_{\mathbb{F}[x]}(\alpha)$, $h(x) \in \mathbb{F}[x]$, 则 $f(\alpha) = g(\alpha) = 0$. 因为 $f(\alpha) - g(\alpha) = 0$, $h(\alpha) f(\alpha) = f(\alpha) h(\alpha) = 0$, 所以 $f(x) - g(x) \in \mathbb{F}[x]$, $h(x) f(x) \in \mathbb{F}[x]$, $f(x) h(x) \in \mathbb{F}[x]$. 故 $\mathrm{Ann}_{\mathbb{F}[x]}(\alpha)$ 是多项式环 $\mathbb{F}[x]$ 的理想.

2. **证** 设 α 为 $\mathbb{F}$ 上的代数元, $m(x)$ 为 α 的极小多项式. 若 $m(x) \mid f(x) g(x)$, 则 $f(\alpha) g(\alpha) = 0$. 因为 $\mathbb{F}$ 是域, 所以 $f(\alpha) = 0$ 或 $g(\alpha) = 0$. 故 $m(x) \mid f(x)$ 或 $m(x) \mid g(x)$, 即 $m(x)$ 是素多项式.

3. **证** 必要性. 设 $f(x)$ 在其分裂域上的标准分解式为 $f(x) = m(x - x_1)^{n_1} \cdots (x - x_k)^{n_k}$. 因为 $f(x) \in \mathbb{F}[x]$ 无重根, 所以 $f(x) = m(x - x_1) \cdots (x - x_k)$, 其中 $x_1, \cdots, x_k$ 互不相同. 因为

$$f'(x) = \sum_{i=1}^{k} m(x - x_1) \cdots (x - x_{i-1})(x - x_{i+1}) \cdots (x - x_k),$$

所以 $\gcd(f(x), f'(x)) = 1$, 即 $f(x)$ 和 $f'(x)$ 互素.

充分性. 若 $f(x)$ 有重根 x_0, 则 $f(x) = (x - x_0)^k g(x)$, $(x - x_0) \nmid g(x)$, $k \geqslant 2$. 因为

$$f'(x) = k(x - x_0)^{k-1} g(x) + (x - x_0)^k g'(x),$$

所以 $\gcd(f(x), f'(x)) = (x - x_0)^{k-1} \neq 1$, 这与 $f(x), f'(x)$ 互素矛盾, 故 $f(x)$ 无重根.

4. **证**

$$\mathbb{F}_{q^m} \subseteq \mathbb{F}_{q^n} \Leftrightarrow \mathbb{F}_{q^m} = \mathbb{F}_{p^{ml}} \subseteq \mathbb{F}_{p^{nl}} \subseteq \mathbb{F}_{q^n} \Leftrightarrow ml \mid nl$$
$$\Leftrightarrow m \mid n \Leftrightarrow (p^{ml} - 1) \mid (p^{nl} - 1) \Leftrightarrow (q^m - 1) \mid (q^n - 1).$$

5. **证** (1) 因为 $\deg(x^2 - 1) = 2$, 所以 $x^2 = 1$ 至多只有两个解. 而 $1, -1$ 均为 $x^2 = 1$ 的解, 故 $x^2 = 1$ 只有这两个解.

(2) 因为 $\beta \in \mathbb{F}_q^{\times}$, 所以 $(\beta^{(q-1)/2})^2 = \beta^{q-1} = 1$. 由 (1) 可得 $\beta^{(q-1)/2} = 1$ 或 $\beta^{(q-1)/2} = -1$. 若 $\beta^{(q-1)/2} = 1$, 这与 β 为 $\mathbb{F}_q^{\times}$ 的生成元矛盾, 故 $\beta^{(q-1)/2} = -1$.

6. **证** 设 γ 为 $\mathbb{F}_q^{\times}$ 的生成元, 则 $\mathbb{F}_q^{\times} = \{1, \gamma, \cdots, \gamma^{q-2}\}$. 因为 $q \neq 2$, 所以

$$\sum_{\alpha \in \mathbb{F}_q} \alpha = \sum_{\alpha \in \mathbb{F}_q^{\times}} \alpha = 1 + \gamma + \cdots + \gamma^{q-2} = \frac{\gamma^{q-1} - 1}{\gamma - 1} = \frac{1 - 1}{\gamma - 1} = 0.$$

7. **证** (1) 因为 $\mathrm{Tr}_{q^n/q} : \mathbb{F}_{q^n} \longrightarrow \mathbb{F}_q$ 是满的 $\mathbb{F}_q$-线性映射, 且 $\mathbb{F}_{q^n}/\mathrm{Ker}(\mathrm{Tr}_{q^n/q}) \cong \mathbb{F}_q$, 所以 $|\mathbb{F}_{q^n}/\mathrm{Ker}(\mathrm{Tr}_{q^n/q})| = |\mathbb{F}_q|$. 从而 $|\mathrm{Ker}(\mathrm{Tr}_{q^n/q})| = q^{n-1}$, 即方程 $X + X^q + \cdots + X^{q^{n-1}}$ 有 q^{n-1} 个解. 因为 $\mathrm{Ker}(\mathrm{Tr}_{q^n/q}) \leqslant \mathbb{F}_{q^n}$, 所以这些解的集合构成 $\mathbb{F}_{q^n}$ 的 $n-1$ 维子空间.

(2) 因为 $\mathrm{Tr}_{q^n/q} : \mathbb{F}_{q^n} \longrightarrow \mathbb{F}_q$ 是满的线性映射, 所以当 α 跑遍 $\mathbb{F}_{q^n}$ 时, $\mathrm{Tr}_{q^n/q}(\alpha)$ 跑遍 $\mathbb{F}_q$. 任取 $a \in \mathbb{F}_q$, 存在 $\alpha \in \mathbb{F}_{q^n}$, $\mathrm{Tr}_{q^n/q}(\alpha) = a$. 对任意 $\beta \in \mathrm{Ker}(\mathrm{Tr}_{q^n/q})$, 有

$$\mathrm{Tr}_{q^n/q}(\alpha + \beta) = \mathrm{Tr}_{q^n/q}(\alpha) + \mathrm{Tr}_{q^n/q}(\beta) = \mathrm{Tr}_{q^n/q}(\alpha) = a.$$

又因为 $|\mathrm{Ker}(\mathrm{Tr}_{q^n/q})| = q^{n-1}$, 所以 a 至少重复 q^{n-1} 次.

设 $r \in \mathrm{Tr}_{q^n/q}^{-1}(a)$, 则 $a = \mathrm{Tr}_{q^n/q}(r) = \mathrm{Tr}_{q^n/q}(r - \alpha) + \mathrm{Tr}_{q^n/q}(\alpha) = \mathrm{Tr}_{q^n/q}(r - \alpha) + a$. 故 $\mathrm{Tr}_{q^n/q}(r - \alpha) = 0$, 即 $r - \alpha \in \mathrm{Ker}(\mathrm{Tr}_{q^n/q})$. 又因 $r = \alpha + (r - \alpha)$, 故 a 只能重复 q^{n-1} 次.

习 题 3.2

1. (1) **解** C 的维数是 $n-1$.

(2) **证** 因为 C 的生成多项式为 $1+x$, 所以 C 的检验多项式为 $1+x+\cdots+x^{n-1}$, 从而 C 的检验矩阵为 $(1\quad 1\quad \cdots\quad 1)$. 任取 $\boldsymbol{c}=(c_1,\cdots,c_n)\in C$, 因为

$$(1\quad 1\quad \cdots\quad 1)\begin{pmatrix} c_1 \\ \vdots \\ c_n \end{pmatrix}=c_1+\cdots+c_n=0.$$

所以 $w(\boldsymbol{c})$ 为偶数.

反之, 可类似证明 $\mathbb{F}_2^n$ 上任意一重量为偶数的向量属于 C. 故 C 是 $\mathbb{F}_2^n$ 中所有重量为偶数的向量的集合.

(3) **解** 因为 C_1 中所有码字的重量为偶数, 所以 C_1 包含于 C, 故 $1+x$ 整除 $g_1(x)$.

(4) **解** 因为 C_1 中有重量为奇数的码字, 所以 C_1 不包含于 C, 故 $1+x$ 不整除 $g_1(x)$, 则 $\gcd(1+x,g_1(x))=1$.

2. **证** 设 C 是循环码, 设 C 的检验多项式为 $h(x)=h_0+h_1x+\cdots+h_k(x)$, 则 C 有一个检验矩阵

$$\boldsymbol{H}=\begin{pmatrix} h_k & h_{k-1} & \cdots & h_0 & & & \\ & h_k & h_{k-1} & \cdots & h_0 & & \\ & & \ddots & \ddots & & \ddots & \\ & & & h_k & h_{k-1} & \cdots & h_0 \end{pmatrix}_{(n-k)\times n}.$$

另一方面, $\boldsymbol{H}$ 是 $C^{\perp}$ 的生成矩阵. 设

$$\frac{1}{h_0}(h_k+h_{k-1}x+\cdots+h_0x^k)=\frac{1}{h_0}x^kh\left(\frac{1}{x}\right)=h^*(x).$$

因为 $h(x)$ 整除 x^n-1, 所以 $h(x)$ 的根均为 x^n-1 的根. 而 $h^*(x)$ 的根即为 $h(x)$ 的根的逆, 故 $h^*(x)$ 的根为 x^n-1 的根, $h^*(x)$ 整除 x^n-1. 因此, $C^{\perp}$ 是由 $h^*(x)$ 生成的循环码.

3. **证** 设 $\boldsymbol{m}=(x_0,\cdots,x_{k-1})$, $g(x)=g_0+g_1x+\cdots+g_{n-k}x^{n-k}$. 则

$$\boldsymbol{c}=\boldsymbol{m}\boldsymbol{G}=(x_0,\cdots,x_{k-1})\begin{pmatrix} g_0 & g_1 & \cdots & g_{n-k} & & & \\ & g_0 & g_1 & \cdots & g_{n-k} & & \\ & & \ddots & \ddots & & \ddots & \\ & & & g_0 & g_1 & \cdots & g_{n-k} \end{pmatrix}$$

$$=(c_0,\cdots,c_{n-1}).$$

故对 $0\leqslant t\leqslant n-1$, $c_t=\sum_{i+j=t}g_ix_j$. 设 $c(x)=m(x)g(x)=\sum_{t=0}^{n-1}c'_tx^t$. 可得 $c'_t=\sum_{i+j=t}g_ix_j=c_t$.

4. **证** (1) 设 C 的检验多项式为 $h(x)$. 因为 $\gcd(n,q)=1$, 所以 x^n-1 无重根, 故 $\gcd(g(x),h(x))=1$, 存在 $p(x)$, $q(x)$ 使得 $p(x)g(x)+q(x)h(x)=1$. 设 $e(x)=p(x)g(x)$. 对任意 $c(x)\in C$, $c(x)=g(x)f(x)$, $e(x)c(x)=(1-q(x)h(x))g(x)f(x)=g(x)f(x)=c(x)$. 故 $C\subseteq\langle e(x)\rangle$. 又因为 $e(x)\in C$, $\langle e(x)\rangle\subseteq C$, $(e(x))^2=e(x)$. 因此 $C=\langle e(x)\rangle$.

(2) (i) 必要性. 因为 $C_1\subseteq C_2$, 所以 $e_1(x)\in C_2$. 由 (1), $e_1(x)e_2(x)=e_1(x)$.
充分性. 因为 $e_1(x)e_2(x)=e_1(x)$, 所以 $e_2(x)$ 整除 $e_1(x)$, $C_1\subseteq C_2$.

(ii) 显然, $e_1(x)+e_2(x)-e_1(x)e_2(x)\in C_1+C_2$, $\langle e_1(x)+e_2(x)-e_1(x)e_2(x)\rangle\subseteq C_1+C_2$. 因为 $e_1(x)[e_1(x)+e_2(x)-e_1(x)e_2(x)]=e_1(x)+e_1(x)e_2(x)-e_1(x)e_2(x)=e_1(x)$, 所以 $C_1\subseteq\langle e_1(x)+e_2(x)-e_1(x)e_2(x)\rangle$. 同理可证 $C_2\subseteq\langle e_1(x)+e_2(x)-e_1(x)e_2(x)\rangle$. 故 $C_1+C_2=\langle e_1(x)+e_2(x)-e_1(x)e_2(x)\rangle$. 因为 $[e_1(x)+e_2(x)-e_1(x)e_2(x)]^2=e_1(x)+e_2(x)-e_1(x)e_2(x)$, 所以 C_1+C_2 的幂等生成多项式为 $e_1(x)+e_2(x)-e_1(x)e_2(x)$.

(iii) 显然, $e_1(x)e_2(x)\in C_1\cap C_2$, 所以 $\langle e_1(x)e_2(x)\rangle\subseteq C_1\cap C_2$. 设 $e(x)\in C_1\cap C_2$. 因为 $e(x)e_1(x)e_2(x)=e(x)e_2(x)=e(x)$, 所以 $e(x)\in\langle e_1(x)e_2(x)\rangle$, 则 $C_1\cap C_2\subseteq\langle e_1(x)e_2(x)\rangle$. 故 $C_1\cap C_2=\langle e_1(x)e_2(x)\rangle$. 因为 $[e_1(x)e_2(x)]^2=e_1(x)e_2(x)$, 所以 $C_1\cap C_2$ 的幂等生成多项式为 $e_1(x)e_2(x)$.

5. **解** 因为 $x^3-1=(x-1)(x^2+x+1)$. 表 A.2 给出长为 3 的二元循环码.

表 A.2

码	生成矩阵	检验矩阵	幂等生成多项式
C_0	0	E	0
C_1	$\begin{pmatrix}1&1&0\\0&1&0\end{pmatrix}$	$(1\ \ 1\ \ 1)$	x^2-x
C_2	$(1\ \ 1\ \ 1)$	$\begin{pmatrix}1&1&0\\0&1&0\end{pmatrix}$	x^2+x+1
C_3	E	0	x^3-1

6. **证** 设 C 是参数为 $[4,3,2]$ 的三元 Hamming 码. 取 C 的检验矩阵为 $\boldsymbol{H}=\begin{pmatrix}1&0&1&1\\0&1&1&-1\end{pmatrix}$. 因为

$$\begin{pmatrix}1&0&1&1\\0&1&1&-1\end{pmatrix}\begin{pmatrix}1\\0\\1\\1\end{pmatrix}=\begin{pmatrix}0\\0\end{pmatrix},$$

故 $(1,0,1,1)\in C$. 因为

$$\begin{pmatrix}1&0&1&1\\0&1&1&-1\end{pmatrix}\begin{pmatrix}1\\1\\0\\1\end{pmatrix}=\begin{pmatrix}-1\\0\end{pmatrix},$$

故 $(1,1,0,1)\notin C$. 因此, C 不是循环码.

7. **证** 由题目知, $g(x)=x^{n-k}-a_{n-k-1,n-k}x^{n-k-1}-\cdots-a_{1,n-k}x-a_{0,n-k}$. 因为

$$\begin{pmatrix}1&&&a_{0,n-k}&\cdots&a_{0,n-1}\\&\ddots&&\vdots&&\vdots\\&&1&a_{n-k-1,n-k}&\cdots&a_{n-k-1,n-1}\end{pmatrix}\begin{pmatrix}-a_{0,n-k}\\\vdots\\-a_{n-k-1,n-k}\\1\\0\\\vdots\\0\end{pmatrix}=\begin{pmatrix}0\\\vdots\\0\end{pmatrix},$$

故 $\langle g(x)\rangle$ 包含于 $\boldsymbol{HX}=\boldsymbol{0}$ 的解空间. 再比较维数即可得到结论.

习 题 3.3

1. **证** (1) 设 C' 为 $\mathbb{F}_q^n$ 中所有重量为偶数的向量组成的集合, 则 C' 是由 $x-1$ 生成的循环码. 因为 C_e 包含 C 中所有重量为偶数的码字, 所以 $C_e=C\cap C'$. 设 C_e 的生成多项式为 $f(x)$, 则 $f(x)=\operatorname{lcm}(x-1,g(x))$, 故 C_e 的零点的集合为 $T\cup\{1\}$.

(2) $C=C_e\Leftrightarrow f(x)=g(x)\Leftrightarrow(x-1)\mid g(x)\Leftrightarrow 1\in T\Leftrightarrow g(1)=0$.

(3) 因为 $C\neq C_e$, 所以 $f(x)\neq g(x)$, $f(x)=\operatorname{lcm}(x-1,g(x))=(x-1)g(x)$.

(4) 全 1 向量 $\mathbf{1}$ 对应多项式 $\sum\limits_{i=0}^{n-1}x^i=\dfrac{x^n-1}{x-1}$. 因为 $\gcd(n,q)=1$, 所以 x^n-1 无重根, $\gcd\left(\dfrac{x^n-1}{x-1},x-1\right)=1$. 因此 $\mathbf{1}\in C\iff g(x)\left|\dfrac{x^n-1}{x-1}\right.\iff g(1)\neq 0\iff 1\notin T$.

2. **证**　(1) 设 C_1 的生成多项式为 $g_1(x)$, C_2 的生成多项式为 $g_2(x)$. 因为 $C_1 \subseteq C_2$, 所以 $g_2(x)$ 整除 $g_1(x)$, $T_2 \subseteq T_1$.

(2) 设 C_1+C_2 的生成多项式为 $c(x)$, 则 $c(x)=c_1(x)+c_2(x)$, 其中 $c_1(x)\in C_1$, $c_2(x)\in C_2$. 故 $\gcd\big(g_1(x),g_2(x)\big)$ 整除 $c(x)$. 因为存在 $p(x)$, $q(x)$ 使得 $\gcd\big(g_1(x), g_2(x)\big) = p(x)g_1(x) + q(x)g_2(x)$, 所以 $\gcd\big(g_1(x),g_2(x)\big) \in C_1 + C_2$, $c(x)$ 整除 $\gcd\big(g_1(x),g_2(x)\big)$. 故 $c(x) = \gcd\big(g_1(x),g_2(x)\big)$, C_1+C_2 的零点的集合为 $T_1\cap T_2$.

(3) 设 $C_1 \cap C_2$ 的生成多项式为 $g(x)$. 因为 $C_1 \cap C_2 \subseteq C_1$, $C_1 \cap C_2 \subseteq C_2$, 所以 $g_1(x)$, $g_2(x)$ 都整除 $g(x)$, $\mathrm{lcm}(g_1(x),g_2(x))$ 整除 $g(x)$. 又因为 $g_1(x)$, $g_2(x)$ 都整除 $\mathrm{lcm}(g_1(x),g_2(x))$, 所以 $\mathrm{lcm}(g_1(x),g_2(x)) \in C_1$ 且 $\mathrm{lcm}(g_1(x),g_2(x)) \in C_2$, 即 $\mathrm{lcm}(g_1(x),g_2(x)) \in C_1 \cap C_2$. 故 $g(x)$ 整除 $\mathrm{lcm}(g_1(x),g_2(x))$. 故 $g(x) = \mathrm{lcm}(g_1(x),g_2(x))$, $C_1 \cap C_2$ 的集合为 $T_1 \cup T_2$.

3. **解**　设 α 是一个 n 次本原单位根, 则 $\alpha^{ib} \neq 1$, $1 \leqslant i < a$. 因为

$$x^n - 1 = x^{ab} - 1 = (x^b - 1)\big(1 + x^b + \cdots + x^{(a-1)b}\big),$$

而 $\alpha,\alpha^2,\cdots,\alpha^{a-1}$ 不是 x^b-1 的根, 所以 $\alpha,\alpha^2,\cdots,\alpha^{a-1}$ 是 $1+x^b+\cdots+x^{(a-1)b}$ 的根. 因此, $1+x^b+\cdots+x^{(a-1)b}\in C$, $d(C)\geqslant a$. 因为 C 是设计距离为 a 的 BCH 码, 所以 $d(C)=a$.

4. **证**　由 3.2 节的习题 2 可得, $C^\perp$ 的生成多项式为 $h^*(x)$, $h^*(x)$ 的根即为 $h(x)$ 的根的逆. 所以 C 为自正交码 $\Leftrightarrow C \subseteq C^\perp \Leftrightarrow h^*(x)$ 整除 $g(x) \Leftrightarrow h^*(x)$ 的根均为 $g(x)$ 的根 $\Leftrightarrow h(x)$ 的根的逆均为 $g(x)$ 的根.

习　题　3.4

1. **解**　因为 $r_1(\omega)=\omega^2$, $r_1(\omega^2)=\omega+1$, $r_1(\omega^3)=0$, $r_1(\omega^4)=\omega^2$, 所以可得方程组

$$\begin{cases}(1+\omega)\xi_1+\omega^2\xi_2=0\,,\\ \omega^2\xi_0+(1+\omega)\xi_2=0\,.\end{cases}$$

解方程组可得 $\xi_0=1$, $\xi_1=1$, $\xi_2=\omega^2$. 因此, $\sigma(Z)=1+z+\omega^2z=(1-\omega^3z)(1-\omega^{14}z)$, 故该向量的第 3 位和第 14 位出错了, 正确的码字为 $c(x)=1+x+x^2+x^4+x^5+x^6+x^7+x^{10}+x^{11}$.

习　题　4.1

1. **证**　记 ψ 为题设映射, 易证 ψ 定义合理. $\forall\, a,b\in\mathbb{Z}_p$, 若 $\psi(a)=\psi(b)$, 即 $\omega^a=\omega^b$, 则有 $\omega^{a-b}=1$, 从而 $p\mid(a-b)$, 故 $a=b$, 所以 ψ 为单射. 因为 $\psi(a+b)=\omega^{a+b}=\omega^a\cdot\omega^b=\psi(a)\psi(b)$, 所以 ψ 为同态. 故 ψ 为单同态.

2. **证** (1) 对 $\boldsymbol{b},\boldsymbol{b}'\in\mathbb{F}_q^n$,

$$\chi_{\boldsymbol{a}}(\boldsymbol{b}+\boldsymbol{b}')=\omega^{\mathrm{Tr}_{p^\ell/p}(\langle\boldsymbol{a},\boldsymbol{b}+\boldsymbol{b}'\rangle)}=\omega^{\mathrm{Tr}_{p^\ell/p}(\langle\boldsymbol{a},\boldsymbol{b}\rangle)+\mathrm{Tr}_{p^\ell/p}(\langle\boldsymbol{a},\boldsymbol{b}'\rangle)}$$
$$=\omega^{\mathrm{Tr}_{p^\ell/p}(\langle\boldsymbol{a},\boldsymbol{b}\rangle)}\omega^{\mathrm{Tr}_{p^\ell/p}(\langle\boldsymbol{a},\boldsymbol{b}'\rangle)}=\chi_{\boldsymbol{a}}(\boldsymbol{b})\chi_{\boldsymbol{a}}(\boldsymbol{b}'),$$

所以映射 χ_a 是从加法群 $\mathbb{F}_q^n$ 到乘法群 $\mathbb{C}^\times$ 的一个群同态.

(2) 如果 $\boldsymbol{a}\neq\boldsymbol{a}'$, 假设 $\chi_{\boldsymbol{a}}=\chi_{\boldsymbol{a}'}$, 那么对任意 $\boldsymbol{b}\in\mathbb{F}_q^n$, 有 $\chi_{\boldsymbol{a}}(\boldsymbol{b})=\chi_{\boldsymbol{a}'}(\boldsymbol{b})$, 即

$$\omega^{\mathrm{Tr}_{p^\ell/p}(\langle\boldsymbol{a},\boldsymbol{b}\rangle)}=\omega^{\mathrm{Tr}_{p^\ell/p}(\langle\boldsymbol{a}',\boldsymbol{b}\rangle)}.$$

由习题 1, $\mathbb{Z}_p\to\mathbb{C}^\times, a\mapsto\omega^a$ 是单同态, 故 $\mathrm{Tr}_{p^\ell/p}(\langle\boldsymbol{a},\boldsymbol{b}\rangle)=\mathrm{Tr}_{p^\ell/p}(\langle\boldsymbol{a}',\boldsymbol{b}\rangle)$, $\forall\boldsymbol{b}\in\mathbb{F}^{p^\ell}$, 即 $\mathrm{Tr}_{p^\ell/p}(\langle\boldsymbol{a}-\boldsymbol{a}',\boldsymbol{b}\rangle)=0$. 由习题 3 知, 若 $\boldsymbol{a}\neq\boldsymbol{a}'$, 当 $\boldsymbol{b}$ 跑遍 $\mathbb{F}_q^n$ 时, $\langle\boldsymbol{a}-\boldsymbol{a}',\boldsymbol{b}\rangle$ 跑遍 $\mathbb{F}_q=\mathbb{F}_{p^\ell}$. 则 $\mathrm{Tr}_{p^\ell/p}(\langle\boldsymbol{a}-\boldsymbol{a}',\boldsymbol{b}\rangle)=0$ 有 p^ℓ 个解. 因为 $\mathrm{Tr}_{p^\ell/p}(\alpha)=0$ 在 $\mathbb{F}_{p^l}$ 中至多只有 p^{l-1} 个解, 矛盾. 所以 $\chi_{\boldsymbol{a}}\neq\chi_{\boldsymbol{a}'}$.

(3) $\forall\,\boldsymbol{b}\in\mathbb{F}_q^n$,

$$\chi_{\boldsymbol{a}+\boldsymbol{a}'}(\boldsymbol{b})=\omega^{\mathrm{Tr}_{p^\ell/p}(\langle\boldsymbol{a}+\boldsymbol{a}',\boldsymbol{b}\rangle)}=\omega^{\mathrm{Tr}_{p^\ell/p}(\langle\boldsymbol{a},\boldsymbol{b}\rangle)+\mathrm{Tr}_{p^\ell/p}(\langle\boldsymbol{a}',\boldsymbol{b}\rangle)}$$
$$=\omega^{\mathrm{Tr}_{p^\ell/p}(\langle\boldsymbol{a},\boldsymbol{b}\rangle)}\omega^{\mathrm{Tr}_{p^\ell/p}(\langle\boldsymbol{a}',\boldsymbol{b}\rangle)}=\chi_{\boldsymbol{a}}(\boldsymbol{b})\chi_{\boldsymbol{a}'}(\boldsymbol{b}).$$

所以 $\chi_{\boldsymbol{a}+\boldsymbol{a}'}=\chi_{\boldsymbol{a}}\chi_{\boldsymbol{a}'}$.

(4) $\forall\,\boldsymbol{b}\in\mathbb{F}_q^n$, $\chi_{\boldsymbol{0}}(\boldsymbol{b})=\omega^{\mathrm{Tr}_{p^\ell/p}(\langle\boldsymbol{0},\boldsymbol{b}\rangle)}=\omega^{\mathrm{Tr}_{p^\ell/p}(\boldsymbol{0})}=\omega^0=1$, 即 $\chi_{\boldsymbol{0}}=1$.

3. **证** (1) 记 $\phi:\mathbb{F}_q^n\to\mathbb{F}_q,\boldsymbol{b}\longmapsto\langle\boldsymbol{a},\boldsymbol{b}\rangle$. $\forall\,\boldsymbol{b},\boldsymbol{b}'\in\mathbb{F}_q^n,k\in\mathbb{F}_q$,

$$\langle\boldsymbol{a},\boldsymbol{b}+\boldsymbol{b}'\rangle=\langle\boldsymbol{a},\boldsymbol{b}\rangle+\langle\boldsymbol{a},\boldsymbol{b}'\rangle,\quad\langle\boldsymbol{a},k\boldsymbol{b}\rangle=k\langle\boldsymbol{a},\boldsymbol{b}\rangle.$$

所以 ϕ 是线性同态.

因为 $\boldsymbol{0}\neq\boldsymbol{a}\in\mathbb{F}_q^n$, 所以 $\langle\boldsymbol{a},\boldsymbol{a}\rangle\neq0$. 记 $t=\langle\boldsymbol{a},\boldsymbol{a}\rangle\in\mathbb{F}_q$, 对 $\forall\ r\in\mathbb{F}_q$, $r=rt^{-1}t=rt^{-1}\langle\boldsymbol{a},\boldsymbol{a}\rangle=\langle\boldsymbol{a},rt^{-1}\boldsymbol{a}\rangle$, 即 $\forall\ r\in\mathbb{F}_q$ 有原像 $rt^{-1}\boldsymbol{a}$, 所以 ϕ 是满的线性同态. 当 $\boldsymbol{b}$ 跑遍 $\mathbb{F}_q^n$ 时, $\langle\boldsymbol{a},\boldsymbol{b}\rangle$ 跑遍 $\mathbb{F}_q$. 由同态基本定理知 $|\mathbb{F}_q^n/\mathrm{Ker}(\phi)|=|\mathbb{F}^q|$, 所以 $|\mathrm{Ker}(\phi)|=\dfrac{q^n}{q}=q^{n-1}$. 从而 $\langle\boldsymbol{a},\boldsymbol{b}\rangle$ 在 $\mathbb{F}_q$ 中的每个取值都重复 q^{n-1} 次.

(2) 结合 (1) 和 3.2 节习题 2 知, ϕ 和 $\mathrm{Tr}_{p^\ell/p}$ 均为满射, 所以固定 $\boldsymbol{0}\neq\boldsymbol{a}\in\mathbb{F}_q^n$, 让 $\boldsymbol{b}$ 跑遍 $\mathbb{F}_q^n$ 时, $\mathrm{Tr}_{p^\ell/p}(\langle\boldsymbol{a},\boldsymbol{b}\rangle)$ 跑遍 $\mathbb{F}_p=\mathbb{Z}_p=\{0,1,\cdots,p-1\}$. $\mathrm{Tr}_{p^\ell/p}(\langle\boldsymbol{a},\boldsymbol{b}\rangle)$ 在 $\mathbb{Z}_p$ 中的每个取值的重复次数为

$$|\,\mathrm{Ker}(\mathrm{Tr}_{p^\ell/p})|\cdot|\,\mathrm{Ker}(\phi)|=p^{\ell-1}q^{n-1}=p^{\ell-1}p^{\ell(n-1)}=p^{\ell n-1}.$$

4. **证** (1) $\forall\,\boldsymbol{b},\boldsymbol{b}'\in C,k\in\mathbb{F}_q$, 因为 $C\leqslant\mathbb{F}_q^n$ 是一个子空间, 所以 $k\boldsymbol{b}\in C$. $\langle\boldsymbol{a},-\rangle|_C(\boldsymbol{b}+\boldsymbol{b}')=\langle\boldsymbol{a},\boldsymbol{b}+\boldsymbol{b}'\rangle=\langle\boldsymbol{a},\boldsymbol{b}\rangle+\langle\boldsymbol{a},\boldsymbol{b}'\rangle$; $\langle\boldsymbol{a},-\rangle|_C(k\boldsymbol{b})=\langle\boldsymbol{a},k\boldsymbol{b}\rangle=k\langle\boldsymbol{a},\boldsymbol{b}\rangle$.

故 $\langle \boldsymbol{a}, - \rangle|_C$ 是从 C 到 $\mathbb{F}_q$ 的线性同态.

$$\langle \boldsymbol{a}, - \rangle|_C = 0 \iff \forall\, \boldsymbol{b} \in C, \langle \boldsymbol{a}, - \rangle|_C(\boldsymbol{b}) = 0 \iff \forall \boldsymbol{b} \in C, \langle \boldsymbol{a}, \boldsymbol{b} \rangle = 0$$
$$\iff \boldsymbol{a} \in C^{\perp}.$$

(2) 由 (1), 因为 $\boldsymbol{a} \notin C^{\perp}$, 所以 $\langle \boldsymbol{a}, - \rangle|_C \neq 0$, 从而 $\langle \boldsymbol{a}, - \rangle|_C$ 的像空间至少为 $\mathbb{F}_q$ 的一维子空间, 故 $\mathrm{Im}(\langle \boldsymbol{a}, - \rangle|_C) = \mathbb{F}_q$ 且 $\dim \mathrm{Im}(\langle \boldsymbol{a}, - \rangle|_C) = 1$. 当 $\boldsymbol{b}$ 跑遍 C 时, $\langle \boldsymbol{a}, \boldsymbol{b} \rangle$ 跑遍 $\mathbb{F}_q$. 因为 $\dim C = \dim \mathrm{Im}(\langle \boldsymbol{a}, - \rangle|_C) + \dim \mathrm{Ker}(\langle \boldsymbol{a}, - \rangle|_C)$, 所以 $\dim \mathrm{Ker}(\langle \boldsymbol{a}, - \rangle|_C) = k-1$, 故 $|\mathrm{Ker}(\langle \boldsymbol{a}, - \rangle|_C)| = q^{k-1}$. 因此, $\langle \boldsymbol{a}, \boldsymbol{b} \rangle$ 在 $\mathbb{F}_q$ 中的每个取值都重复 q^{k-1} 次.

(3) 由 (2) 知, 当 $\boldsymbol{b}$ 跑遍 C 时, $\langle \boldsymbol{a}, \boldsymbol{b} \rangle$ 跑遍 $\mathbb{F}_q = \mathbb{F}_{p^\ell}$. 又因为 $\mathrm{Tr}_{p^\ell/p}$ 为满的线性映射, 所以当 $\langle \boldsymbol{a}, \boldsymbol{b} \rangle$ 跑遍 $\mathbb{F}_{p^\ell}$ 时, $\mathrm{Tr}_{p^\ell/p}(\langle \boldsymbol{a}, \boldsymbol{b} \rangle)$ 跑遍 $\mathbb{F}_p = \mathbb{Z}_p = \{0, 1, \cdots, p-1\}$. 结合 (2) 和 3.2 节习题 2, $\mathrm{Tr}_{p^\ell/p}(\langle \boldsymbol{a}, \boldsymbol{b} \rangle)$ 在 $\mathbb{Z}_p$ 中的每个取值都是重复 $p^{\ell-1}q^{k-1} = p^{\ell-1}p^{\ell(k-1)} = p^{\ell k-1}$ 次.

(4) 若 $\boldsymbol{a} \in C^{\perp}$, 则由 (1) 可知, $\langle \boldsymbol{a}, - \rangle|_C = 0$, 即 $\forall\, \boldsymbol{b} \in C, \langle \boldsymbol{a}, \boldsymbol{b} \rangle = 0$, 故

$$\sum_{\boldsymbol{b} \in C} \omega^{\mathrm{Tr}_{p^\ell/p}(\langle \boldsymbol{a}, \boldsymbol{b} \rangle)} = \sum_{\boldsymbol{b} \in C} \omega^0 = |C|.$$

若 $\boldsymbol{a} \notin C^{\perp}$, 则由 (3) 可知, 当 $\boldsymbol{b}$ 跑遍 C 时, $\mathrm{Tr}_{p^\ell/p}(\langle \boldsymbol{a}, \boldsymbol{b} \rangle)$ 跑遍 $\mathbb{F}_p$ 且 $\mathrm{Tr}_{p^\ell/p}(\langle \boldsymbol{a}, \boldsymbol{b} \rangle)$ 取值 $\mathbb{Z}_p$ 的每个元素都是重复 $p^{\ell k-1}$ 次. 因此

$$\sum_{\boldsymbol{b} \in C} \omega^{\mathrm{Tr}_{p^\ell/p}(\langle \boldsymbol{a}, \boldsymbol{b} \rangle)} = p^{\ell k-1}(1 + \omega + \omega^2 + \cdots + \omega^{p-1}) = 0.$$

所以

$$\sum_{\boldsymbol{b} \in C} \omega^{\mathrm{Tr}_{p^\ell/p}(\langle \boldsymbol{a}, \boldsymbol{b} \rangle)} = \begin{cases} |C|, & \boldsymbol{a} \in C^{\perp}, \\ 0, & \boldsymbol{a} \notin C^{\perp}. \end{cases}$$

5. **解** (1) $A_0 = 1$, $A_2 = 3$, $A_4 = 3$, $A_6 = 1$.

(2) $A_0 = 1$, $A_2 = 6$, $A_4 = 12$, $A_6 = 8$.

6. **证** (1) 若 $\boldsymbol{M}$ 的第 i 列不是全零列, 设 $\varphi: C \to \mathbb{F}_q$ 将 C 中的码字映到其第 i 位的元素. 因为 $\boldsymbol{M}$ 的第 i 列不是全零列, 所以存在 $\boldsymbol{c} \in C$ 使得 $\varphi(\boldsymbol{c}) = a \neq 0$. 对任意 $b \in \mathbb{F}_q$, $\varphi(ba^{-1}\boldsymbol{c}) = b$, 故 φ 为满射. 因为 $|\mathrm{Ker}(\varphi)| = |C|/|\mathbb{F}| = q^{k-1}$, 所以 0 出现 q^{k-1} 次. 对任意 $b \in \mathbb{F}_q$, 若 $\boldsymbol{x} \in C$ 使得 $\varphi(\boldsymbol{x}) = b$, 则 $|\varphi^{-1}(b)| = |\boldsymbol{x} + \mathrm{Ker}(\varphi)| = |\mathrm{Ker}(\varphi)| = q^{k-1}$.

(2) 设 $(0, \cdots, 0, a, 0, \cdots, 0) \in C^{\perp}$, $a \neq 0$, 则对任意的 $(c_1, \cdots, c_n) \in C$,

$$\langle (0, \cdots, 0, a, 0, \cdots, 0), (c_1, \cdots, c_n) \rangle = ac_i = 0.$$

故 $c_i=0$, 即 $\boldsymbol{M}$ 的第 i 列全为零. 因此, $\boldsymbol{M}$ 有 $A_1^{\perp}/(q-1)$ 个全零列.

7. **证** 设 C 的距离分布为 $\{B_0,\cdots,B_n\}$, C' 的距离分布为 $\{B_0',\cdots,B_n'\}$. 因为

$$B_i'=\frac{1}{|C'|}\sum_{\boldsymbol{c}\in C'}|\{\boldsymbol{v}'\in C'\,|\,d(\boldsymbol{v}',\boldsymbol{c}')=i\}|,$$

而

$$d(\boldsymbol{v}',\boldsymbol{c}')=d(\boldsymbol{v}+\boldsymbol{x},\boldsymbol{c}+\boldsymbol{x})=d(\boldsymbol{v},\boldsymbol{c}),\quad |C|=|C'|,$$

所以

$$B_i'=\frac{1}{|C|}\sum_{\boldsymbol{c}\in C}|\{\boldsymbol{v}\in C\,|\,d(\boldsymbol{v},\boldsymbol{c})=i\}|=B_i.$$

习 题 4.2

1. **证**

$$\begin{aligned}|\mathrm{PG}^{k-1}(U)|&=\frac{(q^k-1)(q^k-q)\cdots(q^k-q^{k-2})}{(q^{k-1}-1)(q^{k-1}-q)\cdots(q^{k-1}-q^{k-2})}\\&=q^{k-2}\cdot\frac{q^k-1}{q^{k-1}-q^{k-2}}=\frac{q^k-1}{q-1}.\end{aligned}$$

2. **证**

$$\begin{aligned}\begin{vmatrix}x&a&\cdots&a\\a&x&\cdots&a\\\vdots&\vdots&\ddots&\vdots\\a&a&\cdots&x\end{vmatrix}&=\begin{vmatrix}x+(n-1)a&x+(n-1)a&\cdots&x+(n-1)a\\a&x&\cdots&a\\\vdots&\vdots&\ddots&\vdots\\a&a&\cdots&x\end{vmatrix}\\&=(x+na-a)\begin{vmatrix}1&1&\cdots&1\\a&x&\cdots&a\\\vdots&\vdots&\ddots&\vdots\\a&a&\cdots&x\end{vmatrix}\\&=(x+na-a)\begin{vmatrix}1&1&\cdots&1\\0&x-a&\cdots&0\\\vdots&\vdots&\ddots&\vdots\\0&0&\cdots&x-a\end{vmatrix}\\&=(x+na-a)(x-a)^{n-1}.\end{aligned}$$

3. **证**　设 $\boldsymbol{A}$ 是一个 $n \times n$ 的单项矩阵. 我们可以通过将 $\boldsymbol{A}$ 的列重新排列, 使其成为一个对角矩阵. 令 $\boldsymbol{P}$ 为进行这样一次列排列所对应的置换矩阵. 现在, 我们观察到 $\boldsymbol{AP}$ 是一个可逆对角矩阵, 其中 $\boldsymbol{P}^{\mathrm{T}}$ 是 $\boldsymbol{P}$ 的转置矩阵. 因此, 我们有 $\boldsymbol{A} = (\boldsymbol{AP})\boldsymbol{P}^{\mathrm{T}}$, 即单项矩阵可以表示为一个置换矩阵与一个可逆对角矩阵的乘积.

4. **证**　先证 $\mu_{\boldsymbol{M}}$ 为线性同构.

取 $\boldsymbol{c}_1, \boldsymbol{c}_2 \in C$, $a \in \mathbb{F}$, $\mu_{\boldsymbol{M}}(\boldsymbol{c}_1 + \boldsymbol{c}_2) = (\boldsymbol{c}_1 + \boldsymbol{c}_2)\boldsymbol{M} = \boldsymbol{c}_1\boldsymbol{M} + \boldsymbol{c}_2\boldsymbol{M} = \mu_{\boldsymbol{M}}(\boldsymbol{c}_1) + \mu_{\boldsymbol{M}}(\boldsymbol{c}_2)$, $\mu_{\boldsymbol{M}}(a\boldsymbol{c}_1) = (a\boldsymbol{c}_1)\boldsymbol{M} = a(\boldsymbol{c}_1\boldsymbol{M}) = a\mu_{\boldsymbol{M}}(\boldsymbol{c}_1)$. 故 $\mu_{\boldsymbol{M}}$ 为 $C \to C'$ 的一个线性映射. 若 $\mu_{\boldsymbol{M}}(\boldsymbol{c}_1) = \mu_{\boldsymbol{M}}(\boldsymbol{c}_2)$, 则 $\boldsymbol{c}_1\boldsymbol{M} = \boldsymbol{c}_2\boldsymbol{M}$. 因为 $\boldsymbol{M}$ 为单项矩阵, 可逆, 所以 $\boldsymbol{c}_1 = \boldsymbol{c}_2$, $\mu_{\boldsymbol{M}}$ 为单射. 显然 $\mu_{\boldsymbol{M}}$ 为满射. 故 $\mu_{\boldsymbol{M}}$ 为线性同构.

设 $\boldsymbol{M} = a_{i1}\boldsymbol{E}_{i_1,1} + \cdots + a_{in}\boldsymbol{E}_{i_n,n}$, $\boldsymbol{c} = (\boldsymbol{c}_1, \cdots, \boldsymbol{c}_n)$, $a_{it} \neq 0, \forall\, t = 1, \cdots, n$. 因为 $\boldsymbol{cM} = (a_{i1}c_{i1}, \cdots, a_{in}c_{in})$ 且 $w(\mu_{\boldsymbol{M}}(\boldsymbol{c})) = w(\boldsymbol{cM})$, 所以 $w(\boldsymbol{cM}) = w(\boldsymbol{c})$, $w(\mu_{\boldsymbol{M}}(\boldsymbol{c})) = w(\boldsymbol{c})$. 故线性码之间的单项等价 $\mu_{\boldsymbol{M}}: C \to C'$ 是保距同构的.

5. **证**　(1) 设 C 是以 $\boldsymbol{G}$ 为生成矩阵的线性码, 对任意的 $\boldsymbol{c} \in C$, $\boldsymbol{c} = \boldsymbol{yG}$, $\boldsymbol{y} \in \mathbb{F}^k$. 则

$$\boldsymbol{c} = \boldsymbol{yG} = \boldsymbol{y}(\underbrace{\boldsymbol{H}, \cdots, \boldsymbol{H}}_{m}, \boldsymbol{0}) = (\boldsymbol{yH}, \cdots, \boldsymbol{yH}, \boldsymbol{0}),$$

从而

$$w(\boldsymbol{c}) = w(\boldsymbol{yG}) = m \cdot w(\boldsymbol{yH}) = m \cdot \left(\frac{q^k - 1}{q - 1} - \frac{q^{k-1} - 1}{q - 1}\right) = m \cdot q^{k-1}.$$

故对任意的 $\boldsymbol{c} \in C$, $w(\boldsymbol{c}) = m \cdot q^k - 1$, 即 C 为等重码.

(2) 设 $[n, k]$-线性码 C 是一个等重码, 则 $\forall \boldsymbol{c} \in C$, $w(\boldsymbol{c}) = w$. 设 C 的生成矩阵为 $\boldsymbol{G}' = (\boldsymbol{G}'_1, \cdots, \boldsymbol{G}'_n)$. 设 n_0 为 $\boldsymbol{G}$ 的零列个数. 由引理 4.2.3 知

$$w = n - m'_{\boldsymbol{G}}(\langle \boldsymbol{y} \rangle^{\perp}) - n_0, \quad \forall\, \boldsymbol{y} \in \mathbb{F}^k,$$

因为

$$m_{\boldsymbol{G}}(L) = |\{i \mid 1 \leqslant i \leqslant n, \langle \boldsymbol{G}'_i \rangle = L\}|, \quad \forall\, L \in \mathrm{PG}^1(\mathbb{F}^k),$$

所以 $m^k - 1'_{\boldsymbol{G}}$ 是常值函数. 由推论 4.2.2 知, $m'_{\boldsymbol{G}}$ 是常值函数, 即

$$\forall\, L \in \mathrm{PG}^1(\mathbb{F}^k), \quad |\{i \mid 1 \leqslant i \leqslant n, \langle \boldsymbol{G}'_i \rangle = L\}| = m.$$

故码 C 单项等价于由 $\boldsymbol{G} = (\boldsymbol{H}, \cdots, \boldsymbol{H}, \boldsymbol{0})$ 生成的码 C'.

习 题 5.1

1. **证** (1)

$$\lim_{\delta\to 0} h_q(\delta) = \lim_{\delta\to 0}[\delta\log_q(q-1) - (1-\delta)\log_q(1-\delta) - \delta\log_q\delta]$$
$$= \lim_{\delta\to 0}(-\delta\log_q\delta) = \lim_{\delta\to 0}\frac{\log_q\delta}{-\dfrac{1}{\delta}} = 0.$$

同理

$$\lim_{\delta\to 1} h_q(\delta) = \lim_{\delta\to 1}[\delta\log_q(q-1) - (1-\delta)\log_q(1-\delta) - \delta\log_q\delta]$$
$$= \log_q(q-1) - \lim_{\delta\to 1}(1-\delta)\log_q(1-\delta)$$
$$= \log_q(q-1) - \lim_{\delta\to 1}\frac{\log_q(1-\delta)}{\dfrac{1}{1-\delta}}$$
$$= \log_q(q-1).$$

(2) 对函数求导得

$$h_q'(\delta) = \log_q(q-1) - \left(\log_q\delta + \frac{\delta}{\delta\ln q}\right) - \left[-\log_q(1-\delta) - \frac{1-\delta}{(1-\delta)\ln q}\right]$$
$$= \log_q(q-1) - \log_q\delta + \log_q(1-\delta),$$
$$h_q''(\delta) = -\frac{1}{\delta\ln q} - \frac{1}{(1-\delta)\ln q} = -\frac{1}{\delta(1-\delta)\ln q}.$$

因为 $1-\delta>0$, 所以 $h_q''(\delta)<0$, $h_q'(\delta)$ 单调递减. 从而 $h_q'(\delta) > \lim_{\delta\to 1} h_q'(\delta) = 0$. 故 $h_q(\delta)$ 在 $[0, 1-q^{-1}]$ 上为严格递增的单调上凸函数.

2. **证** (1) 若

$$\binom{n}{i}\delta^i(1-\delta)^{n-i} < \binom{n}{i+1}\delta^{i+1}(1-\delta)^{n-i-1},$$

则有 $i < n\delta+\delta-1$. 因为 $\lfloor\delta n\rfloor$ 与 δn 的差异可忽略不计, 所以 $\sum_{i=0}^{n}\binom{n}{i}\delta^i(1-\delta)^{n-i}$ 中最大项可能为 $\binom{n}{\delta n}\delta^{\delta n}(1-\delta)^{(1-\delta)n}$ 或 $\binom{n}{\delta n-1}\delta^{\delta n-1}(1-\delta)^{(1-\delta)n+1}$.

利用作商法可得

$$\binom{n}{\delta n}\delta^{\delta n}(1-\delta)^{(1-\delta)n} > \binom{n}{\delta n-1}\delta^{\delta n-1}(1-\delta)^{(1-\delta)n+1},$$

故展开式右端的 $n+1$ 项中最大项为 $\binom{n}{\delta n}\delta^{\delta n}(1-\delta)^{(1-\delta)n}$.

(2) 由 (1) 知

$$\binom{n}{i}\delta^{i}(1-\delta)^{n-i} \leqslant \binom{n}{\delta n}\delta^{\delta n}(1-\delta)^{(1-\delta)n},$$

因此

$$(n+1)\binom{n}{\delta n}\delta^{\delta n}(1-\delta)^{(1-\delta)n} \geqslant \sum_{i=0}^{n}\binom{n}{i}\delta^{i}(1-\delta)^{n-i} = 1.$$

(3) 由 (2) 得

$$\binom{n}{\delta n} \geqslant \frac{1}{(n+1)\delta^{\delta n}(1-\delta)^{(1-\delta)n}}.$$

因为

$$q^{n(-\delta\log_q\delta-(1-\delta)\log_q(1-\delta))} = \frac{1}{\delta^{\delta n}(1-\delta)^{(1-\delta)n}},$$

所以

$$\binom{n}{\delta n} \geqslant \frac{q^{n(-\delta\log_q\delta-(1-\delta)\log_q(1-\delta))}}{n+1}.$$

习　题　5.2

1. **证**　(1) 因为

$$\lim_{n\to\infty}\frac{n-\lceil\log_q(1+V_q(n-1,d-2))\rceil}{n} = \lim_{n\to\infty}\frac{n-\log_q V_q(n,d-1)}{n},$$

且 $\lceil\delta n\rceil$ 与 δn 的差异可忽略不计, 所以

$$q^{n\left(h_q(\delta)-\frac{\log_q(n+1)}{n}\right)} \leqslant V_q(n,d) = V_q(n,\delta n) \leqslant q^{nh_q(\delta)}.$$

对上述不等式两端同时取对数得

$$n\left(h_q(\delta)-\frac{\log_q(n+1)}{n}\right)\leqslant \log_q V_q(n,d)\leqslant nh_q(\delta),$$

从而

$$1-h_q(\delta)\leqslant \frac{n-\log_q V_q(n,d)}{n}\leqslant 1-h_q(\delta)+\frac{\log_q(n+1)}{n}.$$

因为

$$\lim_{n\to\infty} 1-h_q(\delta)=1-h_q(\delta),\quad \lim_{n\to\infty}\left(1-h_q(\delta)+\frac{\log_q(n+1)}{n}\right)=1-h_q(\delta),$$

所以

$$\lim_{n\to\infty}\frac{n-\log_q V_q(n,d)}{n}=1-h_q(\delta),$$
$$\lim_{n\to\infty}\frac{n-\lceil\log_q(1+V_q(n-1,d-2))\rceil}{n}=1-h_q(\delta).$$

(2)

$$\lim_{n\to\infty}\frac{n-\log_q V_q(n,d-1)}{n}=\lim_{n\to\infty}\frac{n-\log_q V_q(n,d)}{n}=1-h_q(\delta).$$

习 题 5.3

1. **证** (1) 必要性. 设 $\boldsymbol{G}=(\boldsymbol{G}_1,\cdots,\boldsymbol{G}_n)$. 因为 $\operatorname{rank}\boldsymbol{G}<k$, 所以可设 $\boldsymbol{G}_1,\cdots,\boldsymbol{G}_n$ 的极大线性无关组为 $\boldsymbol{G}_{i_1},\cdots,\boldsymbol{G}_{i_t},t\leqslant k-1$. 故 $\{\boldsymbol{G}_1,\cdots,\boldsymbol{G}_n\}\subseteq L(\boldsymbol{G}_{i_1},\cdots,\boldsymbol{G}_{i_t})$. 因为 $L(\boldsymbol{G}_{i_1},\cdots,\boldsymbol{G}_{i_t})\in \mathrm{PG}^t(\mathbb{F}^k)$ 必属于 $\mathbb{F}^k$ 的一个 $k-1$ 维子空间, 故 $\{\boldsymbol{G}_1,\cdots,\boldsymbol{G}_n\}$ 必属于 $\mathbb{F}^k$ 的一个 $k-1$ 维子空间.

充分性. 因 $\{\boldsymbol{G}_1,\cdots,\boldsymbol{G}_n\}$ 属于 $\mathbb{F}^k$ 的一个 $k-1$ 维子空间, $\dim L(\boldsymbol{G}_1,\cdots,\boldsymbol{G}_n)\leqslant k-1$, 故 $\operatorname{rank}\boldsymbol{G}=\dim L(\boldsymbol{G}_1,\cdots,\boldsymbol{G}_n)<k$.

(2) 因为 $\mathbb{F}^k$ 中的一个随机向量属于 W 的概率为 $\dfrac{q^{k-1}}{q^k}=\dfrac{1}{q}$, 所以 $\boldsymbol{G}$ 的 n 个向量都属于 W 的概率为 $\dfrac{1}{q^n}$.

(3) $\mathrm{PG}^{k-1}(\mathbb{F}^k)=\mathrm{PG}^1(\mathbb{F}^k)=\dfrac{q^k-1}{q-1}$.

(4) $\Pr\left(\operatorname{rank}\boldsymbol{G}<k\right)\leqslant\sum_W \Pr\left(\boldsymbol{G}\text{ 的列向量都属于 }W\right)=\dfrac{q^k-1}{q-1}\cdot\dfrac{1}{q^n}\leqslant\dfrac{q^k}{q^n}$.

因为 $\lim\limits_{n\to\infty}\dfrac{q^k}{q^n}=0$, 所以 $\lim\limits_{n\to\infty}\Pr\big(\operatorname{rank}\boldsymbol{G}<k\big)=0$. 又因为

$$\lim_{n\to\infty}\Pr\big(\operatorname{rank}\boldsymbol{G}=k\big)=1-\lim_{n\to\infty}\Pr(\operatorname{rank}\boldsymbol{G}<k),$$

所以 $\lim\limits_{n\to\infty}\Pr(\operatorname{rank}\boldsymbol{G}=k)=1$.

习　题　5.4

1. **证**　(1) 因为 $\lambda_1+\cdots+\lambda_n=1$, 所以存在 $1\leqslant t\leqslant n$, 使得 $\lambda_t=\lambda_{t_1}+\lambda_{t_2}$, $\lambda_1+\cdots+\lambda_{t_1}=\dfrac{1}{2}$, $\lambda_{t_2}+\cdots+\lambda_{t_n}=\dfrac{1}{2}$. 由归纳法,

$$\begin{aligned}\sum_{i=1}^{n}\lambda_i f(x_i)&=\left(\sum_{i=1}^{t-1}\lambda_i f(x_i)+\lambda_{t_1}f(x_t)\right)+\left(\lambda_{t_2}f(x_t)+\sum_{i=t+1}^{n}\lambda_i f(x_i)\right)\\&=\frac{1}{2}\left(\sum_{i=1}^{t-1}2\lambda_i f(x_i)+2\lambda_{t_1}f(x_t)\right)+\frac{1}{2}\left(2\lambda_{t_2}f(x_t)+\sum_{i=t+1}^{n}2\lambda_i f(x_i)\right)\\&\geqslant\frac{1}{2}f\left(\sum_{i=1}^{t-1}2\lambda_i x_i+2\lambda_{t_1}x_t\right)+\frac{1}{2}f\left(2\lambda_{t_2}x_t+\sum_{i=t+1}^{n}2\lambda_i x_i\right)\\&\geqslant f\left(\sum_{i=1}^{n}\lambda_i x_i\right).\end{aligned}$$

(2) 设 X 可以在 $\{X_1,\cdots,X_n\}$ 中取值, 则

$$E\big(f(X)\big)=\sum_{i=1}^{n}\Pr\big(X=X_i\big)f(X_i)\geqslant f\left(\sum_{i=1}^{n}\Pr\big(X=X_i\big)X_i\right)=f\big(E(X)\big).$$

参 考 文 献

陈鲁生, 沈世镒. 2005. 编码理论基础. 北京: 高等教育出版社.

樊恽, 刘宏伟. 2008. 抽象代数. 北京: 科学出版社.

樊恽, 刘宏伟. 2002. 群与组合编码. 武汉: 武汉大学出版社.

冯克勤. 2005. 纠错码的代数理论. 北京: 清华大学出版社.

姜丹. 2019. 信息论与编码. 合肥: 中国科学技术大学出版社.

万哲先. 2007. 代数和编码. 北京: 高等教育出版社.

王新梅, 肖国镇. 1991. 纠错码——原理与方法. 西安: 西安电子科技大学出版社.

肖国镇, 卿斯汉. 1993. 编码理论. 北京: 国防工业出版社.

张忠培, 史治平, 王传丹. 2007. 现代编码理论与应用. 北京: 国防工业出版社.

赵琦, 刘荣科. 2009. 编码理论. 北京: 北京航空航天大学出版社.

朱士信. 2018. 编码理论及其应用. 北京: 高等教育出版社.

Baylis J. 1997. Error Correcting Codes: A Mathematical Introduction. London: Chapman and Hall/CRC.

Berlekamp E R. 1968. Algebraic Coding Theory. New York: McGraw-Hill Education.

Fan Y, Liu H, Puig L. 2003. Generalized Hamming weights and equivalences of codes. Sciences in China (Series A), 46: 690-695.

Feller W. 1968. An Introduction to Probability Theory and Its Applications. New York: Wiley.

Hamming R W. 1950. Error detecting and error correcting codes. The Bell System Technical Journal, 29: 147-160.

Huffman W C, Pless V. 2003. Fundamentals of Error-Correcting Codes. Cambridge: Cambridge University Press.

Lidl R, Niederreiter H. 1997. Finite Fields. Cambridge: Cambridge University Press.

Ling S, Xing C. 2004. Coding Theory: A First Course. Cambridge: Cambridge University Press.

Mac Williams F J, Sloane N J A. 1977. The Theory of Error-Correcting Codes. Amsterdam: North-Holland Publishing Company.

Peterson W W and Weldon E J. 1972. Error-Correcting Codes. Cambridge: MIT Press.

Pless V S and Huffman W C. 1998. Handbook of Coding Theory. Amsterdam: Elsevier Science B.V.

Roman S. 1992. Coding and Information Theory. New York: Springer-Verlag.

Shannon C E. 1948. A mathematical theory of communication. The Bell System Technical Journal, 27: 379-423, 623-656.

Tomlinson M, et al. 2017. Error-Correction Coding and Decoding. Cham: Springer International Publishing.

van Lint J H. 1999. Introduction to Coding Theory. Berlin: Springer-Verlag.

Vinberg E B. 2003. A Course in Algebra. Providence: American Mathematical Society.

名词索引